高等院校电子信息应用型规划教材

数字逻辑设计项目教程

丁向荣　贾　萍　赵　慧　朱云鹏　编著

清华大学出版社

北京

内 容 简 介

本书将基础数字电子技术知识与高端数字电子技术有机融合,通过 Quartus Ⅱ 开发工具软件实施原理图设计、波形仿真与 CPLD 系统测试,系统地学习数字逻辑设计的全过程,锻炼学生数字逻辑的设计能力与实践能力。相比传统数字电子技术教材,本书在内容设计与编排上都有较大的突破。

本书按数字电子技术课程的知识体系结构编排项目,包括逻辑代数基础、集成门电路、数字逻辑开发工具、组合逻辑电路、触发器、寄存器、同步计数器、异步计数器、环形计数器、数字逻辑系统综合设计与有限状态机设计技术,共 11 个项目。采用任务驱动模式组织教材内容,按照"任务说明→相关知识→任务实施→知识延伸→任务拓展"体系实施教学,理论与实践相结合,集设计、仿真与实操于一体。

本书实用性、可操作性强,可作为应用型大学、高职高专院校电子信息类及相关专业数字电子技术课程教材,也可作为电子爱好者的自学读本,以及相应工程技术人员的参考。

图书在版编目(CIP)数据

数字逻辑设计项目教程/丁向荣等编著.--北京:清华大学出版社,2016
高等院校电子信息应用型规划教材
ISBN 978-7-302-41737-8

Ⅰ.①数…　Ⅱ.①丁…　Ⅲ.①数字逻辑-逻辑设计-高等学校-教材　Ⅳ.①TN79

中国版本图书馆 CIP 数据核字(2015)第 239581 号

责任编辑:王剑乔
封面设计:刘　键
责任校对:刘　静
责任印制:刘海龙

出版发行:清华大学出版社
　　　　　网　　　址:http://www.tup.com.cn,http://www.wqbook.com
　　　　　地　　　址:北京清华大学学研大厦 A 座　　　　　邮　　编:100084
　　　　　社 总 机:010-62770175　　　　　　　　　　　　邮　　购:010-62786544
　　　　　投稿与读者服务:010-62776969,c-service@tup.tsinghua.edu.cn
　　　　　质 量 反 馈:010-62772015,zhiliang@tup.tsinghua.edu.cn
　　　　　课 件 下 载:http://www.tup.com.cn,010-62795764
印 刷 者:北京富博印刷有限公司
装 订 者:北京市密云县京文制本装订厂
经　　销:全国新华书店
开　　本:185mm×260mm　　　印　张:23　　　字　　数:525 千字
　　　　　(含光盘1张)
版　　次:2016 年 3 月第 1 版　　　　　　　　　印　　次:2016 年 3 月第 1 次印刷
印　　数:1~2000
定　　价:48.00 元

产品编号:065983-01

　　中国台湾嵌入式暨单晶片系统发展协会(TEMI)为落实产教融合、校企合作的教育政策,积极推动产业人才培育计划,并依产业需求制订能力标准,培养复合型技术人才,提升电子知识与技能水平,进而拓展、增进单晶片及嵌入式相关产业在国际市场的触角与竞争力。本协会自 2006 年起结合产业、学术界筹划一系列单晶片暨嵌入式系统技能培训、技能鉴定及技能竞赛机制,辅助传统教学模式,为教师提供课程改革及人才培养方案,提升学生产业需求技术能力,并增进升学及就业的自信心与实力证明。

　　《数字逻辑设计项目教程》一书为中国台湾 TEMI 协会所推动的第二项技能鉴定认证——数字逻辑设计能力认证。本书相关内容经过 TEMI 协会授权,并对书籍内容进行认可,符合产业界工作人员及教师和学生的学习需求。教材经过实际教学与学生互动,讨论出最佳吸收及快速入门的方式,并依此进行编写,内容包含 TEMI 相关认证简介、认证内容讲解及模拟练习试题,为准备 TEMI 相关认证的授课或认证的考生提供了最佳的认证教材。

　　本人感谢广东轻工职业技术学院电子通信工程系秦文胜主任的大力支持,他引进了中国台湾 TEMI 协会的认证实训基地,更感谢丁向荣及贾萍老师不辞辛劳,投入时间与精力训练学生技能,并将课程中训练学生的心得编写成教材,本人谨代表协会致上谢意。

　台湾嵌入式暨单晶片系统发展协会秘书长

陈宏昇
2016 年 1 月

数字电子技术是电子信息类专业重要的专业基础课。随着集成电路技术的发展、数字时代的进步，数字电路越来越朝着系统化方向、可编程方向发展。目前，FPGA、CPLD 等大规模可编程芯片通过编程就可实现任意数字逻辑部件以及数字系统。

本书相比传统数字电子技术有较大的突破，将基础数字电子技术知识与高端数字电子技术有机融合，通过 Quartus Ⅱ 开发工具软件实施原理图设计、波形仿真与 CPLD 系统测试，系统学习数字逻辑设计的全过程，锻炼学生数字逻辑的设计能力与实践能力。

本书按数字电子技术课程的知识体系结构编排项目，包括逻辑代数基础、集成门电路、数字逻辑开发工具、组合逻辑电路、触发器、寄存器、同步计数器、异步计数器、环形计数器、数字逻辑系统综合设计与有限状态机设计技术，共 11 个项目。采用任务驱动模式组织教材内容，按照"任务说明→相关知识→任务实施→知识延伸→任务拓展"体系实施教学，理论与实践相结合，集设计、仿真与实操于一体。

课程体系与职业认证高度融合。本书是基于中国台湾嵌入式暨单晶片系统发展协会的"TEMI 数字逻辑设计（专业级）认证项目"开发的，本认证项目深受东南亚地区业界的认可。目前，在广东、福建、浙江等省份，获得了众多院校的肯定与推广。本书的实操部分是基于"TEMI 数字逻辑设计（专业级）认证项目"认证板编写的，稍作调整，也可在其他可编程开发系统上实施，实现无难度转换。

相比传统数字电子技术教材，本书在内容上作了一些增删：引入了状态机的概念，新增有限状态机设计技术项目；删除了模/数转换、存储器以及中小规模可编程逻辑器件等内容，因为模/数转换技术是微机控制系统中重要的接口技术，模/数转换只有与微处理器在一起，才能体现其应用价值；存储器作为微处理器一个重要组成部分，也应放在微处理器中学习；而有 FPGA、CPLD 的内容，中小规模可编程逻辑器件也就无关紧要了。

本书教学资源丰富，包括多媒体教学课件、各任务的原理图与仿真文件、任务实施报告册、TEMI 数字逻辑设计（专业级）认证项目认证资料、常用集成电路器件资料、视频资料等。有条件的，可在专业实验室开展"教、学、做"一体化教学,建议项目 1～项目 9 为基本课堂教学内容,项目 10 为集中实训教学内容,项目 11 为选学内容,根据学生学习的情况酌情选择。

本书由广东轻工职业技术学院丁向荣、贾萍、赵慧、朱云鹏编著,共同策划了全书内容与组织结构。其中,丁向荣编写项目 3、项目 5～9 以及附录 D,贾萍编写项目 1、项目 2、项目 4 以及附录 A、附录 B,赵慧编写项目 10、附录 C,朱云鹏编写项目 11,最后由丁向荣负责全书的统稿工作。要特别说明的是,中国台湾嵌入式暨单晶片系统发展协会在本书的规划、编写过程中给予了大力支持,尤其是得到中国台湾嵌入式暨单晶片系统发展协会秘书长陈宏昇先生、秘书陈怡孜女士的关心与帮助,在此表示由衷的感谢!

由于编者水平有限,书中难免有疏漏之处,敬请读者批评指正! 编者邮箱: 2006108024@gditc.edu.cn。

编　者
2016 年 1 月

目 录

项目 1　逻辑代数基础 ……………………………………………………………… 1

　　任务 1.1　数制转换 …………………………………………………………… 1
　　任务 1.2　编码 ………………………………………………………………… 5
　　任务 1.3　逻辑函数的描述 …………………………………………………… 8
　　任务 1.4　逻辑函数的化简 …………………………………………………… 17
　　习题 …………………………………………………………………………… 31

项目 2　集成门电路 ……………………………………………………………… 34

　　任务 2.1　TTL 门电路的测试 ………………………………………………… 34
　　任务 2.2　CMOS 门电路的测试 ……………………………………………… 46
　　习题 …………………………………………………………………………… 53

项目 3　数字逻辑开发工具 ……………………………………………………… 55

　　任务 3.1　Quartus Ⅱ 的操作使用 …………………………………………… 55
　　任务 3.2　TEMI 数字逻辑设计能力认证开发板的操作使用 ……………… 78
　　习题 …………………………………………………………………………… 88

项目 4　组合逻辑电路 …………………………………………………………… 90

　　任务 4.1　加法器 ……………………………………………………………… 90
　　任务 4.2　编码器 ……………………………………………………………… 99
　　任务 4.3　译码器 …………………………………………………………… 106
　　任务 4.4　数值比较器 ……………………………………………………… 118
　　任务 4.5　数据选择器 ……………………………………………………… 123
　　任务 4.6　数据分配器 ……………………………………………………… 130
　　习题 ………………………………………………………………………… 133

项目 5　触发器 …………………………………………………………………… 136

　　任务 5.1　RS 触发器 ………………………………………………………… 136

任务 5.2　JK 触发器 ··· 143

任务 5.3　D 触发器 ··· 149

习题 ··· 155

项目 6　寄存器 ·· 157

任务 6.1　数据寄存器 ·· 157

任务 6.2　移位寄存器 ·· 164

习题 ··· 169

项目 7　同步计数器 ·· 170

任务 7.1　同步加法计数器 ·· 170

任务 7.2　同步减法计数器 ·· 179

习题 ··· 187

项目 8　异步计数器 ·· 189

任务 8.1　异步加法计数器 ·· 189

任务 8.2　异步减法计数器 ·· 195

习题 ··· 199

项目 9　环形计数器 ·· 200

任务 9.1　模 4 环形计数器 ·· 200

任务 9.2　模 7 扭环形计数器 ·· 203

习题 ··· 207

项目 10　数字逻辑系统综合设计 ·· 208

任务 10.1　跑马灯控制器 ··· 208

任务 10.2　电子骰子控制器 ··· 221

任务 10.3　二位 BCD 码计数器 ·· 236

任务 10.4　交通灯控制电路 ··· 251

项目 11　有限状态机设计技术 ·· 268

任务 11.1　有限状态机的基本概念和传统设计技术 ······························ 268

任务 11.2　用状态机编辑器设计状态机 ·· 282

任务 11.3　Moore 型状态机实例——步进电机控制器设计 ························· 299

习题 ··· 310

项目 A ··· 312

项目 B ……………………………………………………………………………………… 316

项目 C ……………………………………………………………………………………… 319

项目 D　中国台湾 TEMI 数字逻辑设计能力认证简介 ……………………………… 323

参考文献 …………………………………………………………………………………… 356

逻辑代数基础

知识点

◇ 常用数制及其相互转化；

◇ 常用编码；

◇ 基本逻辑关系及电路；

◇ 复合逻辑关系与运算；

◇ 逻辑函数的表示；

◇ 逻辑函数的基本运算规律；

◇ 逻辑函数的化简。

技能点

◇ 不同数制之间的相互转化方法；

◇ 常用的编码方法；

◇ 逻辑关系与运算方法；

◇ 逻辑函数的表示方法；

◇ 逻辑函数基本运算规律的应用；

◇ 逻辑函数的化简方法。

任务 1.1 数制转换

 任务说明

本任务让学生了解常用的几种数制，掌握不同数制之间的相互转化方法。

 相关知识

1.1.1 数制

数制是一种计数方法，它是计数进位制的总称。采用何种计数进制方法应根据实际需要而定，在数字电路中，常用的计数进制除了十进制外，还有二进制、八进制和十六进制。数制有三个要素:基数、权和进制。

基数:数码的个数。

权:数制中某一位上的 1 所表示数值的大小。

进制:逢基进一。

1．十进制数

十进制的基数是 10,有 10 个数码,即 $0,1,2,\cdots,9$;计数规则是"逢十进一";各位的权是 10 的幂。例如,十进制数 1234.56 的按权展开式为

$$1234.56=1\times10^3+2\times10^2+3\times10^1+4\times10^0+5\times10^{-1}+6\times10^{-2}$$

式中:10^3、10^2、10^1、10^0、10^{-1}、10^{-2}分别为十进制数各位的权。

2．二进制数

二进制的基数是 2,只有 0 和 1 两个数码;计数规则是"逢二进一";各位的权是 2 的幂。在表示时,二进制数的后面加上字母 B,以便和其他进制数区别。例如,二进制数 1101.01 的按权展开式为

$$1101.11B=1\times2^3+1\times2^2+0\times2^1+1\times2^0+1\times2^{-1}+1\times2^{-2}$$

式中:2^3、2^2、2^1、2^0、2^{-1}、2^{-2}分别为二进制数各位的权。

3．十六进制数

十六进制的基数是 16,有 16 个数码,即 $0,1,2,\cdots,9,A,B,C,D,E,F$,其中字母 A,B,C,D,E,F 分别代表 $10,11,12,13,14,15$;计数规则是"逢十六进一";各位的权是 16 的幂。在表示时,十六进制数的后面加上字母 H。例如,十六进制数 1A3B.D 的按权展开式为

$$1A3B.DH=1\times16^3+10\times16^2+3\times16^1+11\times16^0+13\times16^{-1}$$

式中:16^3、16^2、16^1、16^0、16^{-1}分别为十六进制数各位的权。

需要指出的是,除了二进制数、十六进制数外,早期的数字系统中还推出过八进制数,现已淘汰不用。

1.1.2 不同数制之间的转换

在逻辑电路和计算机运算中常用二进制(或十六进制),但人们却熟悉十进制数,所以需要进行这些进制之间的相互转换,才能实现人机交流。

1．其他进制数→十进制数

通过前面所学的知识可以看出,将其他进制数按权展开,再相加,即可得到对应的十进制数。例如:

$$1010.11B=1\times2^3+0\times2^2+1\times2^1+0\times2^0+1\times2^{-1}+1\times2^{-2}=10.75$$
$$3B.8H=3\times16^1+11\times16^0+8\times16^{-1}=59.5$$

2．十进制数→二进制数

(1) 整数部分转换:将十进制数的整数部分转换为二进制采用"除 2 取余法",即将整数部分逐次被 2 除,依次记下余数,直到商为 0 为止,第一个余数为二进制数的最低位,最后一个余数为最高位。

（2）小数部分转换：将十进制数的整数部分转换为二进制采用"乘 2 取整法"，即将小数部分连续乘以 2，第一个整数为二进制数的最高位，最后一个整数为最低位。

【例 1-1-1】 将十进制数 41.3125 转化成二进制数。

解：

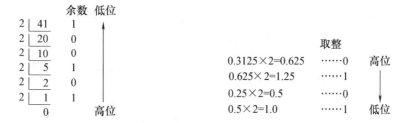

即 41.3125＝101001.0101B。

3．十进制数→十六进制数

（1）整数部分转换：将十进制数的整数部分转换为十六进制数采用"除 16 取余法"。

（2）小数部分转换：将十进制数的整数部分转换为十六进制数采用"乘 16 取整法"。

【例 1-1-2】 将十进制数 8125.78 转化成十六进制数（取三位小数）。

解：

```
        余数  低位                              取整
16 8125  13(D)  ↑             0.78×16=12.48  ……12(C)   高位
16  507  11(B)                0.48×16=7.68   ……7        ↓
16   31  15(F)                0.68×16=10.88  ……10(A)   低位
16    1    1
      0   高位
```

即 8125.78＝1FBD.C7AH。

4．二进制数→十六进制数

转化方法：采用"四位合一位"的方法。整数部分从低位开始，每 4 位二进制数为一组，最后不足 4 位的，在高位加上 0 补足 4 位；小数部分从高位开始，每 4 位二进制数为一组，最后不足 4 位的，在低位加上 0 补足 4 位，然后每组用一个十六进制数代替，按顺序相连即可。

【例 1-1-3】 将二进制数 10111010110.11 转换成十六进制数。

解： 10111010110.11B＝0101 1101 0110. 1100 B＝5D6.CH
$\qquad\qquad\qquad\quad$ 5 $\quad$ D $\quad$ 6 . $\quad$ C

5．十六进制数→二进制数

转化方法：采用"一位分四位"的方法，即将每位十六进制数用 4 位二进制数代替，再按原来的顺序排列起来即可。

【例 1-1-4】 将十六进制数 5DF.2E 转换成二进制数。

解： 5DF.2EH＝0101 1101 1111. 0010 1110 B＝1011101111.0010111B
$\qquad\qquad\quad$ 5 $\quad$ D $\quad$ F . $\quad$ 2 $\quad$ E

说明：十进制数和十六进制数之间的转换，可以先转换为二进制数，然后再由二进制数转换为十进制数或十六进制数。

表 1-1-1 为十进制数、十六进制数和二进制数之间常用数的对应关系。

表 1-1-1　常用数据转换

十进制数	十六进制数	二进制数	十进制数	十六进制数	二进制数
0	00H	0000B	11	0BH	1011B
1	01H	0001B	12	0CH	1100B
2	02H	0010B	13	0DH	1101B
3	03H	0011B	14	0EH	1110B
4	04H	0100B	15	0FH	1111B
5	05H	0101B	16	10H	00010000B
6	06H	0110B	17	11H	00010001B
7	07H	0111B	18	12H	00010010B
8	08H	1000B	19	13H	00010011B
9	09H	1001B	20	14H	00010100B
10	0AH	1010B	21	15H	00010101B

任务实施

1. 任务要求
将十进制数 100 分别转换成二进制数和十六进制数。

2. 转换过程
（1）转换成二进制数：利用"除 2 取余法"。

$$
\begin{array}{r|l}
 & \text{余数　低位} \\
2\,\underline{|\,100} & 0 \\
2\,\underline{|\,50} & 0 \\
2\,\underline{|\,25} & 1 \\
2\,\underline{|\,12} & 0 \\
2\,\underline{|\,6} & 0 \\
2\,\underline{|\,3} & 1 \\
2\,\underline{|\,1} & 1 \\
\hline
0 & \text{高位}
\end{array}
$$

即 100＝1100100B。

（2）转换成十六进制数：由二进制数直接转换成十六进制数。

100＝1100100B＝64H。

任务拓展

将十六进制数 FA 转换成十进制数和二进制数，并用计算机的计算器进行验证。

任务 1.2　编码

任务说明

广义上的编码就是用文字、数码或符号表示某一特定的对象。例如,为街道命名、给学生编学号等都是编码。该任务中讨论的编码是指以二进制码来表示给定的数字、字符或信息。将若干个二进制数码 0 和 1 按一定规则排列起来表示某种特定的含义,称为二进制编码。信息多种多样,用途各异,故其编码形式也不同。该任务让学生了解几种常用的编码及其特点。

相关知识

1.2.1　二-十进制编码

数字设备多采用二进制,而日常生活中人们多采用十进制,因此需要对两种进制数进行转换。将十进制数的 0～9 十个数字用二进制数表示,称为二-十进制编码,又称 BCD 码(Binary Coded Decimal)。

由于十进制数有十个不同的编码,因此,需要 4 位二进制数来表示。而 4 位二进制数有 16 种取值组合,从中抽出 10 种组合来表示 0～9 十个数可有多种方案,所以二-十进制编码也有多种方案。表 1-2-1 中给出了几种常用的二-十进制编码。

表 1-2-1　常用二-十进制编码

十进制数	有 权 码					无权码
	8421 码	2421 码(A)	2421 码(B)	5421 码(A)	5421 码(B)	余 3 码
0	0000	0000	0000	0000	0000	0011
1	0001	0001	0001	0001	0001	0100
2	0010	0010	0010	0010	0010	0101
3	0011	0011	0011	0011	0011	0110
4	0100	0100	0100	0100	0100	0111
5	0101	0101	1011	0101	1000	1000
6	0110	0110	1100	0110	1001	1001
7	0111	0111	1101	0111	1010	1010
8	1000	1110	1110	1011	1011	1011
9	1001	1111	1111	1100	1100	1100

BCD 码分为有权码和无权码两种。有权码是指每位有固定的权值,而无权码的每位没有固定的权值。表 1-2-1 列出的 BCD 码中,8421 BCD 码、2421 BCD 码、5421 BCD 码都是有权码,而余 3 码是无权码。

1. 8421 BCD 码

8421 BCD 码是最简单、最常用的有权码,用 4 位二进制数表示 1 位十进制数,这 4 位二进制数的权分别为 8、4、2、1。

【例 1-2-1】 将十进制数 465 转换为对应的 8421 BCD 码。

解： $465 = (0100\ 0110\ 0101)_{8421\ BCD}$

【例 1-2-2】 将 8421 BCD 码 010010010001 转换为对应的十进制数。

$$(010010010001)_{8421\ BCD} = (\underset{4}{\underline{0100}}\ \underset{9}{\underline{1001}}\ \underset{1}{\underline{0001}})_{BCD} = 491$$

2. 2421 BCD 码

2421 BCD 码的 4 位二进制数的权分别是 2、4、2、1,这种 BCD 码的编码方案不是唯一的,表 1-2-1 中列出了其中两种。

3. 5421 BCD 码

5421 BCD 码的 4 位二进制数的权分别是 5、4、2、1,这种 BCD 码的编码方案也不是唯一的,表 1-2-1 中也列出了其中两种。

4. 余 3 码

余 3 码为无权码,它是在 8421 BCD 码的基础上加二进制数 0011(十进制数 3)而得到的。

1.2.2 可靠性编码

编码在形成和传输过程中难免出错,为了使在编码形成时不易出错,或者在出现错误时容易发现并校正,就需采用可靠性编码。常用的可靠性编码有循环码、奇偶校验码等。

1. 循环码

循环码又称格雷码(Gray)。这种编码没有固定的权值,任意两个相邻码字之间只有 1 位码元不同(单位间距特性)。循环码的这个特性使它在形成和传输过程中引起的误差较小。如计数电路按循环码计数时,电路每次状态更新只有一位代码变换,从而减少了计数误差。循环码与二进制码的对应关系如表 1-2-2 所示。

表 1-2-2 循环码与二进制码的对应关系

十进制数	二进制码	循环码
0	0000	0000
1	0001	0001
2	0010	0011
3	0011	0010
4	0100	0110
5	0101	0111
6	0110	0101
7	0111	0100
8	1000	1100
9	1001	1101
10	1010	1111
11	1011	1110
12	1100	1010
13	1101	1011
14	1110	1001
15	1111	1000

从表 1-2-2 中可以看出,循环码中每一位代码从上到下的排列顺序是以固定周期进行循环的。其中右起第一位的循环周期是"0110",第二位是"00111100",第三位是"0000111111110000"等。4 位循环码以最高位 0 与 1 之间为轴对折,除了反射位外,其他 3 位均互为镜像,故有时也称为反射码。

2. 奇偶校验码

奇偶校验码是一种具有检错能力的代码。它是在原代码(称为信息码)的基础上增加一个码位(称为校验位),使代码中含有 1 的个数均为奇数(称为奇校验)或偶数(称为偶校验)。表 1-2-3 中给出了由 8421 BCD 码变换而得到的奇偶校验码,表中最高位为校验位。若奇校验码在传送过程中多一个或少一个 1 时,就出现了 1 的个数为偶数,接收方用奇校验电路就可以发现信息在传送过程中出现的错误。同理,偶校验码在传送过程中出现的错误也很容易被发现。

表 1-2-3　奇偶校验码

十进制数	信息码	奇校验码	偶校验码
0	0000	10000	00000
1	0001	00001	10001
2	0010	00010	10010
3	0011	10011	00011
4	0100	00100	10100
5	0101	10101	00101
6	0110	10110	00110
7	0111	00111	10111
8	1000	01000	11000
9	1001	11001	01001

1.2.3　ASCII 码

ASCII 码是一种常用的字符编码。ASCII 码是英文 American Standard Code for Information Interchange 的缩写,是美国标准信息交换码,常用于数字通信设备。标准 ASCII 码由 7 位二进制数表示一个字符,共有 128 种组合。其中,有 52 个大、小写英文字母,34 个控制符,0～9 十个数字符,32 个标点符号及运算符。其编码表如表 1-2-4 所示。

表 1-2-4　标准 ACSII 码

$b_3 b_2 b_1 b_0$	$b_6 b_5 b_4$							
	000	001	010	011	100	101	110	111
0000	NUL	DLE	SP	0	@	P	'	P
0001	SOH	DC1	!	1	A	Q	a	q
0010	STX	DC2	"	2	B	R	b	r
0011	ETX	DC3	#	3	C	S	c	s
0100	EOT	DC4	$	4	D	T	d	t
0101	ENQ	NAK	%	5	E	U	e	u
0110	ACK	SYN	&	6	F	V	f	v
0111	BEL	ETB	,	7	G	W	g	w

续表

$b_3 b_2 b_1 b_0$	$b_6 b_5 b_4$							
	000	001	010	011	100	101	110	111
1000	BS	CAN	(	8	H	X	h	x
1001	HT	EM	)	9	I	Y	i	y
1010	LF	SUB	*	:	J	Z	j	z
1011	VT	ESC	+	;	K	[	k	{
1100	FF	FS	,	<	L	\	l	|
1101	CR	GS	-	=	M	]	m	}
1110	SO	RS	.	>	N	Λ	n	~
1111	SI	US	/	?	O	—	o	DEL

在计算机的存储单元中，一个 ASCII 码值占一个字节（8 个二进制位），其最高位（b_7）用作奇偶校验位。

 任务实施

1. 任务要求

把十进制数 935.26 转换成 8421 BCD 码。

2. 转换过程

$$(935.26)_{10} = (1001\ 0011\ 0101.0010\ 0110)_{8421\ BCD}$$

 任务拓展

把你的名字（汉语拼音）用 ASCII 码进行编码，并在 ASCII 码前加上奇校验位。

任务 1.3 逻辑函数的描述

 任务说明

本任务学习基本逻辑关系及其门电路、复合逻辑关系与运算，了解逻辑函数的表示方法。

 相关知识

逻辑代数又称布尔代数，是英国数学家乔治·布尔在 1847 年提出的，它是用于描述客观事物逻辑关系的数学方法。逻辑代数的变量称为逻辑变量，逻辑变量分为输入逻辑变量和输出逻辑变量两类。与普通代数不同，逻辑变量只有两种取值，即 0 和 1。这两个值不具有数量大小的意义，仅表示客观事物两种对立的状态，即两种逻辑关系。例如，开关的闭合与断开、灯的亮与灭、电位的高与低等。

1.3.1 三种基本逻辑关系与门电路

基本的逻辑关系有三种:与逻辑、或逻辑、非逻辑。对应的有三种最基本的逻辑运算:与运算、或运算、非运算。

1. 与逻辑与与门

1) 与逻辑

只有当决定事件(Y)的所有条件($A,B,C,\cdots$)全部具备时,此事件(Y)才会发生,这种因果关系称为与逻辑,实现这种逻辑关系的运算就是与逻辑运算。下面以两个串联的开关 A、B(输入量)控制灯泡 Y(输出量)为例来说明,如图 1-3-1 所示。

由图 1-3-1 可见,只有当两个开关 A 和 B 均为闭合时,灯 Y 才会亮,A 和 B 中只要有一个断开或二者都断开,灯 Y 灭。显然,灯 Y 的结果状态(亮)和开关 A、B 的条件状态(闭合)之间符合与逻辑关系,如表 1-3-1 所示。

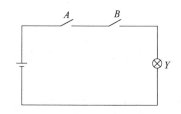

图 1-3-1　与逻辑关系示意图

表 1-3-1　图 1-3-1 所示与逻辑功能表

输　　入		输出
开关 A	开关 B	灯 Y
断开	断开	灭
断开	闭合	灭
闭合	断开	灭
闭合	闭合	亮

如果用 1 表示开关闭合,0 表示开关断开;用 1 表示灯亮,0 表示灯灭,则可得如表 1-3-2 所示的真值表。这种用字母表示开关和灯泡有关状态的过程称为设定变量;用 0 和 1 表示开关和电灯有关状态的过程称为状态赋值;经过赋值得到的反映开关和电灯亮灭之间的逻辑关系的表格称为逻辑真值表,简称真值表。

表 1-3-2　图 1-3-1 所示与逻辑真值表

输　　入		输　　出
A	B	Y
0	0	0
0	1	0
1	0	0
1	1	1

由表 1-3-2 可知,Y 和 A、B 之间的关系:只有当 A 和 B 都是 1 时,Y 才为 1;否则为 0。这一关系可用逻辑表达式表示为

$$Y = A \cdot B \quad \text{或} \quad Y = AB$$

2) 二极管与门电路

二极管与门电路如图 1-3-2(a)所示,其逻辑符号如图 1-3-2(b)所示。设输入电平高

电平为 $U_{IH}=3.6V$,低电平为 $U_{IL}=0V$,它的逻辑功能如下。

(a) 与门电路   (b) 与门逻辑符号   (c) 与门波形图

图 1-3-2 二极管与门的工作原理

① $U_A=U_B=0V$,此时二极管 D_1 和 D_2 都导通,由于二极管正向导通,输出 $U_L=0.7V$,为低电平。

② $U_A=0V$,$U_B=3.6V$,此时二极管 D_1 优先导通,D_2 截止,输出 $U_L=0.7V$,为低电平。

③ $U_A=3.6V$,$U_B=0V$,此时二极管 D_2 优先导通,D_1 截止,输出 $U_L=0.7V$,为低电平。

④ $U_A=U_B=3.6V$,此时二极管 D_1 和 D_2 导通,输出 $U_L=4.3V$,为高电平。

把上面分析结果归纳起来列入表 1-3-3、表 1-3-4 中,很容易看出它实现逻辑运算:$L=A \cdot B$。

<table>
<tr><td colspan="3">表 1-3-3   与门输入/输出电压关系</td></tr>
<tr><td colspan="2">输 入</td><td>输出</td></tr>
<tr><td>U_A/V</td><td>U_B/V</td><td>U_L/V</td></tr>
<tr><td>0</td><td>0</td><td>0.7</td></tr>
<tr><td>0</td><td>3.6</td><td>0.7</td></tr>
<tr><td>3.6</td><td>0</td><td>0.7</td></tr>
<tr><td>3.6</td><td>3.6</td><td>4.3</td></tr>
</table>

<table>
<tr><td colspan="3">表 1-3-4   与逻辑真值表</td></tr>
<tr><td colspan="2">输 入</td><td>输出</td></tr>
<tr><td>A</td><td>B</td><td>L</td></tr>
<tr><td>0</td><td>0</td><td>0</td></tr>
<tr><td>0</td><td>1</td><td>0</td></tr>
<tr><td>1</td><td>0</td><td>0</td></tr>
<tr><td>1</td><td>1</td><td>1</td></tr>
</table>

与门电路的输入和输出波形如图 1-3-2(c)所示。

增加一个输入和一个二极管,就可以变成三输入端与门。按此方法可构成更多输入端的与门。

2. 或逻辑与或门

1) 或逻辑

图 1-3-3 或逻辑关系示意图

只要决定事件(Y)的所有条件(A,B,C,…)有一个(或一个以上)具备时,此事件(Y)就会发生,这种因果关系称为或逻辑,实现这种逻辑关系的运算就是或逻辑运算。

或逻辑运算的实例如图 1-3-3 所示,不难分析出其逻辑功能表如表 1-3-5 所示,其真值表如表 1-3-6 所示。

表 1-3-5	图 1-3-3 所示或逻辑功能表	
输 入		输出
开关 A	开关 B	灯 Y
断开	断开	灭
断开	闭合	亮
闭合	断开	亮
闭合	闭合	亮

表 1-3-6	图 1-3-3 所示或逻辑真值表	
输 入		输出
A	B	Y
0	0	0
0	1	1
1	0	1
1	1	1

由表 1-3-6 可知，Y 和 A、B 之间的关系：只要 A 和 B 当中有一个为 1 或二者全为 1 时，Y 就为 1；若 A 和 B 全为 0，Y 才为 0。这一关系可用逻辑表达式表示为

$$Y = A + B$$

2) 二极管或门电路

二极管或门电路如图 1-3-4(a)所示，其逻辑符号如图 1-3-4(b)所示。设输入电平高电平为 $U_{IH} = 3.6V$，低电平为 $U_{IL} = 0V$，它的逻辑功能如下。

(a) 或门电路　　　　　(b) 或门逻辑符号　　　　　(c) 或门波形图

图 1-3-4　二极管或门的工作原理

① $U_A = U_B = 0V$，此时二极管 D_1 和 D_2 都截止，输出 $U_L = 0V$，为低电平。

② $U_A = 0V$，$U_B = 3.6V$，此时二极管 D_2 导通，$U_L = 2.9V$，为高电平，D_1 截止。

③ $U_A = 3.6V$，$U_B = 0V$，此时二极管 D_1 导通，$U_L = 2.9V$，为高电平，D_2 截止。

④ $U_A = U_B = 3.6V$，此时二极管 D_1 和 D_2 都导通，输出 $U_L = 2.9V$，为高电平。

把上面分析结果归纳起来列入表 1-3-7、表 1-3-8 中，很容易看出它实现逻辑运算：$L = A + B$。

表 1-3-7	或门输入/输出电压关系	
输 入		输出
U_A/V	U_B/V	U_L/V
0	0	0
0	3.6	2.9
3.6	0	2.9
3.6	3.6	2.9

表 1-3-8	或逻辑真值表	
输 入		输出
A	B	L
0	0	0
0	1	1
1	0	1
1	1	1

或门电路的输入和输出波形如图 1-3-4(c)所示。

同样，可用增加输入端和二极管的方法，构成更多输入端的或门。

3．非逻辑与非门

1）非逻辑

非逻辑指的是逻辑的否定。只要决定事件(Y)发生的条件(A)不具备时,此事件(Y)才会发生;当条件(A)满足时,事件(Y)不发生,这种因果关系称为非逻辑,实现这种逻辑关系的运算就是非逻辑运算。

非逻辑运算的关系示意图如图 1-3-5 所示,其功能表如表 1-3-9 所示,其真值表如表 1-3-10 所示。

图 1-3-5　非逻辑关系示意图

表 1-3-9　图 1-3-5 所示非逻辑功能表

输入(开关 A)	输出(灯 Y)
断开	亮
闭合	灭

表 1-3-10　图 1-3-5 所示非逻辑真值表

输入(A)	输出(Y)
0	1
1	0

由表 1-3-10 可知,Y 和 A 之间的关系:当 $A=0$ 时,$Y=1$;而 $A=1$ 时,$Y=0$。这一关系可用逻辑表达式表示为

$$Y=\overline{A}$$

2）三极管非门电路

图 1-3-6(a)所示是由三极管组成的非门电路,非门又称反相器,其逻辑符号如图 1-3-6(b)所示。仍设输入电平高电平为 $U_{\text{IH}}=3.6\text{V}$,低电平为 $U_{\text{IL}}=0\text{V}$,它的逻辑功能如下。

(a)非门电路　　　　　(b)非门逻辑符号　　　　　(c)非门波形图

图 1-3-6　三极管或门的工作原理

① $U_{\text{A}}=0\text{V}$,此时三极管 T 截止,输出 $U_{\text{L}}=5\text{V}$,为高电平。

② $U_{\text{A}}=3.6\text{V}$,此时合理的 R_{b} 和 R_{c} 使三极管 T 工作在饱和导通状态,$U_{\text{L}}=0.3\text{V}$,为低电平。

把上面分析结果归纳起来列入表 1-3-11、表 1-3-12 中,很容易看出它实现逻辑运算:$L=\overline{A}$。

表 1-3-11　非门输入/输出电压关系

输入 U_A/V	输出 U_L/V
0	5
3.6	0.3

表 1-3-12　非逻辑真值表

输入 A	输出 L
0	1
1	0

非门电路的输入和输出波形如图 1-3-6(c)所示。

1.3.2　复合逻辑关系与运算

除了与、或、非三种基本逻辑运算外,经常用到的还有由这三种基本运算构成的一些复合运算。

1. 与非

与非运算为先"与"后"非",与非逻辑的表达式为 $Y=\overline{A \cdot B}$,其真值表如表 1-3-13 所示。在数字电路中,实现与非逻辑运算的电路称为与非门,其逻辑符号如图 1-3-7 所示。

表 1-3-13　与非逻辑真值表

输	入	输出
A	B	Y
0	0	1
0	1	1
1	0	1
1	1	0

图 1-3-7　与非门符号

由表 1-3-13 可知,与非运算的逻辑输入/输出关系:"有 0 出 1,全 1 出 0"。

2. 或非

或非运算为先"或"后"非",或非逻辑的表达式为 $Y=\overline{A+B}$,其真值表如表 1-3-14 所示。在数字电路中,实现或非逻辑运算的电路称为或非门,其逻辑符号如图 1-3-8 所示。

表 1-3-14　或非逻辑真值表

输	入	输出
A	B	Y
0	0	1
0	1	0
1	0	0
1	1	0

图 1-3-8　或非门符号

由表 1-3-14 可知,或非运算的逻辑输入/输出关系:"全 0 出 1,有 1 出 0"。

3. 与或非

与或非运算为先"与"后"或"再"非",与或非逻辑的表达式为 $Y=\overline{AB+CD}$,其逻辑符号如图 1-3-9 所示。关于与或非逻辑的真值表请读者作为练习自行列出。

图 1-3-9　与或非门逻辑符号

4．异或和同或

异或的逻辑表达式为 $Y = A\overline{B} + \overline{A}B = A \oplus B$，其真值表如表 1-3-15 所示，逻辑符号如图 1-3-10 所示。从真值表中可以看出，异或运算的含义是当输入变量相同时，输出为 0；当输入变量不同时，输出为 1。

表 1-3-15　异或逻辑真值表

输	入	输出
A	B	Y
0	0	0
0	1	1
1	0	1
1	1	0

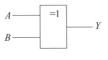

图 1-3-10　异或门符号

同或的逻辑表达式为 $Y = \overline{A}\,\overline{B} + AB = A \odot B$，其真值表如表 1-3-16 所示。从真值表中可以看出，同或运算的含义是当输入变量相同时，输出为 1；当输入变量不同时，输出为 0。

通过表 1-3-15 和表 1-3-16 可以看出，异或和同或运算互为非运算，即

$$Y = A \odot B = \overline{A \oplus B}$$
$$Y = A \oplus B = \overline{A \odot B}$$

表 1-3-16　同或逻辑真值表

输	入	输	出
A		B	Y
0		0	1
0		1	0
1		0	0
1		1	1

同或门逻辑符号可以用图 1-3-11 中(a)和(b)两种方式表示。

图 1-3-11　同或门符号

1.3.3 逻辑函数及其表示方法

1. 逻辑函数的定义

如果对应于输入逻辑变量 A、B、C、…的每一组取值确定以后,输出逻辑变量 Y 就有唯一确定的值,则称 Y 是 A、B、C、…的逻辑函数,记为

$$Y = f(A, B, \cdots)$$

式中: f 表示输出 Y 和输入 A、B、C、…之间对应的某种逻辑函数关系。

2. 逻辑函数的表示方法

逻辑函数的表示方法主要有真值表、逻辑表达式、逻辑电路图、卡诺图和波形图等。

以图 1-3-12 开关电路图为例,说明逻辑函数的各种表示方法。

图 1-3-12　开关电路图

1) 真值表

在前面的讨论中,已经多次用到真值表。描述逻辑函数各变量的取值组合和逻辑函数取值之间对应关系的表格,叫真值表。每一个输入变量有 0,1 两个取值, n 个变量就有 2^n 个不同的取值组合,如果将输入变量的全部取值组合和对应的输出函数值一一对应地列举出来,即可得到真值表。表 1-3-17 给出了图 1-3-12 开关电路图的真值表。

表 1-3-17　图 1-3-12 开关电路图真值表

输　　入			输　　出
A	B	C	F
0	0	0	0
0	0	1	0
0	1	0	0
0	1	1	1
1	0	0	0
1	0	1	1
1	1	0	0
1	1	1	1

在表 1-3-17 中, A、B、C 开关合上用"1"表示,断开用"0"表示;灯泡 F 亮用"1"表示,灭用"0"表示。

注意:在列真值表时,输入变量的取值组合应按照二进制递增的顺序排列,这样做既不容易遗漏,也不容易重复。

2) 逻辑表达式

用与、或、非等逻辑运算表示逻辑变量之间关系的代数式,叫逻辑函数表达式。由真值表直接写出的逻辑式是标准的与或逻辑式。

下面结合表 1-3-17 介绍写标准与或逻辑式的方法步骤。

（1）挑出函数值（F）为 1 的项。表 1-3-17 中共有三个函数值为 1 的项。

（2）每个函数值（F）为 1 的输入变量取值组合写成一个乘积项。输入变量取值为 1 用原变量表示；反之，则用反变量表示，则表 1-3-17 中的三个乘积项分别为：$\overline{A}BC$、$A\overline{B}C$、ABC。

（3）把这些乘积项作逻辑加，即得到标准与或逻辑式。表 1-3-17 中的标准与或逻辑式为

$$F=\overline{A}BC+A\overline{B}C+ABC$$

3）逻辑电路图

由逻辑符号表示的逻辑函数的图形，称为逻辑电路图，简称逻辑图。上述逻辑表达式 $F=\overline{A}BC+A\overline{B}C+ABC$ 的逻辑电路图如图 1-3-13 所示，图中乘积项用与门实现，和项用或门实现。

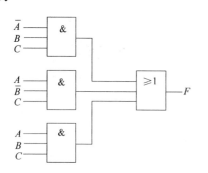

图 1-3-13　$F=\overline{A}BC+A\overline{B}C+ABC$ 的逻辑图

4）卡诺图

卡诺图是按一定规则画出的方格图，是真值表的另一种形式，主要用于化简逻辑函数，具体内容见本项目任务 1.4。

5）波形图

波形图是逻辑函数输入变量每一种可能出现的取值与对应的输出值按时间顺序依次排列的图形，也称为时序图。上述逻辑表达式 $F=\overline{A}BC+A\overline{B}C+ABC$ 的波形图如图 1-3-14 所示。

图 1-3-14　$F=\overline{A}BC+A\overline{B}C+ABC$ 的波形图

真值表、逻辑表达式、逻辑电路图、卡诺图和波形图具有对应关系，可相互转换。对同一逻辑函数，真值表和波形图具有唯一性；逻辑表达式、逻辑电路图和卡诺图可有多种不同的表达形式。

 任务实施

1. 任务要求

由于检测危险的报警器自身也可能出现差错，因此为提高报警信号的可靠性，在每个关键部位都安置了三个同类型的危险报警器，如图 1-3-15 所示。只有当三个危险报警器中至少有两个指示危险时，才实现关机操作。这就是三选二电路。要求列出三选二电路的真值表，并写出标准与或逻辑式表达式。

图 1-3-15　三选二报警电路

2. 任务实现过程

1) 列出真值表

设三个报警信号分别用 A、B、C 表示,指示显示危险为 1,无指示为 0;关机信号用 L 表示,关机为 1,不关机为 0。可列出三选二电路真值表如表 1-3-18 所示。

表 1-3-18 三选二电路真值表

报 警 信 号			关 机 信 号
A	B	C	L
0	0	0	0
0	0	1	0
0	1	0	0
0	1	1	1
1	0	0	0
1	0	1	1
1	1	0	1
1	1	1	1

2) 写出标准与或逻辑式表达式

由表 1-3-18 直接写出标准与或逻辑式表达式如下:

$$L = AB\overline{C} + A\overline{B}C + \overline{A}BC + ABC$$

任务拓展

如图 1-3-16 所示是某设计小组为举重比赛设计的"试举成功判定器"逻辑电路,其中 A 为主裁判输入端,B、C 分别为两名副裁判输入端,Z 端为试举输出端,要求真值表,并写出标准与或逻辑式表达式。

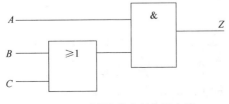

图 1-3-16 试举成功判定器电路

任务 1.4 逻辑函数的化简

任务说明

本任务学习逻辑代数的基本运算规律,掌握逻辑函数的公式化简法和卡诺图化简法。

相关知识

在实际问题中,直接根据逻辑要求而归纳的逻辑函数比较复杂,含有较多的逻辑变量和逻辑运算符。逻辑函数的表达式并不是唯一的,可以写成各种不同的形式,因而实现同一种逻辑关系的数字电路也可以有多种形式。为了提高数字电路的可靠性,尽可能地减少所用的元件数目,希望能求得逻辑函数最简单的表达式。通过化简的方法可找出逻辑函数的最简形式。在学习逻辑函数的化简方法之前,先要掌握逻辑函数的基本运算规律。

1.4.1　逻辑代数的基本运算规律

熟悉和掌握逻辑函数的基本运算规律,将为分析和设计逻辑电路提供很多方便。逻辑代数的基本运算规律包括基本定律、基本规则和常用公式。

1. 逻辑代数的基本定律

逻辑代数的基本定律是分析、设计逻辑电路的重要基础,也是化简和变换逻辑函数的重要工具。这些定律有其独具的特性,但也有一些与普通代数相似的定律,因此要严格区分,不能混淆。表 1-4-1 给出了一些重要的基本定律。

表 1-4-1　逻辑代数的基本定律

定律名称	公　式
0-1 律	$A \cdot 0 = 0, A + 1 = 1$
自等律	$A \cdot 1 = A, A + 0 = A$
重叠律	$A \cdot A = A, A + A = A$
互补律	$A \cdot \overline{A} = 0, A + \overline{A} = 1$
还原律	$\overline{\overline{A}} = A$
交换律	$A \cdot B = B \cdot A, A + B = B + A$
结合律	$A \cdot (B \cdot C) = (A \cdot B) \cdot C, A + (B + C) = (A + B) + C$
分配律	$A \cdot (B + C) = A \cdot B + A \cdot C, A + (B \cdot C) = (A + B) \cdot (A + C)$
反演律(德·摩根定律)	$\overline{A \cdot B} = \overline{A} + \overline{B}, \overline{A + B} = \overline{A} \cdot \overline{B}$

如果两个逻辑函数具有相同的真值表,则这两个函数相等。因此,证明以上定律的基本方法是用真值表法,即分别列出等式两边逻辑表达式的真值表,若两张真值表完全相同,就说明两个逻辑表达式相等。

【例 1-4-1】　证明反演律 $\overline{A \cdot B} = \overline{A} + \overline{B}$。

解:等式两边的真值表如表 1-4-2 所示。

表 1-4-2　证明 $\overline{A \cdot B} = \overline{A} + \overline{B}$ 的真值表

输　　入		输　　出	
A	B	$\overline{A \cdot B}$	$\overline{A} + \overline{B}$
0	0	1	1
0	1	1	1
1	0	1	1
1	1	0	0

由表1-4-2可以看出，$\overline{A \cdot B}$ 与 $\overline{A} + \overline{B}$ 在变量 A、B 的四种输入取值组合下输出结果完全相同，因此等式成立。

2. 逻辑代数的三个基本规则

1）代入规则

在任一逻辑等式中，若将等式两边所有出现同一变量的地方，代之以一个逻辑函数，则等式仍然成立。这个规则称为代入规则。

【例1-4-2】 已知 $\overline{A \cdot B} = \overline{A} + \overline{B}$，试证明用 BC 代替 B 后，等式仍然成立。

证明：
$$\text{等式左边} = \overline{A \cdot (BC)} = \overline{A} + \overline{BC} = \overline{A} + \overline{B} + \overline{C}$$
$$\text{等式右边} = \overline{A} + \overline{BC} = \overline{A} + \overline{B} + \overline{C}$$

所以等式仍然成立。

可见，利用代入规则，可以灵活地应用基本定律，并扩大基本定律的应用范围。

2）反演规则

对于任何一个逻辑函数 Y，如果将表达式中的所有"·"换成"+"，所有的"+"换成"·"，"0"换成"1"，"1"换成"0"，原变量换成反变量，反变量换成原变量，则得到原来逻辑函数 Y 的反函数 $\overline{Y}$。这个规则称为反演规则。

利用反演规则，可以比较容易地求出一个函数的反函数。但变换时要注意两点：①要保持原式中逻辑运算的优先顺序；②不是一个变量上的非号应保持不变，否则就要出错。

【例1-4-3】 试求 $Y = \overline{A}B + A\overline{B}$ 的反函数。

解：根据反演规则，可写出

$$\overline{Y} = (A + \overline{B}) \cdot (\overline{A} + B) \quad \text{——加括号的作用是保持原式的运算优先顺序}$$
$$= \overline{A}\,\overline{B} + AB \quad\quad\quad \text{——用分配率展开后的逻辑表达式}$$

此例进一步证明了同或是异或的反函数，即同或等于异或非。

【例1-4-4】 试求 $Y = A + \overline{B + \overline{C} + \overline{D + \overline{E}}}$ 的反函数。

解：
$$\overline{Y} = \overline{A} \cdot \overline{\overline{B} \cdot C \cdot \overline{D} \cdot \overline{\overline{E}}} = \overline{A} \cdot \overline{\overline{B} \cdot C \cdot \overline{D} \cdot E}$$

注意：不是一个变量上的非号应保持不变。

3）对偶规则

对于任何一个逻辑函数 Y，如果将表达式中的所有"·"换成"+"，所有的"+"换成"·"，"0"换成"1"，"1"换成"0"，而变量保持不变，则可得到一个新的表达式 Y'，Y' 称为函数 Y 的对偶式。这个规则称为对偶规则。

对偶规则要注意保持变换前优先顺序保持不变。对偶规则的意义在于：若两个函数相等，则其对偶式也一定相等。利用对偶规则，可以将逻辑定律和公式应用扩大一倍，因此前面讲到的基本定律公式往往是成对出现的。

例如，分配率的第一个公式为

$$A \cdot (B + C) = A \cdot B + A \cdot C$$

根据对偶规则，其对偶式为

$$A + (B \cdot C) = (A + B) \cdot (A + C)$$

此公式是分配率的第二个公式,较难理解,但只要记住了第一个公式,它的对偶式仍然成立。

3. 常用公式

利用上面的定律和规则,可以得到一些常用的公式。表 1-4-3 给出了基本逻辑运算的常用公式。掌握这些公式,对逻辑函数的化简很有帮助。

表 1-4-3 基本逻辑运算的常用公式

公式名称	公 式
吸收律	$A+AB=A, A(A+B)=A$ $A+\overline{A}B=A+B, A\cdot(\overline{A}+B)=A\cdot B$
合并律	$AB+A\overline{B}=A, (A+B)(A+\overline{B})=A$
冗余律	$AB+\overline{A}C+BC=AB+\overline{A}C$

冗余律的证明如下:

$$AB+\overline{A}C+BC = AB+\overline{A}C+BC(A+\overline{A})$$
$$=AB+\overline{A}C+ABC+\overline{A}BC$$
$$=(AB+ABC)+(\overline{A}C+\overline{A}BC)$$
$$=AB+\overline{A}C$$

其他公式的证明较简单,可由读者自行解决。

1.4.2 逻辑函数的表达式

1. 常见逻辑函数表达式的形式

一个逻辑函数的表达式并不是唯一的。常见的逻辑表达式有 5 种形式,它们之间可以相互变换,这种变换在逻辑电路的分析和设计中经常用到。例如:

$$F = \overline{A}B+AC \qquad\text{——与或(积之和)式}$$
$$=(A+B)(\overline{A}+C) \qquad\text{——或与(和之积)式}$$
$$=\overline{\overline{\overline{A}B\cdot\overline{AC}}} \qquad\text{——与非-与非式}$$
$$=\overline{\overline{A+B}+\overline{\overline{A}+C}} \qquad\text{——或非-或非式}$$
$$=\overline{\overline{A}\,\overline{B}+A\,\overline{C}} \qquad\text{——与或非式}$$

2. 最简函数表达式

逻辑函数有多种形式,其中与或式最为常用,也很容易转换成其他形式的表达式。因此,应着重研究最简单的与或表达式。

一个与或表达式,根据逻辑相等和有关公式、定理进行变化,其结果并不是唯一的。以 $F=A\overline{B}+AC$ 为例,可表示为

$$F = \overline{A}B+AC \qquad\qquad\text{——原式}$$
$$=\overline{A}B+BC+AC \qquad\qquad\text{——配上冗余项}$$
$$=\overline{A}B\,\overline{C}+\overline{A}BC+A\,\overline{B}C+ABC \qquad\text{——原式配项变化}$$

可以证明:以上3个式子逻辑上是相等的,即实现的是同一个逻辑问题。但哪一个式子最简单呢? 显然,第一个式子最简单。由此可以得出最简与或表达式的标准如下。

(1) 逻辑函数式中的逻辑乘积项(与项)的个数最少。

(2) 每个乘积项中变量数最少。

化简逻辑函数的方法,最常用的有公式法和卡诺图法。

1.4.3 逻辑函数的公式化简法

逻辑函数的公式化简法,就是利用逻辑代数的基本公式和定理,将复杂的逻辑函数进行化简的方法。常用的化简方法有以下几种。

1. 并项法

利用公式 $A+\overline{A}=1$,将两项合并为一项,同时消去一个变量。例如:

(1) $\overline{A}BC+\overline{A}\,\overline{B}C=\overline{A}\,B(C+\overline{C})=\overline{A}\,B$

(2) $A\overline{B}\,\overline{C}+A\overline{B}C+AB\overline{C}+ABC=A(BC+\overline{B}\,\overline{C})+A(\overline{B}C+B\overline{C})$

$$=A(\overline{B\,\overline{C}+\overline{B}C})+A(\overline{B}C+B\overline{C})=A$$

2. 吸收法

利用公式 $A+AB=A$ 吸收掉多余的项,例如:

(1) $\overline{A}+\overline{A}\,\overline{B}C=\overline{A}$

(2) $\overline{A}B+\overline{A}B\,\overline{C}(D+\overline{E})=\overline{A}B$

3. 消去法

利用公式 $A+\overline{A}B=A+B$,消去多余的因子,例如:

(1) $A+\overline{A}B+\overline{A}C=A+B+C$

(2) $AB+\overline{A}C+\overline{B}C=AB+(\overline{A}+\overline{B})C=AB+\overline{AB}C=AB+C$

4. 配项法

配项法是利用 $A+\overline{A}=1$,将某乘积项一项拆成两项,然后再与其他项合并,消去多余项。有时多出一项后,反而有利于化简逻辑函数。例如:

$$A\overline{B}+B\overline{C}+\overline{B}C+\overline{A}B=A\overline{B}+B\overline{C}+\overline{B}C(A+\overline{A})+\overline{A}B(C+\overline{C})$$

$$=A\overline{B}+B\overline{C}+A\overline{B}C+\overline{A}\,\overline{B}C+\overline{A}BC+\overline{A}B\,\overline{C}$$

$$=A\overline{B}+B\overline{C}+\overline{A}C$$

1.4.4 逻辑函数的卡诺图化简法

卡诺图化简逻辑函数的图解化简法克服了公式化简法对最终结果难以确定的缺点。卡诺图化简法具有确定的化简步骤,能方便地获得逻辑函数的最简与或式。在学习卡诺图之前,首先要先研究逻辑函数的最小项问题,最小项是一个非常重要的概念。

1. 最小项

1) 最小项的定义

在 n 个变量的逻辑函数中,如乘积项中包含了全部变量,且每个变量在该乘积项中或以原变量或反变量形式出现且仅出现一次,则该乘积项就定义为逻辑函数的最小项。n 个变量的最小项共有 2^n 个。

如三个变量 A、B、C 共有 $2^3 = 8$ 个最小项:$\overline{A}\,\overline{B}\,\overline{C}$、$\overline{A}\,\overline{B}\,C$、$\overline{A}B\,\overline{C}$、$\overline{A}BC$、$A\,\overline{B}\,\overline{C}$、$A\,\overline{B}C$、$AB\,\overline{C}$、$ABC$。

2) 最小项的性质

为了分析最小项的性质,表 1-4-4 列出了三变量最小项的真值表。

表 1-4-4 三变量最小项的真值表

A B C	$\overline{A}\,\overline{B}\,\overline{C}$	$\overline{A}\,\overline{B}\,C$	$\overline{A}B\,\overline{C}$	$\overline{A}BC$	$A\,\overline{B}\,\overline{C}$	$A\,\overline{B}C$	$AB\,\overline{C}$	ABC
0 0 0	1	0	0	0	0	0	0	0
0 0 1	0	1	0	0	0	0	0	0
0 1 0	0	0	1	0	0	0	0	0
0 1 1	0	0	0	1	0	0	0	0
1 0 0	0	0	0	0	1	0	0	0
1 0 1	0	0	0	0	0	1	0	0
1 1 0	0	0	0	0	0	0	1	0
1 1 1	0	0	0	0	0	0	0	1

由表 1-4-4 可以看出,最小项有如下性质。

(1) 在输入变量任一取值下,有且仅有一个最小项的值为1。

(2) 不同的最小项,使它的值为1的那一组变量取值也不同。

(3) 任意两个不同的最小项之积为0。

(4) 全体最小项之和为1。

3) 最小项的编号

为了方便记忆,通常用编号 m_i 表示最小项。下标 i 的确定:把最小项中的原变量取1,反变量取0,则最小项取值为一组二进制数,其对应的十进制数就是这个最小项的下标 i。如三变量 A、B、C 对应 8 个最小项的表示方法如表 1-4-5 所示。

表 1-4-5 三变量最小项的表示方法

A	B	C	最小项	最小项编号 m_i
0	0	0	$\overline{A}\,\overline{B}\,\overline{C}$	m_0
0	0	1	$\overline{A}\,\overline{B}C$	m_1
0	1	0	$\overline{A}B\,\overline{C}$	m_2
0	1	1	$\overline{A}BC$	m_3
1	0	0	$A\,\overline{B}\,\overline{C}$	m_4
1	0	1	$A\,\overline{B}C$	m_5
1	1	0	$AB\,\overline{C}$	m_6
1	1	1	ABC	m_7

2．最小项表达式

如果一个逻辑表达式中的每一个与项都是最小项，则该逻辑函数式称为最小项表达式，又称为标准与或表达式。

1）通过真值表求最小项表达式

如果已经列出了函数的真值表，则只要将函数值为1的那些最小项相加，便是函数的最小项表达式。

【例1-4-5】 已知逻辑函数的真值表如表1-4-6所示，试写出其最小项表达式。

表1-4-6 例1-4-5逻辑函数的真值表

A	B	C	F
0	0	0	0
0	0	1	1
0	1	0	0
0	1	1	0
1	0	0	1
1	0	1	1
1	1	0	0
1	1	1	0

解：由表可写出其最小项表达式为

$$F(A,B,C)=\overline{A}\,\overline{B}C+A\,\overline{B}\,\overline{C}+A\,\overline{B}C$$

上式即为 F 的最小项表达式。上式的最小项可分别表示为 m_1、m_4、m_5，所以又可以写为

$$F(A,B,C)=m_1+m_4+m_5=\sum m(1,4,5)=\sum (1,4,5)$$

2）从一般与或表达式求最小项

对于不是最小项表达式的与或表达式，可利用公式 $A+\overline{A}=1$ 来配项，展开变换成最小项表达式。

【例1-4-6】 将逻辑函数表达式 $F(A,B,C)=AB+\overline{B}C$ 变成最小项表达式。

解：
$$F(A,B,C)=AB+\overline{B}C$$
$$=AB(C+\overline{C})+(A+\overline{A})\overline{B}C$$
$$=ABC+AB\,\overline{C}+A\,\overline{B}C+\overline{A}\,\overline{B}C$$
$$=m_1+m_5+m_6+m_7$$
$$=\sum m(1,5,6,7)$$

3．逻辑函数的卡诺图表示法

1）相邻最小项

如果两个最小项中只有一个变量互为反变量，其余变量均相同，则称这两个最小项为逻辑相邻，简称相邻项。例如，最小项 ABC 和 $A\overline{B}C$ 就是相邻最小项。

如果两个相邻最小项出现在同一个逻辑函数中,可以合并为一项,同时消去互为反变量的那个量。例如:

$$F(A,B,C)=ABC+A\overline{B}C=AC(B+\overline{B})=AC$$

2) 最小项卡诺图表示

卡诺图是由美国工程师卡诺(Karnaugh)提出的一种用来描述逻辑函数的图形表示法。这种方法是将以 2^n 个小方块分别代表 n 变量的所有最小项,并将它们排列成矩阵,而且使几何位置相邻(在几何位置上,上、下或左、右相邻)的两个最小项在逻辑上也是相邻的,所得到的图形称为 n 变量的最小项卡诺图,简称卡诺图。图 1-4-1～图 1-4-3 分别画出了二、三、四个变量的卡诺图。

图 1-4-1　二变量卡诺图

图 1-4-2　三变量卡诺图

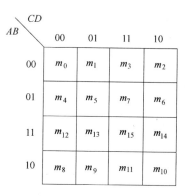

图 1-4-3　四变量卡诺图

3) 用卡诺图表示逻辑函数

由于任何一个逻辑函数都可变换为最小项表达式,因此可以用卡诺图表示逻辑函数。

用卡诺图表示逻辑函数的步骤是:先根据逻辑函数中的变量数 n,画出 n 变量最小项卡诺图;然后在卡诺图中有最小项的方格内填入 1,没有最小项的地方填 0 或不填。

(1) 如果表达式为最小项表达式,则可直接填入卡诺图。

【例 1-4-7】　用卡诺图表示逻辑函数:

$$F=\overline{A}\,\overline{B}\,\overline{C}+\overline{A}BC+AB\overline{C}+ABC$$

解:写成简化形式为

$$F=m_0+m_3+m_6+m_7$$

然后填入卡诺图如图 1-4-4 所示。

(2) 如表达式不是最小项表达式,但是"与或表达式",可将其先化成最小项表达式,再填入卡诺图;也可直接填入。

【例 1-4-8】　用卡诺图表示逻辑函数:

$$G=A\overline{B}+B\overline{C}D$$

解:直接填入,如图 1-4-5 所示。

第一个与项是 $A\overline{B}$,缺变量 C 和 D,共有 4 个最小项。$A\overline{B}$ 可用 $A=1$、$B=0$ 表示。$A=1$、$B=0$ 对应的方格在第四行 4 个方格内,故这 4 个方格填入 1。

图 1-4-4 例 1-4-7 逻辑函数的卡诺图

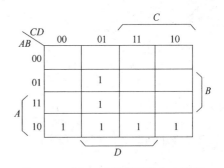

图 1-4-5 例 1-4-8 逻辑函数的卡诺图

第二个与项是 $B\overline{C}D$，同理可知，其对应的方格在第二行和第三行与第二列相交的 2 个方格内，故在这 2 个方格内填入 1。

(3) 如果已知逻辑函数的真值表，可直接画出卡诺图。

【例 1-4-9】 已知逻辑函数 F 的真值表如表 1-4-7 所示，画出 F 的卡诺图。

表 1-4-7 例 1-4-9 逻辑函数的真值表

A	B	C	F
0	0	0	1
0	0	1	0
0	1	0	0
0	1	1	1
1	0	0	0
1	0	1	1
1	1	0	1
1	1	1	1

解：如图 1-4-6 所示，将真值表 $F=1$ 对应的最小项 m_0、m_3、m_5、m_6、m_7 在卡诺图中相应的方格中填入 1，其余方格不填。

4．用卡诺图化简逻辑函数

用卡诺图化简逻辑函数，其原理是利用卡诺图的相邻性，对相邻最小项进行合并，消去互反变量，以达到简化的目的。

图 1-4-6 例 1-4-9 逻辑函数的卡诺图

1）化简规律

(1) 2 个相邻最小项合并为一项，可以消去 1 个变量，合并结果为它们的共有变量。

图 1-4-7 中画出了 2 个相邻最小项合并的例子。在图 1-4-7(a)中，$\overline{A}\,\overline{B}\,\overline{C}$ 和 $\overline{A}\,\overline{B}C$ 相邻，可合并为 $\overline{A}\,\overline{B}\,\overline{C}+\overline{A}\,\overline{B}C=\overline{A}\,\overline{B}(\overline{C}+C)=\overline{A}\,\overline{B}$。合并后 $\overline{C}$ 和 C 这个互反变量消去，只剩下公共变量 $\overline{A}$ 和 $\overline{B}$。图 1-4-7 中的其他例子由读者自行分析。图 1-4-7(b)和(c)的合并结果分别为 $\overline{A}C$、BC。

(2) 4 个相邻最小项合并为一项，可以消去 2 个变量，合并结果为它们的共有变量。4

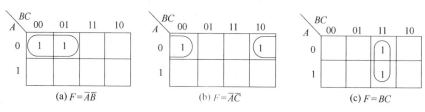

图 1-4-7   2 个相邻最小项合并

个相邻最小项合并的例子如图 1-4-8 所示。

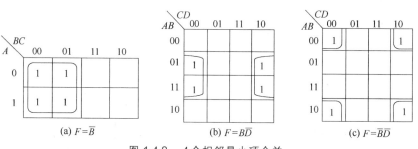

图 1-4-8   4 个相邻最小项合并

（3）8 个相邻最小项合并为一项，可以消去 3 个变量，合并结果为它们的共有变量。8 个相邻最小项合并的例子如图 1-4-9 所示。

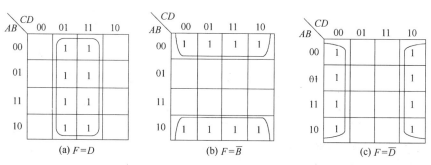

图 1-4-9   8 个相邻最小项合并

至此可以归纳总结出卡诺图合并相邻最小项的一般规律如下。

（1）用卡诺图合并相邻最小项的个数必须为 $2^n (n=0,1,2,3,\cdots)$ 个。2^n 个相邻最小项合并为一项，可以消去 n 个变量。为清楚起见，通常用画包围圈的方法将合并的最小项圈起来。

（2）包围圈内相邻最小项合并的结果可直接从卡诺图中求得，即为各相邻最小项的共有变量。

2）用卡诺图化简逻辑函数的步骤

（1）画出逻辑函数的卡诺图。

（2）找出可以合并（即几何相邻）的最小项，并用包围圈将其圈住。

（3）合并最小项，保留相同变量，消去相异变量。

（4）将合并后的各乘积项相或，即可得到最简与或表达式。

用卡诺图化简逻辑函数画包围圈合并最小项时，为保证化简结果的正确性，应注意以下规则。

（1）每个包围圈所圈住的相邻最小项（即小方块中对应的"1"）的个数必须为 $1,2,4,8,\cdots$ 个，即为 2^n 个。

（2）包围圈尽量大。即圈中所包含的最小项越多，其公共因子越少，化简的结果越简单。

（3）包围圈的个数尽量少。因包围圈个数越少，乘积项就越少，化简的结果越简单。

（4）每个最小项均可以被重复包围，但每个圈中至少有一个最小项是不被其他包围圈所圈过的。

（5）不能漏圈任何一个最小项。

【例 1-4-10】 用卡诺图化简法求逻辑函数 $F(A,B,C)=\sum(1,2,3,6,7)$。

解：（1）画出函数 F 的卡诺图，如图 1-4-10 所示。对于在函数 F 的标准与或表达式中出现的那些最小项，在其卡诺图的对应小方格中填上 1，其余方格不填。

（2）画出包围圈，合并相邻最小项。把图中所有 1 格都圈起来，相邻且能够合并在一起的 1 格圈在一个大圈中。

（3）写出最简与或表达式。对卡诺图中所画每一个圈进行合并，保留相同变量，消去相异变量。

化简后与或表达式为 $F=\overline{A}C+B$。

【例 1-4-11】 用卡诺图化简函数 $F(A,B,C,D)=\overline{A}\,\overline{B}\,\overline{C}+\overline{A}C\,\overline{D}+A\,\overline{B}C\,\overline{D}+A\,\overline{B}\,\overline{C}$。

解：（1）由逻辑函数，直接画出 F 的卡诺图如图 1-4-11 所示。

图 1-4-10　例 1-4-10 的卡诺图　　　　图 1-4-11　例 1-4-11 的卡诺图

（2）画出包围圈，合并相邻最小项。

（3）写出最简与或表达式。

$$F=\overline{B}\,\overline{C}+\overline{B}\,\overline{D}+\overline{A}C\,\overline{D}$$

【例 1-4-12】 用卡诺图化简函数 $F(A,B,C)=A\,\overline{B}+B\,\overline{C}+\overline{B}C+\overline{A}B$。

解：（1）由逻辑函数，直接画出 F 的卡诺图如图 1-4-12 所示。

（2）画出包围圈，合并相邻最小项。

(a) 合并最小项方案一　　　　　(b) 合并最小项方案二

图 1-4-12　例 1-4-12 的卡诺图

由图 1-4-12 所示,有两种可能的合并最小项的方案。

(3) 写出最简与或表达式。

由图 1-4-12 所示(a)的方案合并最小项,得
$$F = A\overline{B} + B\overline{C} + \overline{A}C$$

由图 1-4-12 所示(b)的方案合并最小项,得
$$F = \overline{B}C + \overline{A}B + A\overline{C}$$

两个化简结果都符合最简与或表达式的标准。此例说明,用卡诺图化简所得到的与或表达式不是唯一的。

图 1-4-13 给出了一些卡诺图化简的例子,请读者自行分析。

图 1-4-13 卡诺图化简的例子

1.4.5 具有无关项的逻辑函数化简

1. 约束项变量

在有些逻辑函数中,输入变量的某些取值组合不会出现,或者一旦出现,逻辑值可以是任意的(可以是 0,也可以是 1)。这样的取值组合所对应的最小项称为无关项、任意项或约束项。

【例 1-4-13】 在十字路口有红、黄、绿三种颜色的交通信号灯,规定红灯停,绿灯行,黄灯等一等,试分析车行与三色信号灯之间的逻辑关系。

解:设红、黄、绿灯分别用 A、B、C 表示,且灯亮为 1,灯灭为 0。车用变量 F 表示,且车行为 1,车停为 0。列出该函数的真值表如表 1-4-8 所示。

表 1-4-8 十字路口交通信号灯真值表

A	B	C	F
0	0	0	×
0	0	1	1
0	1	0	0
0	1	1	×
1	0	0	0
1	0	1	×
1	1	0	×
1	1	1	×

输入变量取值为 000，即红、绿、黄灯均不亮的情况在正常的交通灯系统中不应该出现，称之为无关量，在真值表中用"×"表示。显而易见，在这个函数中，有 5 个最小项是无关项。

在逻辑函数表达式中，无关项用 d_i 表示，i 仍按最小项的序号编号。

具有无关项的逻辑函数的最小项表达式可表示为

$$F = \sum m(\quad) + \sum d(\quad)$$

例如本例函数可以写成：

$$F = \sum m(1) + \sum d(0,3,5,6,7)$$

2. 具有无关项的逻辑函数化简

具有无关项的逻辑函数化简的关键是如何利用无关项"×"来进行化简。

（1）无关项"×"在卡诺图中既可以看作"1"，也可以看作"0"。

（2）为使函数尽可能地化简，可以把有关项 1 方格相邻的无关项"×"当成 1 处理，划入圈内。圈中必须至少有一个有效的最小项，不能全是无关项。

（3）未用到的无关项当作 0，不做处理。

【例 1-4-14】 用卡诺图化简含有无关项的逻辑函数：

$$F = \sum m(3,6,8,9,11,12) + \sum d(0,1,2,13,14,15)$$

解：利用卡诺图化简的结果如图 1-4-14 所示。

(a) 未利用无关项化简

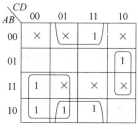

(b) 利用无关项化简

图 1-4-14 例 1-4-14 的卡诺图化简

未利用无关项化简时的卡诺图如图 1-4-14(a)所示,由图可得

$$F = \overline{A}BCD + \overline{A}BC\overline{D} + A\overline{C}\overline{D} + A\overline{B}D$$

利用无关项化简时的卡诺图如图 1-4-14(b)所示,由图可得

$$F = A\overline{C} + \overline{B}D + BC\overline{D}$$

由本例可以看出,利用无关项化简时所得到的逻辑函数式比未利用无关项时要简单得多。因此,在化简逻辑函数时应充分利用无关项。

 任务实施

1. 任务要求

设计一个能实现四舍五入功能的逻辑函数,输入变量为 8421 BCD 码,当 $X \geqslant 5$ 时,输出变量 $Y = 1$,否则 $Y = 0$。

2. 任务实现过程

1) 画真值表

设输入变量为 A、B、C、D,画出真值表如表 1-4-9 所示。

表 1-4-9　四舍五入功能真值表

序号	输　入				输出
	A	B	C	D	Y
0	0	0	0	0	0
1	0	0	0	1	0
2	0	0	1	0	0
3	0	0	1	1	0
4	0	1	0	0	0
5	0	1	0	1	1
6	0	1	1	0	1
7	0	1	1	1	1
8	1	0	0	0	1
9	1	0	0	1	1
10	1	0	1	0	×
11	1	0	1	1	×
12	1	1	0	0	×
13	1	1	0	1	×
14	1	1	1	0	×
15	1	1	1	1	×

2) 画卡诺图

因为输入变量为 8421 BCD 码,故 $\sum d(10,11,12,13,14,15)$ 为无关项,逻辑函数最小项表达式为 $Y = \sum m(5,6,7,8,9) + \sum d(10,11,12,13,14,15)$。画出卡诺图如图 1-4-15 所示。

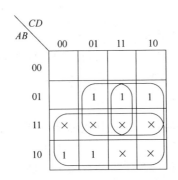

图 1-4-15 四舍五入功能逻辑函数卡诺图

3）写出化简后的逻辑函数

由图 1-4-15，可写出化简后的逻辑函数为

$$Y = A + BC + BD$$

 任务拓展

设计一个逻辑函数，能实现以下功能：设 X、Y 均为 4 位二进制数，X 为变量，Y 为函数，且 X 不大于 9。$0 \leqslant X \leqslant 4$ 时，$Y = X + 1$；当 $5 \leqslant X \leqslant 9$ 时，$Y = X - 1$。

习题

1. 填空题

（1）二进制数只有_____和_____两个数码，二进制数是以_____为基数的计数体制。

（2）十进制数转换为二进制数的方法：整数部分用_____法，小数部分用_____法。

（3）BCD 码也称为_____码，是_____进制数，但数符 0～9 用_____表示。

（4）数字电路中，最基本的逻辑关系是_____、_____和_____。

（5）当决定一个事件结果的所有条件都满足时结果才发生，这种条件和结果的关系称为逻辑_____或者_____运算。

（6）当决定一个事件结果的所有条件中，只要有一个或以上满足时结果就发生，这种条件和结果的关系称为逻辑_____或者_____运算。

（7）一个事件的发生取决于某个条件的否定，即只要条件不成立结果就发生，条件成立结果反而不发生。这种条件和结果的关系称为逻辑_____或者_____运算。

（8）逻辑代数的三个重要规则是_____、_____、_____。

（9）设异或门的输入信号为 A 和 B，输出为 F。若令 $B = 0$，则 $F = $_____；若令 $B = 1$，则 $F = $_____。

（10）设与非门的输入信号为 A 和 B，输出为 F。若令 $B = 0$，则 $F = $_____；若令 $B = 1$，则 $F = $_____。

（11）常用的复合运算有_____、_____、_____、_____、_____。

（12）摩根定律的两种形式是互为_____。

（13）最简与或表达式中_____最少；每个乘积项中的_____最少。

（14）n 个变量最小项的个数共有_____个。

2. 计算题

（1）将下列十进制数分别转换为二进制数和十六进制数。

① 153　　　　　② 37.25　　　　　③ 234.8　　　　　④ 100

（2）将下列二进制数分别转换为十进制数和十六进制数。

① 10100101B　　② 1110110B　　③ 100111.01B　　④ 11110010.0101B

（3）将下列十六进制数分别转换为二进制数和十进制数。

① E7H　　　　　② 35H　　　　　③ A5.6H　　　　　④ 1B2.CDH

（4）将下列十进制数用 8421 BCD 码表示。

① 68　　　　　② 34.45　　　　　③ 46.87　　　　　④ 236.801

（5）将下列 8421 BCD 码转换为十进制数。

① $(010001101000)_{8421 BCD}$　　　　　② $(100101010011.0100)_{8421 BCD}$

③ $(100001110001)_{8421 BCD}$　　　　　④ $(00100011.01001001)_{8421 BCD}$

（6）试用列真值表的方法证明下列异或运算公式。

① $A \oplus 0 = A$　　② $A \oplus 1 = \bar{A}$　　③ $A \oplus A = 0$　　④ $A \oplus \bar{A} = 1$

（7）已知逻辑函数的真值表如习题表(a)、(b)，试写出对应的逻辑函数式。

习题表（a）

M	N	P	O	Z
0	0	0	0	0
0	0	0	1	0
0	0	1	0	0
0	0	1	1	1
0	1	0	0	0
0	1	0	1	0
0	1	1	0	1
0	1	1	1	1
1	0	0	0	0
1	0	0	1	0
1	0	1	0	0
1	0	1	1	1
1	1	0	0	1
1	1	0	1	1
1	1	1	0	1
1	1	1	1	1

习题表（b）

A	B	C	Y
0	0	0	0
0	0	1	1
0	1	0	1
0	1	1	0
1	0	0	1
1	0	1	0
1	1	0	0
1	1	1	0

（8）写出下列函数的对偶式。

① $F = A(\bar{B} + \bar{C}) + \bar{A}(B + C)$

② $F = \overline{\overline{\overline{ABCDE}}}$

（9）写出下列函数的反函数。

① $F=\overline{\overline{A}B+ABC}(A+BC)$

② $F=(A+B\overline{C})(\overline{A}+\overline{D}E)$

（10）用逻辑代数的基本公式和常用公式将下列逻辑函数化为最简与或形式。

① $Y=A\overline{B}+B+\overline{A}B$

② $Y=A\overline{B}C+\overline{A}+B+\overline{C}$

③ $Y=\overline{\overline{\overline{A}BC}+\overline{A}\,\overline{B}}$

④ $Y=A\overline{B}CD+ABD+A\overline{C}D$

⑤ $Y=A\overline{B}(\overline{A}CD+\overline{AD}+\overline{\overline{B}\,\overline{C}})(\overline{A}+B)$

⑥ $Y=AC(\overline{C}D+\overline{A}B)+BC(\overline{\overline{\overline{B}+AD}+CE})$

⑦ $Y=A\overline{C}+ABC+AC\overline{D}+CD$

⑧ $Y=A+(\overline{\overline{B}+\overline{C}})(A+\overline{B}+C)(A+B+C)$

⑨ $Y=B\overline{C}+AB\overline{C}E+\overline{B}(\overline{\overline{A}\,\overline{D}+AD})+B(A\overline{D}+\overline{A}D)$

⑩ $Y=AC+A\overline{C}D+A\overline{B}\,\overline{E}F+B(D\oplus E)+B\overline{C}D\overline{E}+B\overline{C}DE+AB\overline{E}F$·

（11）用卡诺图化简法将下列函数化为最简与或形式。

① $Y=ABC+ABD+\overline{C}\overline{D}+A\overline{B}C+\overline{A}C\overline{D}+A\overline{C}D$

② $Y=A\overline{B}+\overline{A}C+BC+\overline{C}D$

③ $Y=\overline{A}\overline{B}+B\overline{C}+\overline{A}+\overline{B}+ABC$

④ $Y=\overline{A}\overline{B}+AC+\overline{B}C$

⑤ $Y=A\overline{B}\overline{C}+\overline{A}\overline{B}+\overline{A}D+C+BD$

⑥ $Y=\sum(m_0,m_1,m_2,m_5,m_6,m_7)$

⑦ $Y=\sum(m_1,m_3,m_5,m_7)$

⑧ $Y=\sum(m_0,m_1,m_2,m_4,m_6,m_8,m_9,m_{10},m_{11},m_{14})$

⑨ $Y=\sum(m_0,m_1,m_2,m_5,m_8,m_9,m_{10},m_{12},m_{14})$

⑩ $Y=\sum m(0,13,14,15)+\sum d(1,2,3,9,10,11)$

集成门电路

知识点

◇ TTL 门电路；

◇ CMOS 门电路。

技能点

◇ TTL 门电路的测试及使用；

◇ CMOS 门电路的测试及使用。

任务 2.1　TTL 门电路的测试

任务说明

本任务主要学习 TTL 门电路的原理，掌握 TTL 门电路的使用方法。

相关知识

门电路有很多不同的电路实现方法，有分立元件门电路和集成元件门电路，实用中都以集成门电路的形式出现。集成门电路有 TTL 门电路和 CMOS 门电路两类，其输入和输出信号只有高电平和低电平两种状态。用 1 表示高电平、用 0 表示低电平的情况称为正逻辑；反之，用 0 表示高电平、用 1 表示低电平的情况称为负逻辑。在本书中，一律采用正逻辑。

在数字电路中，只要能明确区分高电平和低电平两个状态就可以了，所以，高电平和低电平都有一定的变化范围。因此，数字电路对元件参数精度的要求比模拟电路低一些。当集成电路的电源电压为 +5V 时，对于 TTL 数字集成电路的电压范围与逻辑关系如表 2-1-1 所示。由表可以看出，当信号电平在 2.7～5V 变化时，视为高电平，用 1(H) 表示；当信号电平在 0～0.8V 变化时，视为低电平，用 0(L) 表示。对于 CMOS 数字集成电路的电压范围与逻辑关系如表 2-1-2 所示。在实际应用时，当集成电路的电

表 2-1-1　TTL 数字集成电路的电压范围与逻辑关系

电 压 范 围	逻 辑 值	逻 辑 电 平
2.7～5V	1	H(高电平)
0～0.8V	0	L(低电平)

表 2-1-2　CMOS 数字集成电路的电压范围与逻辑关系

电 压 范 围	逻 辑 值	逻 辑 电 平
3.5～5V	1	H(高电平)
0～1.5V	0	L(低电平)

源电压为 +5V 时,TTL 数字集成电路的典型逻辑电平的高电平为 3.6V,低电平为 0V; CMOS 数字集成电路的典型逻辑电平的高电平为 5V,低电平为 0V。

2.1.1　TTL 集成门电路

TTL 电路是目前双极型数字集成电路中用得最多的一种,由于这种数字集成电路的输入级和输出级的结构形式都采用了半导体三极管,所以一般称为晶体管-晶体管逻辑电路,简称 TTL 电路(Transistor-Transistor Logic)。由于 TTL 集成电路的生产工艺成熟、产品参数稳定、工作性能可靠、开关速度快,从而得到广泛应用。下面介绍 TTL 与非门。

1. TTL 与非门的工作原理

TTL 与非门电路内部结构如图 2-1-1 所示,它由三部分组成:输入级、中间级和输出级。输入级 T_1 管为多射极晶体管,可等效为一个与门,从而实现逻辑与功能;中间级 T_2 管相当于一个反相器,实现非逻辑功能,至此已经完成了与非逻辑运算;最后的输出级为推挽式放大电路,主要目的是增强门电路驱动负载的能力。

设输入电平高电平 $U_{IH}=3.6V$,低电平 $U_{IL}=0.3V$,它的工作原理如下。

(1) 当 T_1 的发射极 A、B、C 有一个或全部输入低电平(0.3V)时,T_1 导通,T_1 基极电位为 $0.3+0.7=1V$,不足以向 T_2、T_3 提供基极电流,所以 T_2、T_3 截止,电源 V_{CC} 经 R_{c2} 向 T_4 提供基极电流,使 T_4 饱和导通,输出端 L 为高电平,其值为

$$U_L \approx V_{CC} - U_{be4} - U_D = 5 - 0.7 - 0.7 = 3.6(V)$$

(2) 当 T_1 的发射极 A、B、C 全部输入高电平(3.6V)时,电源 V_{CC} 经 R_{b1} 和 T_1 集电结向 T_2 提供较大的基极电流,使 T_2、T_3 导通,输出端 L 为低电平,其值为

$$U_L = U_{ces3} = 0.3V$$

把上面分析结果归纳起来列入表 2-1-3、表 2-1-4 中,很容易看出它实现了逻辑运算: $L = \overline{A \cdot B \cdot C}$。

图 2-1-1   TTL 与非门电路内部结构

表 2-1-3   与非门输入/输出电压关系

输　　入			输出
U_A/V	U_B/V	U_C/V	U_L/V
0.3	0.3	0.3	3.6
0.3	0.3	3.6	3.6
0.3	3.6	0.3	3.6
0.3	3.6	3.6	3.6
3.6	0.3	0.3	3.6
3.6	0.3	3.6	3.6
3.6	3.6	0.3	3.6
3.6	3.6	3.6	0.3

表 2-1-4   与非逻辑真值表

输　　入			输出
A	B	C	L
0	0	0	1
0	0	1	1
0	1	0	1
0	1	1	1
1	0	0	1
1	0	1	1
1	1	0	1
1	1	1	0

2. TTL 门电路的电压传输特性及参数

为了保证数字电路很好地工作,必须充分了解它们的特性及参数。在此虽然仅以与非门为例进行讨论,但多数参数指标具有一定的普遍性。

1) 电压传输特性

电压传输特性是门电路输出电压 U_O 随输入电压 U_I 变化的特性曲线,如图 2-1-2 所示。该曲线可以分为四个部分。

(1) 截止区(AB 段)。

当输入电压 $U_I<0.6$V 时,U_O 电平为高电平 3.6V,此时,与非门处于截止(关门)状态。

(2) 线性区(BC 段)。

当输入电压 0.6V$\leqslant U_I<1.3$V 时,输出电压 U_O 随输入电压 U_I 的增加而线性下降,故称 BC 段为线性区。

(3) 转折区(CD 段)。

当输入电压 1.3V$<U_I<1.4$V 时,输出电压 U_O 随输入电压 U_I 的增加而迅速下降,

图 2-1-2　TTL 与非门的电压传输特性

并很快达到低电平 U_{OL}，即 $U_O = 0.3V$，所以 CD 段称为转折区。

（4）饱和区（DE 段）。

当输入电压 $U_I > 1.4V$ 时，输出电压 U_O 为低电平 $0.3V$，此时与非门处于导通（开门）状态。

2）TTL 门电路参数

（1）阈值电压 U_{TH}。

工作在电压传输特性转折区中点对应的输入电压称为阈值电压 U_{TH}，又称门槛电平。由图 2-1-2 可知，TTL 与非门的典型值 $U_{TH} \approx 1.4V$。

（2）关门电平 U_{OFF}。

在保证输出为标准高电平时，允许输入低电平的最大值称为关门电平，用 U_{OFF} 表示。由图 2-1-2 可知，$U_{OFF} \approx 1.1V$。

（3）开门电平 U_{ON}。

在保证输出为标准低电平时，允许输入高电平的最小值称为开门电平，用 U_{ON} 表示。由图 2-1-2 可知，$U_{ON} \approx 1.6V$。

（4）输入噪声容限 U_N。

噪声容限又称为抗干扰能力，它表示门电路在输入信号电压下允许叠加的最大的噪声电压，可分为低电平噪声容限 U_{NL} 和高电平噪声容限 U_{NH}。由图 2-1-2 可得

$$U_{NL} = U_{OFF} - U_{IL} = (1.1 - 0.3)V = 0.8V$$
$$U_{NH} = U_{IH} - U_{ON} = (3 - 1.6)V = 1.4V$$

U_{NL} 越大，说明电路输入低电平时，抗正向干扰的能力越强；U_{NH} 越大，说明电路输入高电平时，抗负向干扰的能力越强。

（5）输入低电平电流和输入高电平电流。

① 输入低电平电流 I_{IL}。当与非门一个输入端接低电平（或接地）而其他输入端都悬空时，则流出低电平输入端的电流称为输入低电平电流 I_{IL}，也称为输入短路电流。

② 输入高电平电流 I_{IH}。当与非门一个输入端接高电平而其他输入端都悬空时，则流入高电平输入端的电流称为输入高电平电流 I_{IH}，也称为输入漏电流。

（6）负载能力与扇区系数。

TTL 与非门输出端外接负载一般为同类门电路。这种负载一般有两种形式：一类是灌电流负载，此时，外接负载的电流流进与非门的输出端；另一类是拉电流负载，此时，与非门输出端的电流流向外接负载。

扇区系数 N_0 是指一个与非门能带同类门的最大数目，它表示与非门的带负载能力。

① 灌电流负载。如图 2-1-3 所示，当驱动门输出低电平时，电流从负载门灌入驱动门。负载门的个数增加，灌电流增大，会使 T_3 脱离饱和，输出低电平升高。因此，把允许灌入输出端的电流定义为输出低电平电流 I_{OL}。由此可得出

$$N_{OL} = \frac{I_{OL}}{I_{IL}}$$

N_{OL} 称为输出低电平时的扇区系数。

图 2-1-3　TTL 门电路外接灌电流负载

② 拉电流负载。如图 2-1-4 所示，当驱动门输出高电平时，电流从驱动门拉出，流至负载门的输入端。拉电流增大时，R_{c4} 上的压降增大，会使输出高电平降低。因此，把允许拉出输出端的电流定义为输出高电平电流 I_{OH}。由此可得出

$$N_{OH} = \frac{I_{OH}}{I_{IH}}$$

N_{OH} 称为输出高电平时的扇区系数。

一般 $N_{OL} \neq N_{OH}$，常取两者中较小值作为门电路的扇区系数，用 N_0 表示。

（7）传输延迟时间 t_{pd}。

在 TTL 与非门中，由于二极管、三极管由导通变为截止或由截止变为导通时都需要

图 2-1-4　TTL 门电路外接拉电流负载

一定的时间,输出电压的波形总要比输入电压的波形滞后一些,滞后的时间称为传输延迟时间。图 2-1-5 所示为 TTL 与非门的传输延迟时间。

图 2-1-5　TTL 与非门的传输延迟时间

从输入波形上升沿的中点到输出波形下降沿的中点所经历的时间称为导通延时时间 t_{PHL};从输入波形下降沿的中点到输出波形上升沿的中点所经历的时间称为截止延迟时间 t_{PLH}。与非门的传输延迟时间 t_{pd} 是 t_{PHL} 和 t_{PLH} 的平均值,即

$$t_{pd} = \frac{t_{PHL} + t_{PLH}}{2}$$

t_{pd} 是衡量与非门运算速度的重要指标。一般 TTL 与非门传输延迟时间 t_{pd} 的值为几纳秒至十几纳秒。

2.1.2　其他功能的 TTL 门电路

1. 集电极开路与非门（OC 门）

集电极开路与非门也叫 OC 门,电路图如图 2-1-6(a)所示,图 2-1-6(b)为其逻辑符号。它与普通 TTL 与非门的主要区别是 T_3 的集电极开路,并作为电路的输出端。工作时,需要在输出端 L 与 V_L 之间外接一个负载电阻 R_L,也称上拉电阻。只要 R_L 的阻值选择合适,电路不仅能实现与非功能,而且输出端能实现"线与"功能,不致产生过大电流而损坏器件。

OC 门主要有以下几方面的应用。

(a) 电路图   (b) 逻辑符号

图 2-1-6 集电极开路与非门及其逻辑符号

1) 实现"线与"

图 2-1-7 所示为两个 OC 门输出端相连后经电阻 R_L 接电源 V_{CC} 的电路。由图可得 $L_1=\overline{AB}$，$L_2=\overline{CD}$，输出 $L=L_1 \cdot L_2$。因此，只有 L_1 和 L_2 都为高电平 1 时，输出 L 才为高电平 1，否则，输出 L 为低电平 0。这种连接方法称为"线与"。由图 2-1-7 输出 L 的逻辑表达式为

$$L=L_1 \cdot L_2=\overline{AB}\cdot\overline{CD}=\overline{AB+CD}$$

由上式可看出，利用 OC 门可以实现"线与"，也可以进一步实现"与或非"功能。

2) 实现电平转换

图 2-1-8 所示为由 OC 门组成的电平转换电路。由于外接负载 R_L 接 10V，因此，OC 门输出的高电平转换为 10V，以适应下一级电路对高电平的要求，输出的低电平仍为 0.3V。

3) 用做驱动器

图 2-1-7 OC 门实现"线与"

一般 TTL 与非门是不能直接驱动大电流元件的，可以用 OC 门驱动发光二极管、指示灯、继电器等要求较高电流的负载。图 2-1-9 是用 OC 门驱动发光二极管的电路。当 OC 门输出低电平时，发光二极管导通发光；当 OC 门输出高电平时，发光二极管截止熄灭。

图 2-1-8 OC 门实现电平转换

图 2-1-9 OC 门驱动发光二极管

2. 三态输出与非门（TSL 门）

1）三态输出与非的结构及工作原理

图 2-1-10 是三态输出与非门的结构图。由图可知，当 $EN=0$ 时，G 输出为 1，D_1 截止，相当于一个正常的二输入端与非门，称为正常工作状态。当 $EN=1$ 时，G 输出为 0，T_4、T_3 都截止。这时从输出端 L 看进去，呈现高阻，称为高阻态或禁止态。因此，三态输出与非门的输出有高电平、低电平和高阻三种状态，简称三态门。

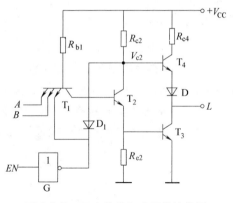

图 2-1-10　三态输出与非门的结构图

图 2-1-11 是三态门的逻辑符号。输出框中的 ▽ 为三态门的限定符号，输出框内的 EN 为使能输入限定符号。表 2-1-5 为使能端为低电平时的真值表，表 2-1-6 为使能端为高电平的真值表。

(a) 使能端低电平有效

(b) 使能端高电平有效

图 2-1-11　三态门逻辑符号

表 2-1-5　使能端为低电平的三态门真值表

输　　入			输出
$\overline{EN}$	A	B	L
0	0	0	1
0	0	1	1
0	1	0	1
0	1	1	0
1	×	×	高阻

表 2-1-6　使能端为高电平的三态门真值表

输　　入			输出
EN	A	B	L
1	0	0	1
1	0	1	1
1	1	0	1
1	1	1	0
0	×	×	高阻

由表 2-1-5 可知，当 $\overline{EN}=0$ 时，三态门工作，其功能与正常与非门相同，$L=\overline{AB}$，这时称三态门低电平有效；当 $\overline{EN}=1$ 时，输出 L 为高阻态，呈现悬空状态，与后面的电路断开。

由表 2-1-6 可知，当 $EN=1$ 时，三态门工作，其功能与正常与非门相同，$L=\overline{AB}$，这时称三态门高电平有效；当 $EN=0$ 时，输出 L 为高阻态。

需要特别指出，三态门仍是二值逻辑电路，高阻态并无逻辑值，仅表示电路与其他电路无关联而已。

2）三态输出与非门的应用

（1）用三态输出与非门构成单向总线。

当三态输出与非门输出处于高阻态时，该电路表面上仍与电路相连，但实际上是悬空的，如同没有把它们接入一样。利用三态门的这种性质可以实现多路数据在单向总线上的分时传送。如图 2-1-12 所示，只要控制各三态门的 EN 端轮流为 1，并且在任意时刻有且只有一个 EN 端为 1，就可以把各个门的输出信号轮流分时地传送到总线上，从而避免总线上的数据混乱。

（2）用三态输出与非门构成双向总线。

利用三态输出与非门还可以实现数据的双向传输，如图 2-1-13 所示。当 $EN=1$ 时，G_1 工作，G_2 输出为高阻状态，数据 D_0 经 G_1 反相后送到总线上；当 $EN=0$ 时，G_2 工作，G_1 输出为高阻状态，数据 D_1 经 G_2 反相后输出 $\overline{D_1}$，从而实现了数据的双向传输。

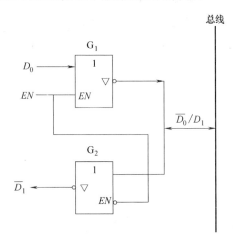

图 2-1-12　三态输出与非门构成单向总线　　　图 2-1-13　三态输出与非门构成双向总线

2.1.3　TTL 集成门电路使用的注意事项

1. 对电源电压的要求和电源干扰的消除

TTL 数字集成电路对电源电压的要求比较严格。对于 74 系列应满足 $5\times(1\pm5\%)$V，对于 54 系列应满足 $5\times(1\pm10\%)$V 的要求。电源的正极和地线不可接错。

对电路进行调试时，应先接直流电源，后接信号源；调试结束时，应先关信号电源，后关直流电源。

为防止外来干扰信号通过电源串入电路，需要对电源进行滤波。通常在印制电路板电源输入端接 $10\sim100\mu$F 和 $0.01\sim0.1\mu$F 的电容，进行低频和高频干扰信号的滤除。

2. 不使用输入端的连接

在 TTL 集成电路中，若某一端悬空，悬空端的作用相当于高电平。但在实际应用中，为避免干扰，一般不悬空。对于 TTL 集成电路不使用端的处理以不改变电路逻辑状态及不引入干扰为原则，因此，不使用输入端不悬空。

1）对于与门及与非门不使用输入端的处理

（1）直接接电源电压 V_{CC}，如图 2-1-14(a) 所示。

（2）与有用的输入端并联使用，如图 2-1-14(b) 所示。

2）对于或门及或非门不使用输入端的处理

（1）直接接地，如图 2-1-15(a) 所示。

(a) 直接接 V_{CC}　　　　　(b) 与有用的输入端并联

图 2-1-14　与门及与非门不使用输入端的接法

(a) 直接地　　　　　　(b) 与有用的输入端并联

图 2-1-15　或门及或非门不使用输入端的接法

（2）与有用的输入端并联使用，如图 2-1-15（b）所示。

3. 输出端的连接

具有推拉输出结构的 TTL 门电路的输出端不允许直接并联使用，不使用输出端不允许直接接电源 V_{CC} 或直接接地，而应悬空。OC 门输出端可并联使用，但公共输出端和电源 V_{CC} 之间应接负载电阻。三态门的输出端可并联使用，但在同一时刻只能有一个门电路工作，其他门电路输出处于高阻状态。

 任务实施

1. 任务要求

测量 TTL 与非门的电压传输特性及验证其逻辑功能。

2. 测试过程

1）材料准备

数字电路实验箱 1 台，万用表 1 块，集成 74LS00 芯片 1 块及导线若干。

2）电压传输特性测试

TTL 四 2 输入与非门 74LS00 的引脚排列图如图 2-1-16 所示。

在 74LS00 中任选一门，按图 2-1-17 所示接线，将一个输入端接到电位器 R_W 的可调端，其余无用的闲置端与之相连（也可悬空），输出端空载，调节 R_W，使输入电压 U_I 在 0～5V 内逐渐增大，用万用表测量 U_I 和对应的 U_O 值，记录于表 2-1-7 中，并绘

图 2-1-16　74LS00 引脚排列图

制出电压传输特性曲线,在特性曲线上找出:

(1) 输出高电平值 $U_{\text{OH}} = $ _____。

(2) 输出低电平值 $U_{\text{OL}} = $ _____。

(3) 输入关门电平 $U_{\text{OFF}} = $ _____。

(4) 输入开门电平 $U_{\text{ON}} = $ _____。

(5) 输入阈值电压 $U_{\text{TH}} = $ _____。

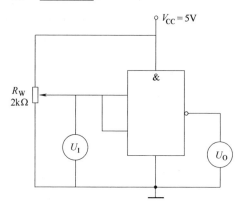

图 2-1-17　电压传输特性测试电路

表 2-1-7　TTL 与非门的电压传输特性

U_{I}/V	0	0.4	0.8	1.0	1.2	1.4	1.6	1.8	2.0	2.5	3.0	3.5	4.0	4.5	5.0
U_{O}/V															

3) TTL 与非门功能测试

图 2-1-18 中,输入端 A、B 分别接到逻辑开关上,输出端 Y 接到发光二极管 LED 上。根据表 2-1-8 给定输入的逻辑电平,观察发光二极管显示的结果。LED 亮表示输出 $Y = 1$,LED 灭表示输出 $Y = 0$,将输出 Y 的结果填入表 2-1-8 中,判断是否满足 $Y = \overline{AB}$。

图 2-1-18　TTL 与非门功能测试

表 2-1-8　TTL 与非门真值表

输	入	输出
A	B	Y
0	0	
0	1	
1	0	
1	1	

任务拓展

用 74LS20 测试 TTL 与非门的电压传输特性及验证其逻辑功能。

📀知识延伸

1. TTL集成门电路系列

1) CT74系列和CT54系列

考虑到国际上通用标准型号和我国现行国家标准,根据工作温度和电源电压允许工作范围的不同,我国TTL逻辑门电路有CT74(民用)和CT54(军用)两大系列,两个系列的参数基本相同,主要是电源电压范围和工作温度范围有所不同。它们的工作条件如表2-1-9所示。

表2-1-9 CT74系列和CT54系列的对比

参 数	CT74系列			CT54系列		
	最小	一般	最大	最小	一般	最大
电源电压/V	4.75	5	5.25	4.5	5	5.5
工作温度/℃	0	25	70	—55	25	125

2) TTL集成门电路的系列

CT74系列和CT54系列中又有几个子系列,下面以CT74系列为例介绍其子系列。

(1) CT74标准系列和CT74H高速系列。开关速度不高,但功耗比较大,目前使用较少。

(2) CT74S肖特基系列,又称STTL系列。工作速度高,功耗比较大。

(3) CT74LS低功耗肖特基系列,又称LSTTL系列。工作速度比CT74H系列高,比CT74S系列低,但功耗却很低,约为CT74S系列的1/10,是一种性能比较优越的集成电路。

(4) CT74AS先进肖特基系列,又称ASTTL系列。功耗比CT74LS系列低很多,开关速度更高。

(5) CT74ALS先进低功耗肖特基系列,又称ALSTTL系列。比CT74LS系列功耗更低,开关速度更高,将逐渐取代CT74LS系列而成为TTL集成电路的主流产品。

(6) CT74F快速系列,又称FTTL系列。其功耗和开关速递介于CT74AS和CT74ALS系列之间,在高速数字系统设计中使用较多。

2. 常用TTL集成芯片介绍

1) 74LS00

74LS00是常见的四2输入与非门,实物如图2-1-19所示,引脚排列图如图2-1-16所示。74LS00的互换型号有7400、74HC00、CT7400、SN5400等。

图2-1-19 74LS00集成电路

注意:集成电路内部各个单元门电路是互相独立的,可以单独使用,但电源V_{CC}和地GND是公共的。

2) 74LS20

74LS20是双4输入与非门,其外引脚排列结构图如图2-1-20所示。74LS20的互换型号有7420、74HC20、CT7420、MC7420、SN5420等。

注意:有时集成电路的个别引脚没有使用(为空脚),用NC表示,如图2-1-20所示

74LS20 中的 3 脚、11 脚。

图 2-1-20　74LS20 外引脚排列结构图

TTL 集成门电路的种类繁多,不可能一一列举,可参考附录 A 或查阅有关技术手册。

任务 2.2　CMOS 门电路的测试

任务说明

本任务学习 CMOS 门电路的原理,掌握 CMOS 门电路的使用方法。

相关知识

CMOS 门电路是由 N 沟道增强型 MOS 场效应晶体管和 P 沟道增强型 MOS 场效应晶体管构成的一种互补型场效应晶体管集成门电路。和 TTL 门电路相比,CMOS 门电路具有集成度高、抗干扰能力强等特点,因此,广泛应用于中、大规模数字集成电路中。

2.2.1　CMOS 非门

1. 电路组成

CMOS 非门电路组成如图 2-2-1 所示,其中 NMOS 管 T_N 作为驱动管,PMOS 管 T_P 作为负载,两管栅极相连作为反相器的输入端,漏极相连作为反相器的输出端。T_P 的源极接正电源 V_{DD},T_N 的源极接地,要求电源电压 V_{DD} 大于两管开启电压绝对值之和,即设 $V_{DD} > V_{TN} + |V_{TP}|$,且 $V_{TN} = |V_{TP}|$。

2. 工作原理

(1) 当 $V_A = 0V$ 时,T_N 截止,T_P 导通,输出 $V_L \approx V_{DD}$,即为高电平。

(2) 当 $V_A = V_{DD}$ 时,T_N 导通,T_P 截止,输出 $V_L \approx 0V$,即为低电平。

由以上分析可知,该电路具有逻辑非的功能,即 $L = \overline{A}$。

2.2.2　CMOS 与非门

1. 电路组成

CMOS 与非门电路组成如图 2-2-2 所示,它由两个增强型 NMOS 管 T_{N1} 和 T_{N2} 串联,作为驱动管;两个增强型 PMOS 管 T_{P1} 和 T_{P2} 并联,作为负载管。T_{N1} 和 T_{P1} 的栅极连在

(a) 电路图　　　　　　　(b) 简化电路

图 2-2-1　CMOS 非门电路

一起作为输入端 A，T_{N2} 和 T_{P2} 的栅极连在一起作为输入端 B。

2．工作原理

（1）当 $V_A = V_B = 0V$ 时，T_{N1} 和 T_{N2} 都截止，T_{P1} 和 T_{P2} 并联同时导通，输出 $V_L \approx V_{DD}$，为高电平。

（2）当 $V_A = 0V$，$V_B = V_{DD}$ 时，T_{N1} 截止，T_{P1} 导通，输出 $V_L \approx V_{DD}$，为高电平。

（3）当 $V_A = V_{DD}$，$V_B = 0V$ 时，T_{N2} 截止，T_{P2} 导通，输出 $V_L \approx V_{DD}$，为高电平。

（4）当 $V_A = V_B = V_{DD}$ 时，T_{N1} 和 T_{N2} 同时导通，输出 $V_L \approx 0V$，为低电平。

由以上分析可知，该电路具有逻辑与非的功能，即 $L = \overline{AB}$。

2.2.3　CMOS 三态输出门

1．电路组成

CMOS 三态输出门电路组成如图 2-2-3（a）所示，图 2-2-3（b）为其逻辑符号，它是在反相器的基础上串接了 PMOS 管 T_{P2} 和 NMOS 管 T_{N2} 组成的。

2．工作原理

（1）当 $\overline{EN} = 0$ 时，T_{P2} 和 T_{N2} 导通，T_{N1} 和 T_{P1} 组成的 CMOS 反相器工作，$L = \overline{A}$。

（2）当 $\overline{EN} = 1$ 时，T_{P2} 和 T_{N2} 截止，输出 L 对地和电源 V_{DD} 都呈现高阻状态。

可见，图 2-2-3（a）所示电路可输出高电平、低电平和高阻三种状态，为三态输出门。

图 2-2-2　CMOS 与非门电路

2.2.4　CMOS 集成门电路使用的注意事项

1．电源的使用

CMOS 电路的 V_{DD} 端接电源正极，V_{SS} 端接电源负极，通常为地，不得接反。电源电压应在集成器件规定的电压范围内使用，不允许超过极限值。

(a) 电路组成   (b) 逻辑符号

图 2-2-3   CMOS 三态输出门及其逻辑符号

2. 不使用输入端的处理

(1) CMOS 电路的输入端不允许悬空。

(2) 对于与门和与非门,不使用输入端应接正电源或高电平;对于或门和或非门,不使用输入端应接地或低电平。在工作速度不高的情况下,允许不使用输入端与有用输入端并联使用。

3. 对输入信号的要求

(1) 输入信号的幅值不允许超过电源电压的范围$(V_{DD}-V_{SS})$。

(2) 对电路进行调试时,所有测试仪器的外壳必须接地良好,先接直流电源,后接信号源;调试结束时,应先关信号电源,后关直流电源。

4. 输出端的连接

输出端不允许直接接电源电压 V_{DD} 或接地,否则集成器件会烧坏。

5. 其他注意事项

(1) 注意静电保护,预防栅极击穿损坏。CMOS 集成电路在存放和运输时,应放在金属容器内。

(2) 焊接时,烙铁必须接地良好;焊接用烙铁不大于 25 W,必要时,可将烙铁的电源插头拔下,利用余热焊接。

(3) 组装、测试时,应使所有的仪表、工作台面等具有良好的接地。

任务实施

1. 任务要求

测量 CMOS 与非门的电压传输特性及验证其逻辑功能。

2. 测试过程

1) 材料准备

数字电路实验箱 1 台,万用表 1 块,集成 CC4011 芯片 1 块及导线若干。

2）电压传输特性测试

CMOS 四 2 输入与非门 CC4011 的引脚排列图如图 2-2-4 所示。

在 CC4011 中任选一门，按图 2-2-5 所示接线，将一个输入端接到电位器 R_W 的可调端，其余无用的闲置端与之相连，输出端空载，调节 R_W，使输入电压 U_I 在 0~5V 内逐渐增大，用万用表测量 U_I 和对应的 U_O 值，记录表 2-2-1 中，并绘制出电压传输特性曲线，在特性曲线上找出以下参数并与 TTL 与非门的参数做比较。

（1）输出高电平值 $U_{OH} =$ _____。

（2）输出低电平值 $U_{OL} =$ _____。

（3）输入关门电平 $U_{OFF} =$ _____。

（4）输入开门电平 $U_{ON} =$ _____。

（5）输入阈值电压 $U_{TH} =$ _____。

图 2-2-4　CC4011 引脚排列图

图 2-2-5　电压传输特性测试电路

表 2-2-1　CMOS 与非门的电压传输特性

U_I/V	0	0.4	0.8	1.0	1.2	1.4	1.6	1.8	2.0	2.5	3.0	3.5	4.0	4.5	5.0
U_O/V															

3）CMOS 与非门功能测试

图 2-2-6 中，输入端 A、B 分别接到逻辑开关上，输出端 Y 接到发光二极管 LED 上。根据表 2-2-2 给定输入的逻辑电平，观察发光二极管显示的结果。LED 亮表示输出 $Y = 1$，LED 灭表示输出 $Y = 0$，将输出 Y 的结果填入表 2-2-2 中，判断是否满足 $Y = \overline{AB}$。

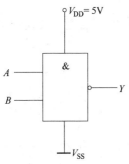

图 2-2-6　CMOS 与非门功能测试

表 2-2-2　CMOS 与非门真值表

输	入	输出
A	B	Y
0	0	
0	1	
1	0	
1	1	

任务拓展

测试或非门 CC4001 的电压传输特性及验证其逻辑功能。

知识延伸

1. CMOS 数字集成门电路系列

1) CMOS 4000 系列

这类数字集成电路的优点:功耗低,电源电压范围宽(3～15V),噪声容限大,扇区系数大等;缺点:工作频率低,输出负载电流小(约为 0.51mA),驱动负载的能力差,使用受到一定限制。

2) 高速 CMOS 系列

高速 CMOS 系列有 74(民用)系列和 54(军用)系列两大系列,它们的主要区别是工作温度不同。对于 74 系列,工作温度为 −40～85℃;对于 54 系列,工作温度为 −55～125℃。74 系列和 54 系列又有几个子系列。

(1) HC/HCT 系列。该系列具有功耗低、工作速度高、负载能力强等优点。HC 系列用于组成单一系统。在电源电压为 +5V 时,HCT 系列与 TTL 电路兼容,可互换使用。

(2) AHC/AHCT 系列。该系列为 HC/HCT 的改进系列,工作速度和负载能力比 HC/HCT 系列提高了近一倍。AHC/AHCT 系列又可写成 AC/ACT 系列。

(3) LVC 系列。该系列为 CMOS 低压系列,工作电压低(1.65～3.6V),输出驱动电流高达 24mA,负载能力很强,性能更优越。

2. TTL 电路与 CMOS 电路的接口

两种不同类型的集成电路相互连接,一般需要考虑以下两个问题。

(1) 电平匹配:驱动门必须为负载门提供符合要求的输出高电平和低电平。即

$$驱动门的 V_{OH(min)} \geqslant 负载门的 V_{IH(min)}$$
$$驱动门的 V_{OL(max)} \leqslant 负载门的 V_{IL(max)}$$

(2) 电流匹配:驱动门必须为负载门提供足够的驱动电流。即

$$驱动门的 I_{OH(max)} \geqslant 负载门的 I_{IH(总)}$$
$$驱动门的 I_{OL(max)} \geqslant 负载门的 I_{IL(总)}$$

两种不同类型的集成门电路,在连接时必须满足上述条件,否则需要通过接口电路进行电平或电流的转换之后,才能连接。

TTL 系列和 CMOS 系列的参数比较见表 2-2-3。

1) TTL 电路驱动 CMOS 4000 系列和 CC74HC 系列

(1) 电平不匹配。

由表 2-2-3 可知,TTL 作为驱动门,它的 $V_{OH} \geqslant 2.7V$,$V_{OL} \leqslant 0.5V$;而 CMOS 4000 系列和 CC74HC 系列作为负载门,它的 $V_{IH} \geqslant 3.5V$,$V_{IL} \leqslant 1.5V$。可见,TTL 的 V_{OH} 不符合要求。

表 2-2-3　TTL 电路和 CMOS 电路各系列重要参数比较

系列 参数	TTL				CMOS		
	CT74S	CT74LS	CT74AS	CT74ALS	4000	CC74HC	CC74HCT
电源电压/V	5	5	5	5	5	5	5
V_{OH}/V	2.7	2.7	2.7	2.7	4.95	4.9	4.9
V_{OL}/V	0.5	0.5	0.5	0.5	0.05	0.1	0.1
I_{OH}/mA	-1.0	-0.4	-2	-0.4	-0.51	-4	-4
I_{OL}/mA	20	8	20	8	0.51	4	4
V_{IH}/V	2	2	2	2	3.5	3.5	2
V_{IL}/V	0.8	0.8	0.8	0.8	1.5	1.0	0.8
I_{IH}/mA	50	20	20	20	0.1	0.1	0.1
I_{IL}/mA	-2	-0.4	-0.5	-0.1	-0.1×10^{-3}	0.1×10^{-3}	0.1×10^{-3}
t_{pd}/门/ns	3	9.5	3	3.5	45	8	8
P(门)/mW	19	2	8	1.2	5×10^{-3}	3×10^{-3}	3×10^{-3}

（2）电流匹配。

由表 2-2-3 可知，CMOS 电路的输入电流几乎为零，所以 TTL 作为驱动门，能为 CMOS 4000 系列和 CC74HC 系列提供足够大的输入电流。

（3）解决电平匹配问题。

① 外接上拉电阻。在电源都为 5V 时，可在 TTL 电路的输出端和电源之间接一个上拉电阻 R_P，使 TTL 的 $V_{OH}\approx5V$，如图 2-2-7（a）所示。

② 采用 TTL 的 OC 门实现电平转换。若 TTL 电路的电源电压 V_{CC} 和 CMOS 电路的电源电压不同时，仍需采用上拉电阻，但需用 OC 门，如图 2-2-7（b）所示。

(a) 电源同为5V时的接口　　　　　　　(b) OC门与CMOS的接口

图 2-2-7　TTL 电路驱动 CMOS 门电路的接口

2）TTL 电路驱动高速 CMOS 电路 CC74HCT 系列

由于 CC74HCT 系列在制造时已考虑了与 TTL 电路的兼容问题，因此，TTL 的输出端可直接与 CC74HCT 系列的输入端相连。

3) CMOS 电路驱动 TTL 电路

当 CMOS 门电路的输出端与 TTL 门电路的输入端接口时，若它们的电源电压相同，可以直接连接。但 CMOS 电路的驱动电流较小，而 TTL 电路的输入短路电流较大，当 CMOS 电路输出低电平时，不能承受这样大的灌电流，因此可采用电平转换器作为缓冲驱动，如图 2-2-8(a)、(b)所示。其中 CC4049 为反相驱动，CC4050 为同相驱动。另外，也可采用漏极开路的 CMOS 驱动器，如图 2-2-8(c)所示。CC40107 电路可驱动 10 个 TTL 电路负载。

(a)   (b)   (c)

图 2-2-8 CMOS 电路驱动 TTL 电路

3. 常用 CMOS 集成芯片介绍

1) CD4069

CD4069 由 6 个 COS/MOS 反相器电路组成。此器件主要用作通用反相器，即用于不需要中功率 TTL 驱动的逻辑电平转换电路中。其正常工作时 V_{DD} 接电源，V_{SS} 通常接地，V_{DD} 范围为 3～15V。没有使用的输入端必须接电源、地或其他输入端。CD4069 具有较宽的温度使用范围（$-40\sim125℃$）。CD4069 引脚功能图如图 2-2-9 所示。

2) CD4081

CD4081 是四 2 输入与门，即每一片 CD4081 上有 4 个独立的两个输入端的与门。其引脚功能图如图 2-2-10 所示。

图 2-2-9 CD4069 引脚功能图

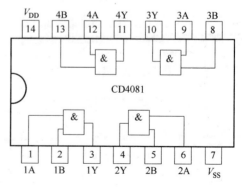

图 2-2-10 CD4081 引脚功能图

CMOS集成门电路的种类繁多,不再一一列举,可参考附录B或查阅有关技术手册。

习题

1. 填空题。

(1) TTL与非门电路内部结构由三部分组成:_____级、_____级和_____级。

(2) TTL与非门电压传输特性曲线分为_____区、_____区、_____区和饱和区。

(3) 工作在TTL与非门电压传输特性转折区中点对应的输入电压称为阈值电压U_{TH},又称_____电平。

(4) TTL与非门电路中,在保证输出为标准高电平时,允许输入低电平的最大值称为_____电平。

(5) TTL与非门电路中,在保证输出为标准低电平时,允许输入高电平的最小值称为_____电平。

(6) OC门是_____门。

(7) 三态门有_____、_____和_____三种状态。

(8) 在TTL集成电路中,对于与门及与非门不使用输入端的处理方法有_____或_____。

(9) CMOS门电路是由一个_____沟道增强型MOS场效应晶体管和一个_____沟道增强型MOS场效应晶体管互补组成。

(10) CMOS集成电路中,对于或门和或非门,不使用输入端处理方法有_____或_____。

2. 指出习题2图中,能实现$Y=\overline{AB+CD}$的电路。

习题2图

3. 判断习题3图(a)～(d)中所示TTL门电路输出与输入之间的逻辑关系哪些是正确的,哪些是错误的,并将接法错误的予以改正。

4. 在习题4图(a)所示电路中,当输入A、B的波形如习题4图(b)所示时,画出对应的输出Y的波形。

$Y_1 = \overline{A+B}$　　　　$Y_2 = \overline{A+B}$　　　　$Y_3 = \overline{AB}$　　　　$Y_4 = \overline{AB}$

(a)　　　　　　　(b)　　　　　　　(c)　　　　　　　(d)

习题 3 图

(a)　　　　　　　　　　　　　　　　　(b)

习题 4 图

数字逻辑开发工具

本项目是学习 FPGA/CPLD 可编程逻辑器件的开发工具,包括开发软件与硬件平台。本项目选用的开发工具是 Altera 公司提供的综合性 PLD 开发工具——Quartus Ⅱ,选用的硬件平台是中国台湾嵌入式暨单片机系统发展协会数位逻辑设计的认证平台——TEMI 数字逻辑设计能力认证开发板。

知识点

◇ FPGA/CPLD 基本知识;
◇ Quartus Ⅱ 软件的功能与特点;
◇ Quartus Ⅱ 软件的开发流程;
◇ TEMI 数字逻辑设计能力认证开发板的电路结构;
◇ TEMI 数字逻辑设计能力认证开发板的功能与特点。

技能点

◇ 应用 Quartus Ⅱ 实施数字逻辑电路的原理图设计与波形仿真;
◇ 应用 Quartus Ⅱ 与 FPGA/CPLD 硬件开发平台,完成 FPGA/CPLD 下载电缆的配置与编程文件的下载;
◇ 在 FPGA/CPLD 硬件开发平台上,实施数字逻辑电路的硬件测试。

任务 3.1 Quartus Ⅱ 的操作使用

任务说明

以三人表决器为题,由三人表决器的真值表,求解三人表决器的逻辑函数,进行逻辑函数的化简,画出三人表决器的逻辑电路图,以及应用 Quartus Ⅱ 完成三人表决器的原理图设计、分析综合与波形仿真。

了解 FPGA/CPLD 的基本知识,系统学习 Quartus Ⅱ 的开发流程。

相关知识

3.1.1 FPGA/CPLD 简介

可编程逻辑器件(Programmable Logic Device,PLD)是 20 世纪 70 年代发展起来的

一种新型器件。它是一种"半定制"集成电路,在其内部集成了大量的门电路和触发器等基本逻辑单元。用户可通过编程改变 PLD 内部电路的逻辑关系,就可以得到自己所需要的设计。

PLD 经历了从一次可编程只读存储器 PROM、现场可编程逻辑阵列(Field Programmable Logic Array,FPLA)、可编程阵列逻辑(Programmable Array Logic, PAL)、通用阵列逻辑(Generic Array Logic,GAL),到可擦除的可编程逻辑器件 (Erasable Programmable Logic Device,EPLD),直至复杂可编程逻辑器件(Complex Programmable Logic Device,CPLD)和现场可编程门阵列(Field Programmable Gate Array,FPGA)的发展过程。

CPLD 可以认为是从 EPLD 演变来的,既提高了集成度,又保持了 EPLD 传输时间可预测的优点,将若干个类似于 PAL 的功能模块和实现互连开关矩阵集成于同一芯片上,就形成了 CPLD。CPLD 大多采用 E^2CMOS 工艺制作,可在线编程,属于在系统可编程逻辑器件(ISP-PLD)。在系统可编程逻辑器件的最大特点是编程时不需要使用编程器,也不需要从所在系统的电路板上取下,可直接在系统内进行编程。目前,生产 CPLD 产品的公司主要有 Lattice 公司、Xilinx 公司、Altera 公司。

FPGA 的电路结构与 CPLD 完全不同,它由若干个独立的可编程逻辑模块组成。FPGA 的集成度达 3 万门/片以上。FPGA 由三种可编程单元(输入/输出模块 IOB、可编程逻辑模块 CLB、互连资源 IR)和一个用于存放编程数据的静态存储器组成。FPGA 的主要优点是克服了固定的与或逻辑阵列结构的局限性,加大了可编程 I/O 端的数目。FPGA 本身也存在一些明显的缺点:它的信号传输延迟时间不是确定的;FPGA 中的编程数据存储器是一个静态存储器结构,每次开始工作时都要重新装载编程数据,并需要配备保存编程数据的 EPROM;FPGA 的编程数据一般存放在 EPROM 中,使用时需要读出并送到 FPGA 中的 SRAM 中,因而不便于保密。目前,生产 FPGA 产品的公司主要有 Xilinx 公司、Altera 公司。

3.1.2 Quartus II 软件简介

Quartus II 是 Altera 公司提供的综合性 PLD 开发工具,可以完成从设计输入、HDL 综合、布线布局(适配)、仿真到硬件下载及测试的完整设计流程,同时也是单芯片可编程系统(SOPC)设计的综合性环境。

Quartus II 具备图形与文本两种输入方式,支持的硬件描述语言有 VHDL、Verilog HDL、AHDL(Altera HDL)等。

Quartus II 有模块化编译器,包括分析与综合(Analysis & Synthesis)、适配(Fitter)、装配(Assembler)与时序分析(Classic Timing Analyzer)。

Quartus II 还具备功能仿真与时序仿真两种不同级别的仿真测试。功能仿真仅考虑电路的逻辑特性,而时序仿真需考虑各逻辑电路的时延。

3.1.3 Quartus II 设计流程

基于 FPGA/CPLD 设计数字逻辑系统,使用 Quartus II 软件设计的基本流程如

图 3-1-1 所示,主要包括建立设计项目与文件、设计输入、设计编译、设计仿真、引脚锁定、编程配置与测试验证等步骤。

图 3-1-1　Quartus Ⅱ 设计的基本流程

1. 建立设计项目与文件

Quartus Ⅱ 采用以项目管理的方式管理设计中涉及的各种格式的文件,因此,在项目设计前,首先要建立用于存放项目设计文件的文件夹,建立设计项目。

2. 设计输入

Quartus Ⅱ 支持多种设计输入方式,主要有原理图输入与文本输入。

3. 设计编译

编译前,需根据设计要求设定编译参数,如目标器件类型、逻辑综合方式等,然后再进行编译,包括分析与综合、适配、装配及时序分析,并产生相应的报告文件、延时信息文件及编程文件,供仿真分析和下载编程使用。

4. 设计仿真

仿真用来验证设计项目的逻辑功能是否正确,包括功能仿真、时序仿真与定时分析。

注意:本书主要采用功能仿真验证项目的逻辑功能,不考虑逻辑电路的延时特性。

5. 引脚锁定

为了将设计结果下载到 FPGA/CPLD 芯片中进行测试验证,必须根据具体的 EDA 开发系统硬件的要求对设计项目的输入/输出信号赋予特定的引脚,以便实施实测。

注意:在锁定引脚后必须对设计文件进行重新编译。

6. 编程配置与测试验证

在锁定引脚并编译成功后,利用 Quartus Ⅱ 的编程器(Programmer)对 PLD 器件进行编程和配置,然后在开发系统上测试其实际逻辑功能与特性。

 任务实施

1. 任务要求

应用 CPLD 设计一个三人表决器。

2. 求解三人表决器电路的逻辑函数

根据任务要求有三个输入变量,用 I_1、I_2、I_3 分别表示三人表决的输入信号,"1"表示同意,"0"表示不同意。

设定 O_1、O_2 为输出变量,如有 2 人以上为同意,表示表决通过,O_1 输出高电平,O_2 输出低电平;否则,表示表决结果不通过,O_1 输出低电平,O_2 输出高电平。

(1) 列真值表。根据任务要求,列出三人表决器的真值表,如表 3-1-1 所示。

表 3-1-1　三人表决器的真值表

I_1	I_2	I_3	O_1	O_2
0	0	0	0	1
0	0	1	0	1
0	1	0	0	1
0	1	1	1	0
1	0	0	0	1
1	0	1	1	0
1	1	0	1	0
1	1	1	1	0

(2) 根据真值表,求出 O_1、O_2 的逻辑函数表达式。

从真值表中可看出,O_2 的输出是 O_1 的非。因此,只需要求出 O_1,O_2 的输出取 O_1 的非即可。

$$O_1 = \overline{I_1} I_2 I_3 + I_1 \overline{I_2} I_3 + I_1 I_2 \overline{I_3} + I_1 I_2 I_3$$
$$O_2 = \overline{O_1}$$

(3) 卡诺图化简。

经卡诺图化简(略)后,O_1 的逻辑函数为

$$O_1 = I_1 I_2 + I_1 I_3 + I_2 I_3$$

3. 应用 Quartus Ⅱ设计三人表决器的逻辑电路,并仿真验证

1) 建立工程文件

(1) 创建工程文件夹。

创建用于存放设计工程所涉及的各种文件,如 I:\数字电子技术项目教程\demo。

(2) 创建工程。

在启动 Quartus Ⅱ过程中,会弹出创建工程或打开一个工程文件的引导对话框,如图 3-1-2 所示。单击 Create a New Project(New Project Wizard)按钮,会弹出新建工程对话框,如图 3-1-3 所示,在此对话框中分别输入新建工程所在文件夹(I:\数字电子技术项目教程\demo)、新建工程名称(demo)和顶层实体名称(demo)。Quartus Ⅱ要求工程文件名一定要与顶层实体名称相同。

注意:在图 3-1-2 中,如勾选 Don't show this screen again 选项,再次启动 Quartus Ⅱ时,不再弹出此对话框。在此状况下,若要新建工程,可在启动界面中选择 File→New Project Wizard 菜单命令。

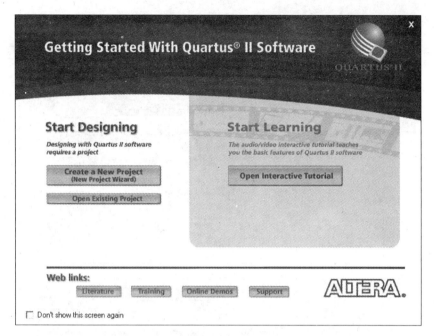

图 3-1-2 创建工程或打开一个工程文件的引导对话框

图 3-1-3 新建工程对话框

（3）选择添加的文件和库。

单击图 3-1-3 中的 Next > 按钮，弹出添加文件和库对话框，如图 3-1-4 所示。如果需要添加文件或库，按提示操作。本任务无须添加，单击图 3-1-4 中的 Next > 按钮，进入目标器件选择对话框，如图 3-1-5 所示。

（4）选择目标器件。

图 3-1-4　添加文件和库对话框

图 3-1-5　目标器件选择对话框

在图 3-1-5 中,在 Family 下拉列表框中选择器件的种类,本任务中选择 MAX7000S 系列,在 Target device 选项组中选择 Auto device selected by the Fitter 选项,系统会自动根据 Show in 'Available device' list 中设定的条件筛选器件;而在 Available device's 选项列表由用户直接指定目标器件。在 Show in 'Available device' list 选项组中,通过限制封装(Package)、引脚数(Pin count)、速度等级(Speed grade)等条件,以便快速查找所需器件。本任务是在 Available devices 选项列表,直接指定 EPM7064SLC44-10 器件。

(5) 选择第三方 EDA 工具。

在图 3-1-5 中,单击 `Next >` 按钮,弹出选择第三方 EDA 工具对话框,如图 3-1-6 所示。本任务不选择第三方 EDA 工具,直接单击 `Next >` 按钮,进入新建工程完成对话框,如图 3-1-7 所示。

图 3-1-6　选择第三方 EDA 工具对话框

(6) 完成新建工程。

在图 3-1-7 所示的对话框中,查看新建工程的设置信息是否正确,如正确,单击 `Finish` 按钮,返回 Quartus II 的主窗口,此时可看到新建的工程 demo,如图 3-1-8 所示。如设置信息有误,可单击 `< Back` 返回前面页面进行重新设置。

2) 设计文件输入

本任务采用原理图输入方法。

(1) 选择原理图设计模式。

在图 3-1-8 所示主窗口中,选择 File→New 菜单命令,弹出如图 3-1-9 所示的 New 对话框,打开 Design Files 分支,共有 8 种文件输入方式,分别对应相应的编辑器。原理图

图 3-1-7　新建工程完成对话框

图 3-1-8　新建工程完成后的主窗口界面

输入对应的输入方式是 Block Diagram/Schematic File,用鼠标将其选中,单击
OK 按钮,弹出图形编辑窗口,如图 3-1-10 所示。

图 3-1-9 New 对话框

图 3-1-10 图形编辑窗口

（2）放置元器件。

在图 3-1-10 所示图形编辑窗口的空白处双击，弹出选择电路元器件对话框，如图 3-1-11 所示，选择 primitives→logic→and2 或者在 Name 文本框中直接输入元器件符号名称（and2），单击 **OK** 按钮，此时光标上粘着被选中的符号（2 输入与门），将其移到合适的位置，单击放置元器件，如图 3-1-12 所示。依此方法，根据本任务的逻辑函数，在图中再放置两片 AND2、一片 OR3、一片 NOT、三个输入端和两个输出端，如图 3-1-13 所示。如需调整位置，单击选中需移动的元器件，再拖动即可。

图 3-1-11　选择电路元器件对话框

（3）元器件命名。

将鼠标移到需命名的元器件（如 INPUT）上，双击或右击在快捷菜单中选择 Properties 选项，弹出元器件属性对话框，如图 3-1-14 所示。在该对话框中，单击 General 标签，在 Pin name(s)文本框中输入 I1，其他为默认值，这样就将该输入端口命名为 I1。依照同样的方法，将其他两个输入端命名为 I2、I3，两个输出端命名为 O1、O2，3 个 AND2 元件分别命名为 U1、U2、U3，OR3 元件命名为 U4，NOT 元件命名为 U5，如图 3-1-15 所示。

（4）电路连接。

将光标移到元件 I1 端口右侧，光标将变为"⌐"，说明系统已处于连线状态，按住鼠标左键不放，将光标移到 U1 输入端处松开鼠标左键，此时连线两端会出现小方块，这样 I1 与 U1 输入端之间就有一根连接导线了。重复上述方法连接其他导线，连接好的电路原理图如图 3-1-16 所示。

图 3-1-12 放置好的元器件

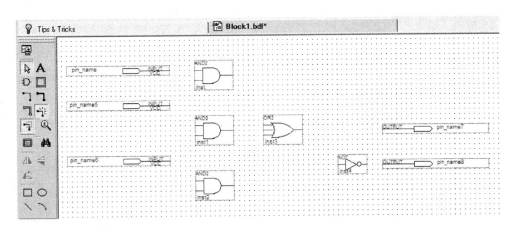

图 3-1-13 放置好的电路所有元器件

（5）保存文件。

选择 File→Save 菜单命令，或单击 ![按钮] 按钮，弹出"另存为"对话框，如图 3-1-17 所示。默认情况下，"文件名（N）:"文本框中的名称为工程文件名，即 demo；文件扩展名为".bdf"，选中 Add file to current project 选项。单击 **保存(S)** 按钮，完成电路原理图文件的保存。

3）编译工程文件

选择 Processing→Start Compilation 菜单命令，系统开始编译工程文件，完成后弹出

图 3-1-14 元件属性对话框

图 3-1-15 已命名的元件图

编译完成提示对话框,如图 3-1-18 所示。单击 **确定** 按钮,编译完成后的各种信息
如图 3-1-19 所示。这些信息包括警告和出错信息,如果有出错信息,必须根据错误提示
信息进行相应的修改,并重新编译,直至无错误为止。

4)仿真

(1)建立仿真波形文件。

在主窗口中,选择 File→New 菜单命令,弹出 New 对话框,并选择 Verification/
Debugging Files→Vector Waveform File 选项,如图 3-1-20 所示。单击 **OK** 按钮,弹
出波形编辑窗口,如图 3-1-21 所示。

图 3-1-16　连接好的电路原理图

图 3-1-17　保存电路原理图

图 3-1-18　编译完成提示对话框

图 3-1-19　编译完成后的信息

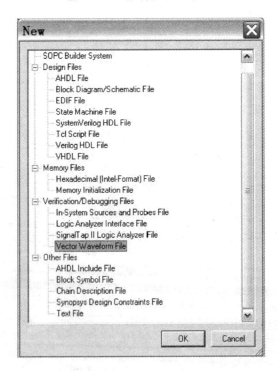

图 3-1-20　选择新建波形文件

（2）添加仿真的输入/输出引脚。

① 在图 3-1-21 中，在 Name 下方的空白处双击，弹出添加节点（Insert Node or Bus）

对话框,如图 3-1-22 所示。在该对话框中单击 Node Finder... 按钮,弹出 Node Finder 对话框,
如图 3-1-23 所示。

图 3-1-21 波形编辑窗口

图 3-1-22 Insert Node or Bus 对话框

图 3-1-23 Node Finder 对话框

② 在图 3-1-23 Filter 下拉列表中选择 Pins：all 选项，其他参数按默认设置，单击 `List` 按钮，在 Nodes Found：区域会列出工程设计中所有的输入/输出引脚，单击 >> 右移按钮，将 Nodes Found 区域中所有的输入/输出引脚复制到 Selected Nodes 区域中，如图 3-1-24 所示。

图 3-1-24　选择输入/输出引脚

③ 在图 3-1-24 所示对话框中，单击 `OK` 按钮，返回 Insert Node or Bus 对话框，但对话框中的内容发生了变化，如图 3-1-25 所示，单击 `OK` 按钮，返回波形编辑窗口，添加的输入/输出引脚出现在波形编辑窗口中，如图 3-1-26 所示。

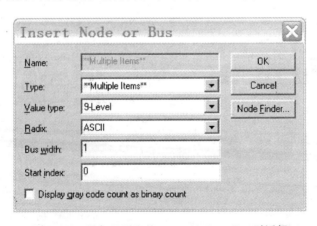

图 3-1-25　添加了引脚的 Insert Node or Bus 对话框

（3）设置波形仿真环境。

① 选择 View→Fit in Window。

图 3-1-26 添加了引脚的波形编辑窗口

② 选择 Edit→End Time...,设定为 1.0μs。

③ 选择 Edit→Grid Size...,设定为 100.0ns。

上述设定如图 3-1-27 所示。

图 3-1-27 设置波形仿真环境

（4）编辑输入信号。

① 拖动鼠标选取欲设定输入信号区域,选择左列工具中的信号设定 0、1 按钮来设定输入信号的电平,如图 3-1-28 所示。

图 3-1-28 选取输入信号区域

② 依据表 3-1-1 所示三人表决器真值表输入 I1、I2、I3 的电平值，如图 3-1-29 所示。

图 3-1-29 三人表决器的输入信号

③ 保存波形文件。

选择 File→Save 菜单命令，或单击工具栏中 按钮，弹出波形文件"另存为"对话框，输入波形文件名 demo，扩展名为 .vwf，选中 Add file to current project，如图 3-1-30 所示。单击 保存(S) 按钮，完成波形文件的保存。

（5）仿真。

Quartus Ⅱ 软件的仿真分为功能仿真和时序仿真。功能仿真是忽略延时、按照逻辑关系仿真，而时序仿真是考虑电路的延时仿真，这种仿真更接近实际情况。在实践中，先

图 3-1-30 保存波形文件

进行功能仿真,验证电路的逻辑关系是否正确;然后再进行时序仿真,验证电路是否满足实际要求。

本书主要学习数字电路的逻辑设计,主要倾向于逻辑关系的正确性,因此,本书中仅采用功能仿真。

① 选择 Assignments→Settings 菜单命令,弹出仿真设置界面对话框,用户可以设定要执行的仿真类型、仿真所需时间、向量激励源以及其他选项,如图 3-1-31 所示。

② 在图 3-1-31 中,在 Simulation mode 下拉列表中选择 Functional 选项,即选择功能仿真。其他按默认设置,单击 OK 按钮完成功能仿真设置。

③ 选择 Processing→Generate Functionl Simulation Netlist 菜单命令,系统自动创建功能仿真网络表,完成后弹出相应的提示框,单击 确定 按钮即可。

④ 选择 Processing→Start Simulation 菜单命令,或单击工具栏中的 ▶ 按钮,启动功能仿真,完成后弹出相应的提示框,单击 确定 按钮即可,仿真结果如图 3-1-32 所示。

注意:如显示范围不对,可选择 View→Zoom 菜单命令,选择显示范围。

⑤ 对照表 3-1-1 所示真值表,验证仿真波形。若正确,说明逻辑设计正确;否则,需修改设计,并仿真,直至正确为止。

5) 编程下载与硬件测试

(1) 分配引脚。

选择 Assignments→Pins 菜单命令,或单击工具栏中 按钮,弹出输入/输出引脚分

图 3-1-31　仿真设置界面

图 3-1-32　三人表决器功能仿真结果

配窗口,如图 3-1-33 所示。有两种分配引脚的方法,介绍如下。

① 在图 3-1-33 引脚分配列表中,在相应节点的 Location 栏中选择相应的引脚编号。

设 I1、I2、I3 分配的引脚为 P04、P05、P06,O1、O2 分配的引脚为 P21、P24。引脚分配后的引脚分配窗口如图 3-1-34 所示。

② 在器件封装图上需要分配的引脚上双击,弹出引脚属性对话窗口,如图 3-1-35 所

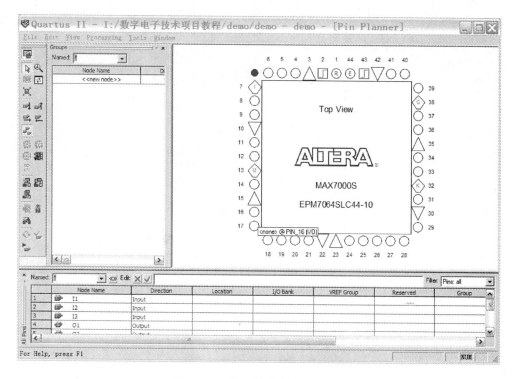

图 3-1-33　输入/输出引脚分配窗口

示。在 Node name 下拉列表中选择需要分配的节点,其他按默认设置,然后单击 OK 按钮完成该引脚分配。

（2）编程下载。

编程下载的目的是将设计所生成的文件通过计算机下载到目标器件,验证设计是否满足要求或者将已完成的设计在实际中应用。使用 Quartus Ⅱ 软件成功编译后,就可以对 Altera 器件进行编程或配置,编程文件是器件的编程镜像,其形式是目标器件的一个或多个 Programmer Object Files(. pof)或 SRAM Object Files(. sof)。

① 再编译:当引脚分配完成后,必须再次执行编译命令,这样才能保证存储这些引脚的锁定信息。

② 连接下载电缆:FPGA/CPLD 的下载和配置需要使用专用的下载电缆。下载电缆主要有 ByteBlaster MV 下载线、ByteBlaster Ⅱ 下载线、USB-Blaster 下载线、Master Blaster(USB 口/串口)下载线和 EthernetBlaster MV 下载线 5 种。

这里以常用的 USB-Blaster 下载线为例。将 USB-Blaster 下载线的一端连到 PC 的 USB 口,另一端连到 FPGA/CPLD 目标器件的 JTAG 口,接通目标板电源。

注意:如果该 PC 是第一次使用 USB-Blaster 下载线,则需要安装相应的驱动程序。驱动程序位于 Quartus Ⅱ 的安装文件夹 C:\altera\90sp2\quartus\drivers\usb-blaster 中。

③ 配置下载电缆。选择 Tool→Programmer 命令或单击工具栏中 ￼ 按钮,弹出编程配置下载窗口,如图 3-1-36 所示。在该窗口中,单击 ￼ Hardware Setup...按钮,弹出硬件设置对话

图 3-1-34 引脚分配后的分配窗口

Pin Properties

Pin number:	PIN_36
Node name:	
I/O standard:	
Reserved:	

Properties:

Name	Value
I/O Bank	
General Function	I/O
Special Function	N/A
Pad ID	35
VREF Pad ID	N/A

OK   Cancel

图 3-1-35 引脚属性对话框

框,如图 3-1-37 所示。选择 Hardware Settings 标签,在 Currently selected hardware 下拉列表框中选择 USB-Blaster,然后单击 `Close` 按钮,完成下载线的配置,如图 3-1-38 所示。

④ 下载编程文件。

在编程配置下载窗口中,在 Mode 下拉列表中选择 JTAG,将下载文件 demo. sof 右侧第一个小方框 Program/Configure 选中,确保下载电缆连接无误,打开目标板电源,单击 `Start` 按钮,编程下载开始,直到下载进度为 100% 为止,表示下载完成,如图3-1-39 所示。

(3) 硬件测试。

在目标器件上,从 CPLD 的 P04、P05、P06 引脚输入信号,从 P21、P24 输出引脚观察输出信号。根据三人表决电路的真值表验证电路设计是否符合要求。

注意:有关引脚分配、下载电缆的连接与配置、下载编程文件的具体操作,将在本项目任务 3.2 中,结合 TEMI 数字逻辑设计能力认证开发板进行学习。

图 3-1-36 编程配置下载窗口

图 3-1-37 硬件设置对话框

图 3-1-38 配置完成窗口

图 3-1-39　编程文件下载完成窗口

 任务拓展

表 3-1-2 所示为一个逻辑系统的真值表,请按如下要求完成任务。

（1）求解与化简逻辑输出与逻辑输入间的逻辑函数表达式。

（2）根据逻辑函数表达式,使用 Quartus Ⅱ 软件绘制逻辑电路。

（3）使用 Quartus Ⅱ 软件进行波形仿真,按表 3-1-2 所示真值表进行验证。

（4）描述该逻辑系统的功能。

表 3-1-2　逻辑真值表

输		入		输出	输		入		输出
A	B	C	D	Y	A	B	C	D	Y
0	0	0	0	1	1	0	0	0	1
0	0	0	1	1	1	0	0	1	1
0	0	1	0	1	1	0	1	0	0
0	0	1	1	1	1	0	1	1	0
0	1	0	0	1	1	1	0	0	0
0	1	0	1	1	1	1	0	1	0
					1	1	1	0	0
0	1	1	1	1	1	1	1	1	0

任务 3.2　TEMI 数字逻辑设计能力认证开发板的操作使用

任务说明

本任务以中国台湾嵌入式暨单片机系统发展协会数位逻辑设计认证平台——TEMI 数字逻辑设计能力认证开发板作为 CPLD 的硬件开发平台。学习 TEMI 数字逻辑设计能力认证开发板 CPLD 与 Quartus Ⅱ 开发平台的电缆接口以及 CPLD 与外围接口电路的连接关系。

相关知识

如图 3-2-1 所示为 TEMI 数字逻辑设计能力认证开发板的方框图,包括可编程逻辑器件（CPLD:EPM7064SLC44-10）、多段脉冲产生电路、5V 直流电源电路、并行口编程接口电路、指拨开关输入电路、按钮开关输入电路、2 位 LED 数码管显示电路、LED 灯显示电路、蜂鸣器发声电路。如图 3-2-2 所示为 TEMI 数字逻辑设计能力认证开发板的外观图。

图 3-2-1　TEMI 数字逻辑设计能力认证开发板的方框图

图 3-2-2　TEMI 数字逻辑设计能力认证开发板外观图

1. TEMI 数字逻辑设计能力认证开发板功能描述

1）输入端口

（1）插针式电源座（J3）：用于提供 TEMI 数字逻辑设计能力认证开发板工作电源。

（2）USB 电源（J2）：用于提供 TEMI 数字逻辑设计能力认证开发板工作电源。

（3）电源开关（S1）：用于通、断工作电源的输入。

（4）并行接口（J1）：用于通过并口下载用户设计程序（文件扩展名为.pof）。

（5）多段时钟选择（JP2、JP3）：用于向时序逻辑电路提供时钟，时钟类型的选择详见多段时钟产生电路。

（6）功能设定指拨开关（S2）：用于设定 CPLD、LED 灯显示、LED 数码管显示的使能。

（7）指拨开关（S7）：用于输入高、低电平，ON 为 0，OFF 为 1。

（8）按钮开关（S3、S4、S5、S6、S8、S9）：用于输入高、低电平，按下为 0，不按为 1。

2）输出端口

（1）LED 灯显示电路（D1～D9）：用于显示高、低电平的状态，输入高电平时灯灭，输入低电平时灯亮。

（2）电子骰子显示电路（D10～D16）：用于电子骰子功能时显示骰子的点数。

（3）LED 数码管显示电路（DS1、DS2）：用于显示 2 位十进制的数字。

（4）蜂鸣器（LS1）：输出声音。

2. TEMI 数字逻辑设计能力认证开发板 CPLD 与外围接口的引脚配置

TEMI 数字逻辑设计能力认证开发板 CPLD 与外围接口的引脚配置关系如表 3-2-1 所示。

3. TEMI 数字逻辑设计能力认证开发板模块电路介绍

1）CPLD 电路模块

CPLD 电路模块如图 3-2-3 所示。CPLD 器件的型号是 EPM7064SLC44-10，从图中可看出 CPLD 与各外围模块的连接关系与表 3-2-1 描述是一样的。

图 3-2-3　CPLD 电路模块

表 3-2-1　TEMI 数字逻辑设计能力认证开发板 CPLD 与外围接口的引脚配置关系表

外围电路		CPLD 引脚	外围电路		CPLD 引脚
元件名称	引脚编号		元件名称	引脚编号	
LED 灯显示电路	D2	P21	蜂鸣器	LS1	P20
	D3	P24	GCLK1	JP2	P43
	D4	P25	GCLK2	JP3	P02
	D5	P26	CLR	JP4	P01
	D6	P27	SW DIP-4	S2(CPLD-EN)	P03、P15、P23、P35
	D7	P28		S2(CPLD-OE)	P44
	D8	P29	PB-SW1	S3	P16
	D9	P31	PB-SW2	S4	P17
电子骰子显示电路	D10～D11	P36	PB-SW3	S5	P18
	D12～D13	P37	PB-SW4	S6	P19
	D14	P39	SW DIP-8	S1(DIP1)	P04
	D15～D16	P40		S1(DIP2)	P05
LED 数码管（位控制端：DS1、DS2，段码控制端：a、b、c、d、e、f、g、dp）	DS1	P34		S1(DIP3)	P06
	DS2	P33		S1(DIP4)	P08
	a	P21		S1(DIP5)	P09
	b	P24		S1(DIP6)	P11
	c	P25		S1(DIP7)	P12
	d	P26		S1(DIP8)	P14
	e	P27			
	f	P28			
	g	P29			
	dp	P31			

2）多段时钟选择模块

多段时钟选择模块如图 3-2-4 所示。通过用短路帽短接 JP2、JP3 的插针选择 GCLK1、GCLK2 的时钟输入,例如,当用短路帽短接 JP2 的 1、2 插针,GCLK1 输入的时钟信号是 PB-SW1 的按钮信号,当用短路帽短接 JP2 的 5、6 插针,GCLK1 输入的时钟信号是 10MHz 信号。

CLK-PB1 的作用:当用短路帽短接 JP2 的 19、20 插针时,GCLK1 输入的时钟信号是可控的 1kHz 信号,当 CLK-PB1 按下时,GCLK1 输入的时钟信号是 1kHz 信号;当 CLK-PB1 松开时,GCLK1 输入信号是固定的高电平。

CLK-PB2 的作用:当用短路帽短接 JP3 的 19、20 插针时,GCLK2 输入的时钟信号是可控的 1MHz 信号,当 CLK-PB2 按下时,GCLK2 输入的时钟信号是 1MHz 信号;当 CLK-PB2 松开时,GCLK2 输入信号是固定的高电平。

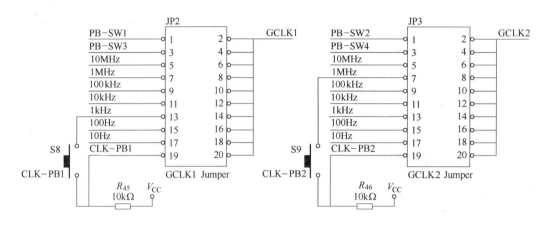

图 3-2-4　多段时钟选择模块

3) 按键与指拨开关输入模块

按键与指拨开关输入模块如图 3-2-5 所示。

图 3-2-5　按键与指拨开关输入模块

4）电子骰子显示模块

电子骰子显示模块如图 3-2-6 所示。P36 控制 D10、D11 的亮灭，P37 控制 D12、D13 的亮灭，P39 控制 D14 的亮灭，P40 控制 D15、D16 的亮灭，输出低电平时，LED 灯点亮。

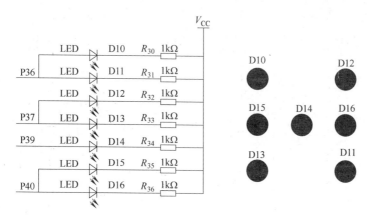

图 3-2-6　电子骰子显示模块

5）蜂鸣器发声模块

蜂鸣器发声模块如图 3-2-7 所示。P20 输出高电平时，蜂鸣器发声。

图 3-2-7　蜂鸣器发声模块

6）LED 数码管显示模块

LED 数码管显示模块如图 3-2-8 所示。P34 为 DS1 数码管的选通控制端，当 P34 输出低电平时选通，DS1 显示，显示内容取决于段码数据（a、b、c、d、e、f、g、dp）；当 P34 输出高电平时，DS1 禁止显示。P33 为 DS2 数码管的选通控制端，当 P33 输出低电平时选通，DS2 显示，显示内容取决于段码数据（a、b、c、d、e、f、g、dp）；当 P33 输出高电平时，DS2 禁止显示。74HC244 用于选择段码数据，当 DS1 选通时，74HC244 输出的段码数据是 DS1 数码管要显示的数据；当 DS2 选通时，74HC244 输出的段码数据是 DS2 数码管要显示的数据。

7）LED 灯显示模块

LED 灯显示模块如图 3-2-9 所示，低电平驱动。其中，PER-GL 是电源指示灯。

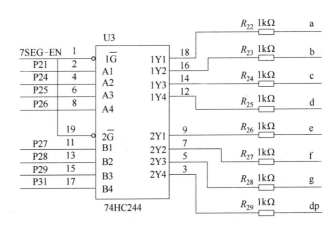

图 3-2-8 LED 数码管显示模块

8）时钟产生电路模块

时钟产生电路模块如图 3-2-10 所示。3 个 74LS04、1 个 10MHz 晶振、2 个 1kHz 电阻、1 个 0.1μF 电容构成 10MHz 的振荡器，每个 74LS390 构成一个十进制计数器（十分频电路），实现逐级十分频输出。

9）其他

这里包括 CLR 跳线、JTAG 接口以及 Reserve I/O 接口，如图 3-2-11 所示。

CLR Jumper：短接 1、2 插针时，CLR 输出高电平；短接 5、6 插针时，CLR 输出低电平。

JTAG：用于实现 CPLD 应用程序的下载。

图 3-2-9 LED 灯显示模块

任务实施

1. 任务要求

在 TEMI 数字逻辑设计能力认证开发板实现任务 3.1 中三人表决器的功能。

CPLD 引脚配置规则：$I_1 \rightarrow P04$、$I_2 \rightarrow P05$、$I_3 \rightarrow P06$，$O_1 \rightarrow P21$、$O_2 \rightarrow P24$。

2. CPLD 三人表决器的软硬件实操

（1）TEMI 数字逻辑设计能力认证开发板与 PC 的硬件连接。

TEMI 数字逻辑设计能力认证开发板与 PC 的通信方法是将 PC 的 USB 口与 USB 转并行口电路板的 USB 口相接，再将 USB 转并行口电路板的并行口与 TEMI 数字逻辑设计能力认证开发板的并行口相接。TEMI 数字逻辑设计能力认证开发板并口转 USB 的硬件连接如图 3-2-12 所示。

① USB 转并行口电路板工作电源取自 TEMI 数字逻辑设计能力认证开发板，如图 3-2-12 所示。

② 打开 S1 电源开关，打开 USB 转并行口电路板工作电源。

③ S4 "CPLD-EN"开关拨到 ON 位置。

④ 使用 LED 灯显示电路时，S2 "LEDs-EN"开关拨到 ON 位置。

⑤ 使用数码 LED 显示时，S3 "7SEG-EN"开关拨到 ON 位置。

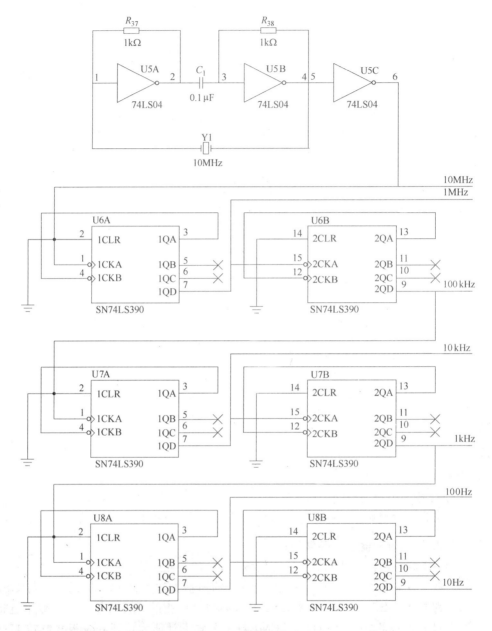

图 3-2-10 时钟产生电路模块

（2）安装 USB-Blaster 驱动程序。

① 准备好 USB-Blaster 驱动程序。

② 当 USB 接口设备与 PC 的 USB 端口相连时，PC 会提示找到新设备，要求安装驱动程序，此时，选择从指定路径进行安装，按安装引导操作即可完成 USB-Blaster 驱动程序的安装。

（3）原理图电路设计与波形仿真（略）。直接利用任务 3.1 的结果。

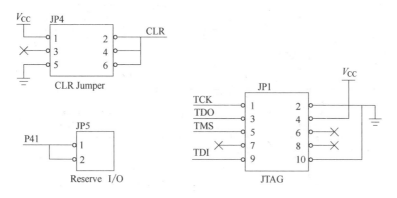

图 3-2-11 CLR 跳线与 JTAG 接口

图 3-2-12 TEMI 数字逻辑设计能力认证开发板 USB 转并口的硬件连接

（4）引脚分配与再编译。启动 Quartus Ⅱ软件，打开任务 3.1 中已建立的项目 demo，按照引脚分配规则给三人表决器的输入、输出分配 CPLD 的引脚，完成后重新编译。

（5）配置下载电缆。

（6）下载编程文件：demo.sof。

（7）硬件测试。按表 3-2-2，在 TEMI 数字逻辑设计能力认证开发板进行测试。

表 3-2-2 三人表决器测试表

S1(SW-DIP8)			LED 灯（低电平驱动）	
DIP1 (I_1、P04)	DIP2 (I_2、P05)	DIP3 (I_3、P06)	D2 (O_1、P21)	D3 (O_2、P24)
0	0	0		
0	0	1		
0	1	0		
0	1	1		
1	0	0		
1	0	1		
1	1	0		
1	1	1		

（8）检查测试结果。归纳硬件测试结果，判断测试结果是否符合设计要求。若不符合要求，找出问题所在，修改电路设计，重新测试，直至测试符合设计要求。

（9）撰写实操小结。总结实操中的收获与不足，归纳实操中遇到的问题以及解决方法，总结实操中的不良现象与纠正措施。

任务拓展

在 TEMI 数字逻辑设计能力认证开发板实现任务 3.1 任务拓展中表 3-1-2 所示数字逻辑系统的功能。

习题

1. Quartus Ⅱ 是哪个公司提供的？你现在使用的版本是什么？现在最新的版本是什么？

2. 叙述 Quartus Ⅱ 完整的开发流程。

3. Quartus Ⅱ 设计文件的常用输入方式有哪两种？

4. Quartus Ⅱ 波形仿真有哪几种类型？各有什么特点？

5. Quartus Ⅱ 编程下载电缆有哪几种类型？常用的编程下载电缆是什么？

6. Quartus Ⅱ 下载的编程文件的格式是什么？

7. TEMI 数字逻辑设计能力认证开发板 CPLD 的编程下载电缆是哪种类型？CPLD 的型号是什么？

8. TEMI 数字逻辑设计能力认证开发板有多少位开关信号和多少位按键信号？与 CPLD 的连接关系是怎样的？

9. TEMI 数字逻辑设计能力认证开发板有几位数码管显示电路？与 CPLD 的连接关系是怎样的？

10. TEMI 数字逻辑设计能力认证开发板有几位 LED 灯显示电路？与 CPLD 的连接关系是怎样的？

11. TEMI 数字逻辑设计能力认证开发板有几路时钟信号通路？与 CPLD 的连接关系是怎样的？各有哪些时钟信号种类？

12. TEMI 数字逻辑设计能力认证开发板的发声器件是什么？与 CPLD 的连接关系是怎样的？CPLD 输出什么电平时，发声器件发声？

组合逻辑电路

知识点

◇ 组合逻辑电路的分析和设计；
◇ 加法器、编码器、译码器、数值比较器、数据选择器及数据分配器的原理及功能。

技能点

◇ 组合逻辑电路的分析和设计方法；
◇ 加法器、编码器、译码器、数值比较器、数据选择器及数据分配器的应用。

任务 4.1　加法器

任务说明

本任务主要学习组合逻辑电路的分析和设计方法，以及加法器等的原理及应用。

相关知识

根据逻辑功能的不同特点，常把数字电路分成组合逻辑电路（简称组合电路）和时序逻辑电路（简称时序电路）两大类。

任何时刻输出信号的稳态值，仅取决于该时刻各个输入信号的取值组合的电路，称为组合电路。在组合电路中，输入信号作用以前电路所处的状态，对输出信号没有影响。本书项目 2 中的门电路和本项目中的内容，都属于组合电路。

组合电路逻辑功能表示方法通常有逻辑函数表达式、真值表（或功能表）、逻辑图、卡诺图、波形图 5 种。在小规模集成电路中，用逻辑函数表达式的居多；在中规模集成电路中，通常用真值表或功能表。

1. 组合逻辑电路的分析方法

组合逻辑电路的分析是根据已知的逻辑电路图，找出输入、输出之间的关系，确定逻辑功能。组合逻辑电路的分析步骤如图 4-1-1 所示。

由图 4-1-1 可知，组合逻辑电路的分析步骤一般如下。

图 4-1-1 组合逻辑电路的分析步骤

（1）根据给定的逻辑电路图，写出逻辑函数表达式。

（2）由公式法或卡诺图法进行化简，得到最简逻辑表达式。

（3）由最简逻辑表达式画出真值表。

（4）根据真值表，分析和确定电路的逻辑功能。

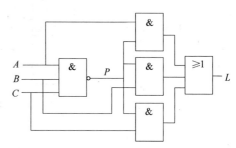

图 4-1-2 例 4-1-1 逻辑电路图

【**例 4-1-1**】 分析如图 4-1-2 所示的组合电路的逻辑功能。

解：（1）由逻辑电路图逐级写出表达式。为了方便，借助中间变量 P。

$$P = \overline{ABC}$$

$$L = AP + BP + CP = A\,\overline{ABC} + B\,\overline{ABC} + C\,\overline{ABC}$$

（2）化简。

$$L = \overline{ABC}(A + B + C) = \overline{\overline{ABC} + \overline{A + B + C}} = \overline{ABC + \overline{ABC}}$$

（3）列出真值表，如表 4-1-1 所示。

表 4-1-1 例 4-1-1 真值表

A	B	C	L
0	0	0	0
0	0	1	1
0	1	0	1
0	1	1	1
1	0	0	1
1	0	1	1
1	1	0	1
1	1	1	0

（4）分析逻辑功能。由表 4-1-1 可知，当 A、B、C 三个变量不一致时，输出为"1"，所以这个电路称为"不一致电路"。

【**例 4-1-2**】 已知组合逻辑电路如图 4-1-3 所示，试分析其逻辑功能。

解：（1）由逻辑电路图逐级写出表达式。

$$Y_1 = \overline{A}, Y_2 = \overline{B}, \quad Y_3 = \overline{AB}, \quad Y_4 = \overline{C}$$

$$Y_5 = \overline{Y_1 Y_2} = \overline{\overline{A}\,\overline{B}}, \quad Y_6 = \overline{Y_3 Y_4} = \overline{\overline{AB}\,\overline{C}}$$

$$Y = \overline{Y_5 Y_6} = \overline{Y_5} + \overline{Y_6} = \overline{A}\,\overline{B} + \overline{AB}\,\overline{C}$$

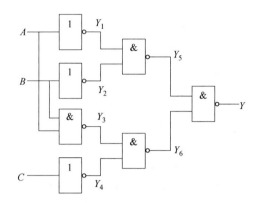

图 4-1-3　例 4-1-2 逻辑电路图

（2）化简。

$$Y=\overline{A}\,\overline{B}+\overline{AB\overline{C}}=\overline{A}\,\overline{B}+(\overline{A}+\overline{B})\overline{C}=\overline{A}\,\overline{B}+\overline{A}\,\overline{C}+\overline{B}\,\overline{C}$$

（3）列出真值表如表 4-1-2 所示。

表 4-1-2　例 4-1-2 真值表

A	B	C	Y
0	0	0	1
0	0	1	1
0	1	0	1
0	1	1	0
1	0	0	1
1	0	1	0
1	1	0	0
1	1	1	0

（4）分析逻辑功能。从表 4-1-2 可得出，输入信号 ABC 中，若只有一个或一个以下的信号为 1 时，输出 $Y=1$，否则 $Y=0$。

由以上两个例题，归纳总结如下。

（1）组合逻辑电路的分析步骤中不一定每个步骤都要。例如，写出的逻辑表达式，已成为最简式可省略化简；由表达式直接概述功能，不一定列真值表。

（2）不是每个电路均可用简练的文字描述其功能，如 $Y=AB+CD$。

2. 组合逻辑电路的设计方法

组合逻辑电路的设计过程如图 4-1-4 所示，与分析过程正好相反。

图 4-1-4　组合逻辑电路的设计步骤

由图 4-1-4 可知,组合逻辑电路的设计步骤如下。

(1) 分析逻辑命题,明确输入量和输出量,并确定其状态变量(逻辑 1 和逻辑 0 含义)。

(2) 根据逻辑命题要求,列出真值表。

(3) 根据真值表写出逻辑函数最小项表达式。

(4) 化简逻辑表达式。

(5) 根据逻辑表达式,画出相应逻辑电路。

【例 4-1-3】 设计一个三人表决电路,结果按"少数服从多数"的原则决定。

解:(1) 分析逻辑命题。设三人为 A、B、C,同意为 1,不同意为 0;表决为 L,有 2 人或 2 人以上同意,表决通过,通过为 1,否决为 0。因此,A、B、C 为输入量,L 为输出量。

(2) 列出真值表,如表 4-1-3 所示。

表 4-1-3 例 4-1-3 真值表

A	B	C	L
0	0	0	0
0	0	1	0
0	1	0	0
0	1	1	1
1	0	0	0
1	0	1	1
1	1	0	1
1	1	1	1

(3) 写出最小项表达式。

$$L = \overline{A}BC + A\overline{B}C + AB\overline{C} + ABC$$

(4) 化简。用卡诺图将其化简,画出卡诺图如图 4-1-5 所示。

由图 4-1-5,写出最简与或表达式:

$$L = AB + BC + AC$$

(5) 画出逻辑图如图 4-1-6 所示。

图 4-1-5 例 4-1-3 卡诺图

图 4-1-6 例 4-1-3 用与门和或门实现逻辑图

在实际电路设计中常用与非门集成电路芯片。为此,用摩根定理进行如下变换:

$$L = AB + BC + AC = \overline{\overline{AB + BC + AC}} = \overline{\overline{AB} \cdot \overline{BC} \cdot \overline{AC}}$$

图 4-1-7　例 4-1-3 用与
非门实现逻辑图

其逻辑图如图 4-1-7 所示。

3. 加法器

半加器和全加器是算术运算电路中的基本单元,它们是完成 1 位二进制数相加的一种组合逻辑电路。

1) 半加器

半加器是指只考虑两个 1 位二进制相加,而不考虑来自低位进位数的运算电路。半加器的设计过程如下。

(1) 分析设计要求,列真值表。设两个输入变量分别为加数 A、被加数 B,输出函数为本位和数 S、进位数 C。根据加法运算规则,可列出真值表如表 4-1-4 所示。

表 4-1-4　半加器真值表

输　　　入		输　　　出	
A	B	S	C
0	0	0	0
0	1	1	0
1	0	1	0
1	1	0	1

(2) 根据真值表写出逻辑表达式。由表 4-1-4 可写出半加器的输出逻辑表达式为

$$S=\overline{A}B+A\overline{B}=A\oplus B$$
$$C=AB$$

(3) 画出逻辑图。由上面的逻辑表达式可以看出,半加器由一个异或门和一个与门组成,如图 4-1-8(a)所示。图 4-1-8(b)为其逻辑符号。方框内的"Σ"为加法器的总限定符号,"CO"为其输出的限定符号。

若想用与非门组成半加器,则将上式变换成与非形式:

$$S=\overline{A}B+A\overline{B}=\overline{A}B+A\overline{B}+A\overline{A}+B\overline{B}$$
$$=A(\overline{A}+\overline{B})+B(\overline{A}+\overline{B})=A\cdot\overline{AB}+B\cdot\overline{AB}$$
$$=\overline{A\cdot\overline{AB}\cdot B\cdot\overline{AB}}$$
$$C=AB=\overline{\overline{AB}}$$

画出用与非门组成的半加器如图 4-1-9 所示。

2) 全加器

全加器是指在进行两个多位二进制数相加时,不仅考虑两个 1 位二进制数相加,而且考虑来自低位的进位数相加的运算电路。全加器的设计过程如下。

(1) 分析设计要求,列真值表。设两组多位数相加时,第 i 位的输入变量分别为加数 A_i、被加数 B_i、来自低位的进位数 C_{i-1}。输出函数为本位和数 S_i、向高位的进位数 C_i。根据加法运算规则,可列出真值表如表 4-1-5 所示。

(a) 逻辑图   (b) 逻辑符号

图 4-1-8 半加器及其逻辑符号

图 4-1-9 与非门组成的半加器

表 4-1-5 全加器真值表

输　入			输　出	
A_i	B_i	C_{i-1}	S_i	C_i
0	0	0	0	0
0	0	1	1	0
0	1	0	1	0
0	1	1	0	1
1	0	0	1	0
1	0	1	0	1
1	1	0	0	1
1	1	1	1	1

（2）根据真值表写出逻辑表达式。由表 4-1-5 可写出全加器的输出逻辑表达式并化简如下：

$$S_i = \overline{A_i} \cdot \overline{B_i} C_{i-1} + \overline{A_i} B_i \overline{C_{i-1}} + A_i \overline{B_i} \cdot \overline{C_{i-1}} + A_i B_i C_{i-1}$$
$$= \overline{(A_i \oplus B_i)} C_{i-1} + (A_i \oplus B_i) \overline{C_{i-1}}$$
$$= A_i \oplus B_i \oplus C_{i-1}$$
$$C_i = \overline{A_i} B_i C_{i-1} + A_i \overline{B_i} C_{i-1} + A_i B_i \overline{C_{i-1}} + A_i B_i C_{i-1}$$
$$= A_i B_i + (A_i \oplus B_i) C_{i-1}$$

（3）画出逻辑图。由上面的逻辑表达式画出全加器逻辑图如图 4-1-10（a）所示，图 4-1-10（b）为其逻辑符号。方框内的"CI"和"CO"为进位输入和进位输出的限定符号。

3）多位加法器

实现多位加法运算的电路，称为全加器。按照进位方式的不同，又分为串行进位加法器和超前进位加法器。

（1）串行进位加法器。串行进位加法器就是将 n 位全加器串联起来，即低位全加器的进位输出端 CO 连接到相邻高位全加器的进位输入端 CI。最低位全加器没有进位信号，其 CI 端接地。显然，任一高位的加法运算必须在低位全加器运算结束后才能进行，因此称为串行进位。如图 4-1-11 所示是一个 4 位二进制串行进位加

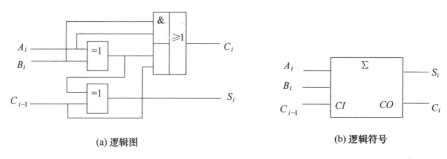

(a) 逻辑图　　　　　　　　　　　　　(b) 逻辑符号

图 4-1-10　全加器及其逻辑符号

法器。

串行进位加法器的运算速度比较慢,为了提高运算速度,可采用超前进位加法器。

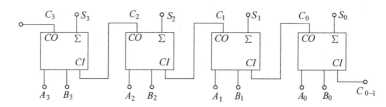

图 4-1-11　4 位二进制串行进位加法器

(2) 超前进位加法器。为了克服串行进位加法器运算速度慢的缺点,常采用超前进位加法器。超前进位加法器是在进行加法运算时,同时各位全加器的进位信号由输入二进制数直接产生,这比逐位进位的串行进位加法器运算速度要快得多。现在的集成加法器大多采用这种方法。

 任务实施

1. 任务要求

在 TEMI 数字逻辑设计能力认证开发板上实现半加/减器电路功能。

原理图设计约束规则:只能采用与、或、非、异或四种基本逻辑门电路。

硬件电路引脚配置规则如下。

输入:A→S3(P16)、B→S4(P17)、F→DIP1(P04)。

输出:C→D4(P25)、R→D2(P21)。

2. CPLD 半加/减器的软硬件实操

(1) 原理图电路设计。半加/减器电路的设计原理是使用一个输入端来控制半加器与半减器的切换功能。半加器是将两个 1 位二进制数相加,而不考虑来自低位的进位;半减器是将两个 1 位二进制数相减,而不考虑来自低位的借位。表 4-1-6 是半加/减器的真值表。其中,F 为控制端;B 为被加/减数;A 为加/减数;R 为和/差;C 为进/借位。

表 4-1-6　半加/减器的真值表

控制端 F	被加/减数 B	加/减数 A	和/差 R	进/借位 C
0	0	0	0	0
0	0	1	1	0
0	1	0	1	0
0	1	1	0	1
1	0	0	0	0
1	0	1	1	1
1	1	0	1	0
1	1	1	0	0

由表 4-1-6,可写出 R、C 的逻辑表达式并化简如下,其中 R 的卡诺图如图 4-1-12 所示。

$$R = \sum(1,2,5,6) = \overline{B}A + A\overline{B} = A \oplus B$$
$$(4-1-1)$$

$$C = \sum(3,5) = \overline{F}BA + F\overline{B}A = A(F \oplus B)$$
$$(4-1-2)$$

根据式(4-1-1)和式(4-1-2),可画出逻辑电路图如图 4-1-13 所示。

图 4-1-12　R 的卡诺图

图 4-1-13　半加/减器的逻辑电路图

(2) 波形仿真。

① 根据半加/减器的真值表设计输入波形,采用功能仿真实施仿真,验证电路设计是否符合要求。若不符合要求,修改设计,直至符合要求为止。

半加/减器的波形仿真图如图 4-1-14 所示。

图 4-1-14　半加/减器的波形仿真图

② 以.jpg 或.bmp 格式保存仿真波形文件。

（3）引脚分配与再编译。

① 根据半加/减器硬件电路引脚配置规则,查询 TEMI 数字逻辑设计能力认证开发板硬件引脚与 CPLD 引脚之间的关系,给半加/减器分配目标 CPLD 引脚。

② 半加/减器的引脚分配完成后,再重新编译。

（4）配置下载电缆。

（5）下载编程文件(.sof)。

（6）硬件测试。按表 4-1-7,在 TEMI 数字逻辑设计能力认证开发板进行测试。

表 4-1-7　半加/减器测试表

输入:S7(SW-DIP8)、PB-SW2、PB-SW1			输出:LED 灯(低电平驱动)	
F(DIP1)	B(S4)	A(S3)	R(D2)	C(D4)
0	0	0		
0	0	1		
0	1	0		
0	1	1		
1	0	0		
1	0	1		
1	1	0		
1	1	1		

（7）检查测试结果。归纳硬件测试结果,判断测试结果是否符合设计要求。若不符合要求,找出问题所在,修改电路设计,重新测试,直至测试符合设计要求。

（8）撰写实操小结。总结实操中的收获与不足,归纳实操中遇到的问题以及解决方法,总结实操中的不良现象与纠正措施。

知识延伸

超前进位加法器 74LS283。

常用的超前进位加法器芯片有 TTL 系列的 74LS283、CMOS 系列的 CC4008 等。图 4-1-15 是 4 位超前进位加法器 CT74LS283 的逻辑功能示意图。图中 $A_3 \sim A_0$ 和 $B_3 \sim B_0$ 为两组二进制数的输入端;CI 为进位输入端;CO 为进位输出端;$S_3 \sim S_0$ 为和数输出端。

加法器除了可以进行二进制数的算术运算外,还可用来实现组合逻辑函数。

【例 4-1-4】　试用 4 位超前进位加法器 CT74LS283 设计一个将 8421 BCD 码变换为余 3 码的代码转换电路。

解:由于余 3 码比 8421 BCD 码多 0011B,故将 8421 BCD 码与 0011B 相加后就可以输出余 3 码。为此,$A_3 \sim A_0$ 输入 8421 BCD 码,$B_3 \sim B_0$ 输入 0011,二者相加后在 $S_3 \sim S_0$

端便可输出余 3 码。电路如图 4-1-16 所示。

图 4-1-15　CT74LS283 的逻辑功能示意图

图 4-1-16　例 4-1-4 代码转换电路

任务拓展

在 TEMI 数字逻辑设计能力认证开发板上用 74LS283 实现 8 位加法运算。

任务 4.2　编码器

任务说明

本任务主要学习二进制和十进制编码器的原理,掌握集成编码器的使用方法。

相关知识

用二进制代码表示数字、符号或某种信息的过程称为编码。能实现编码的电路称为编码器。通常编码器有 m 个输入端,需要编码的信号从此处输入;有 n 个输出端,编码后的二进制信号从此处输出。m 与 n 之间满足 $m \leqslant 2^n$ 的关系。如图 4-2-1 所示为编码器的模型。

按照编码规则不同,有二进制编码器、二-十进制编码器等。

图 4-2-1　编码器框图

1. 二进制编码器

用 n 位二进制代码对 2^n 个信号进行编码的电路就是二进制编码器。现以三位二进制编码器为例说明。

三位二进制编码器有 8 个输入端,3 个输出端,常称为 8-3 线编码器。其真值表如表 4-2-1 所示。

在表 4-2-1 中,$I_0 \sim I_7$ 为 8 个输入端,高电平有效;$Y_2 \sim Y_0$ 为三位二进制代码输出端,从高位到低位的顺序依次为 Y_2、Y_1、Y_0,原码输出。由于编码器在任何时刻都只能对其中一个输入信号进行编码,即不允许有两个或两个以上输入信号同时存在的情况出现,即这种编码器的输入信号是相互排斥的,因此真值表可简化成如表 4-2-2 所示。

表 4-2-1　三位二进制编码器的真值表

输　　入								输　　出		
I_0	I_1	I_2	I_3	I_4	I_5	I_6	I_7	Y_2	Y_1	Y_0
1	0	0	0	0	0	0	0	0	0	0
0	1	0	0	0	0	0	0	0	0	1
0	0	1	0	0	0	0	0	0	1	0
0	0	0	1	0	0	0	0	0	1	1
0	0	0	0	1	0	0	0	1	0	0
0	0	0	0	0	1	0	0	1	0	1
0	0	0	0	0	0	1	0	1	1	0
0	0	0	0	0	0	0	1	1	1	1

表 4-2-2　三位二进制编码器的简化真值表

输　　入	输　　出		
I	Y_2	Y_1	Y_0
I_0	0	0	0
I_1	0	0	1
I_2	0	1	0
I_3	0	1	1
I_4	1	0	0
I_5	1	0	1
I_6	1	1	0
I_7	1	1	1

由表 4-2-2,可写出各输出的逻辑表达式为

$$Y_2 = I_4 + I_5 + I_6 + I_7 = \overline{\overline{I_4 + I_5 + I_6 + I_7}} = \overline{\overline{I_4}\ \overline{I_5}\ \overline{I_6}\ \overline{I_7}}$$
$$Y_1 = I_2 + I_3 + I_6 + I_7 = \overline{\overline{I_2}\ \overline{I_3}\ \overline{I_6}\ \overline{I_7}}$$
$$Y_0 = I_1 + I_3 + I_5 + I_7 = \overline{\overline{I_1}\ \overline{I_3}\ \overline{I_5}\ \overline{I_7}}$$

用门电路实现逻辑电路,如图 4-2-2 所示。图中, I_0 的输入是隐含着的,即当 $I_1 \sim I_7$ 均为无效时,编码器的输出就是 I_0 的编码。

图4-2-2　二进制编码器电路

2. 二-十进制编码器

将十进制 10 个数码 0~9 编成二进制代码的逻辑电路称为是二-十进制编码器,其工作原理与二进制编码器并无本质区别。现以最常用的 8421 BCD 码为例说明。

因为 8421 BCD 码编码器输入端有 10 个数码,要求有 10 个状态,而 3 位二进制代码只有 8 个状态,所

以需要用 4 位($2^n > 10$，取 $n = 4$)二进制代码。设输入的 10 个数码分别用 I_0、I_1、…、I_9 表示，高电平有效；输出的二进制代码分别用 Y_3、Y_2、Y_1、Y_0 表示，采用 8421 BCD 码原码输出，则其真值表如表 4-2-3 所示。

表 4-2-3 8421 BCD 码编码器的真值表

输 入										输 出			
I_0	I_1	I_2	I_3	I_4	I_5	I_6	I_7	I_8	I_9	Y_3	Y_2	Y_1	Y_0
1	0	0	0	0	0	0	0	0	0	0	0	0	0
0	1	0	0	0	0	0	0	0	0	0	0	0	1
0	0	1	0	0	0	0	0	0	0	0	0	1	0
0	0	0	1	0	0	0	0	0	0	0	0	1	1
0	0	0	0	1	0	0	0	0	0	0	1	0	0
0	0	0	0	0	1	0	0	0	0	0	1	0	1
0	0	0	0	0	0	1	0	0	0	0	1	1	0
0	0	0	0	0	0	0	1	0	0	0	1	1	1
0	0	0	0	0	0	0	0	1	0	1	0	0	0
0	0	0	0	0	0	0	0	0	1	1	0	0	1

由真值表写出输出函数的逻辑表达式为

$$Y_3 = I_8 + I_9 = \overline{\overline{I_8}\ \overline{I_9}}$$

$$Y_2 = I_4 + I_5 + I_6 + I_7 = \overline{\overline{I_4}\ \overline{I_5}\ \overline{I_6}\ \overline{I_7}}$$

$$Y_1 = I_2 + I_3 + I_6 + I_7 = \overline{\overline{I_2}\ \overline{I_3}\ \overline{I_6}\ \overline{I_7}}$$

$$Y_0 = I_1 + I_3 + I_5 + I_7 + I_9 = \overline{\overline{I_1}\ \overline{I_3}\ \overline{I_5}\ \overline{I_7}\ \overline{I_9}}$$

逻辑图如图 4-2-3 所示，其中 I_0 的输入是隐含的，即当 $I_1 \sim I_9$ 均为无效时，编码器的输出就是 I_0 的编码。

 任务实施

1. 任务要求

在 TEMI 数字逻辑设计能力认证开发板上实现 4-2 线优先编码器电路功能。

原理图设计约束规则：只能采用与、或、非、异或四种基本逻辑门电路。

硬件电路引脚配置规则如下。

输入：$I_3 \rightarrow$ DIP4(P08)、$I_2 \rightarrow$ DIP3(P06)、$I_1 \rightarrow$ DIP2(P05)、$I_0 \rightarrow$ DIP1(P04)

输出：$Z \rightarrow$ D4(P25)、$Y_1 \rightarrow$ D3(P24)、$Y_0 \rightarrow$ D2(P21)

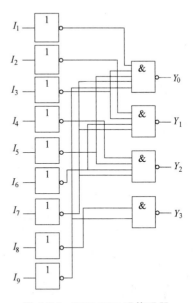

图 4-2-3 8421 BCD 码编码器

2. CPLD 4-2 线优先编码器的软硬件实操

（1）原理图电路设计。4-2 线优先编码器的真值表如表 4-2-4 所示。其中 $I_3 \sim I_0$ 为 4 个编码输入端，高电平有效；Y_1、Y_0 为 2 位二进制编码输出端，高电平有效，即采用原码形式输出；Z 为扩展输出端，当 $Z=0$ 时，表示输入皆为 0，当 $Z=1$ 时，执行优先编码器的功能。

表 4-2-4　4-2 线优先编码器的真值表

输　　入				输　　出		
I_3	I_2	I_1	I_0	Z	Y_1	Y_0
$\times$	$\times$	$\times$	1	1	0	0
$\times$	$\times$	1	0	1	0	1
$\times$	1	0	0	1	1	0
1	0	0	0	1	1	1
0	0	0	0	0	1	1

由表 4-2-4，可写出 Z、Y_1、Y_0 的逻辑表达式并化简如下，其中 Y_1、Y_0 的卡诺图分别如图 4-2-4、图 4-2-5 所示。

$$Z = \overline{0} = \overline{\overline{I_3} \ \overline{I_2} \ \overline{I_1} \ \overline{I_0}} = I_3 + I_2 + I_1 + I_0 \tag{4-2-1}$$

$$Y_1 = \sum(0,4,8,12) = \overline{I_1} \ \overline{I_0} \tag{4-2-2}$$

$$Y_0 = \sum(0,2,6,8,10,14) = I_1 \ \overline{I_0} + \overline{I_2} \ \overline{I_0} \tag{4-2-3}$$

图 4-2-4　Y_1 的卡诺图

图 4-2-5　Y_0 的卡诺图

根据式（4-2-1）、式（4-2-2）及式（4-2-3），可画出逻辑电路图如图 4-2-6 所示。

（2）波形仿真。

① 根据表 4-2-5 所示的真值表，完成 4-2 线优先编码器的设计输入波形，采用功能仿真实施仿真，验证电路设计是否符合要求。若不符合要求，修改设计，直至符合要求为止。

4-2 线优先编码器的波形仿真图如图 4-2-7 所示。

② 以 .jpg 或 .bmp 格式保存仿真波形文件。

（3）引脚分配与再编译。

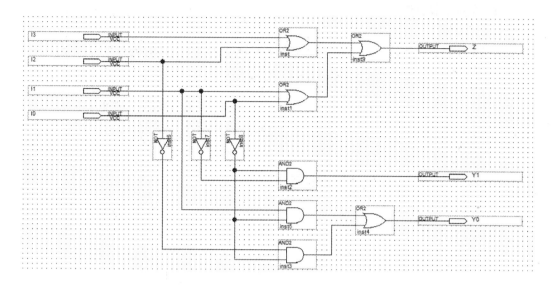

图 4-2-6 4-2 线优先编码器的逻辑电路图

表 4-2-5 模拟 4-2 线优先编码器真值表

输 入				输 出		
I_3	I_2	I_1	I_0	Z	Y_1	Y_0
1	1	1	1	1	0	0
1	1	1	0	1	0	1
1	1	0	0	1	1	0
1	0	0	0	1	1	1
0	0	0	0	0	1	1

图 4-2-7 4-2 线优先编码器的波形仿真图

① 根据 4-2 线优先编码器硬件电路引脚配置规则,查询 TEMI 数字逻辑设计能力认证开发板硬件引脚与 CPLD 引脚之间的关系,给 4-2 线优先编码器分配目标 CPLD 引脚。

② 4-2 线优先编码器的引脚分配完成后,重新编译。

（4）配置下载电缆。

（5）下载编程文件（.sof）。

（6）硬件测试。按表 4-2-6，在 TEMI 数字逻辑设计能力认证开发板进行测试。

表 4-2-6　4-2 线优先编码器测试表

输入：S7(SW-DIP8)				输出：LED 灯（低电平驱动）		
I_3(DIP4)	I_2(DIP3)	I_1(DIP2)	I_{01}(DIP1)	Z(D4)	Y_1(D3)	Y_0(D2)
1	1	1	1			
1	1	1	0			
1	1	0	0			
1	0	0	0			
0	0	0	0			

（7）检查测试结果。归纳硬件测试结果，判断测试结果是否符合设计要求。若不符合要求，找出问题所在，修改电路设计，重新测试，直至符合设计要求。

（8）撰写实操小结。总结实操中的收获与不足，归纳实操中遇到的问题以及解决方法，总结实操中的不良现象与纠正措施。

 知识延伸

1. 集成 8-3 线优先编码器

优先编码器克服了二进制编码器输入信号时相互排斥的问题，它允许同时输入两个或两个以上信号，而只对其中优先级别最高的输入信号进行编码。常用的集成优先编码器有 74LS148 等。

图 4-2-8　74LS148 引脚图

图 4-2-8 所示是 3 位二进制优先编码器 74LS148 的引脚图。由于它有 8 个编码器信号输入端 $\overline{I_7} \sim \overline{I_0}$，3 位二进制代码输出端 $\overline{Y_2} \sim \overline{Y_0}$，因此又把它称为 8-3 线优先编码器。表 4-2-7 是 74LS148 优先编码器的功能表。

根据表 4-2-7，对 74LS148 的逻辑功能说明如下。

（1）$\overline{I_7} \sim \overline{I_0}$：8 个编码输入端，低电平有效。$\overline{I_7}$ 优先级别最高，依次降低，$\overline{I_0}$ 优先级别最低。

（2）$\overline{Y_2} \sim \overline{Y_0}$：3 位二进制编码输出端，低电平有效，即采用反码形式输出。

（3）$\overline{EI}$：选通输入端，低电平有效。

表 4-2-7　74LS148 优先编码器的功能表

输　入									输　出				
$\overline{EI}$	$\overline{I_7}$	$\overline{I_6}$	$\overline{I_5}$	$\overline{I_4}$	$\overline{I_3}$	$\overline{I_2}$	$\overline{I_1}$	$\overline{I_0}$	$\overline{Y_2}$	$\overline{Y_1}$	$\overline{Y_0}$	EO	$\overline{GS}$
1	×	×	×	×	×	×	×	×	1	1	1	1	1
0	1	1	1	1	1	1	1	1	1	1	1	0	1
0	0	×	×	×	×	×	×	×	0	0	0	1	0
0	1	0	×	×	×	×	×	×	0	0	1	1	0
0	1	1	0	×	×	×	×	×	0	1	0	1	0
0	1	1	1	0	×	×	×	×	0	1	1	1	0
0	1	1	1	1	0	×	×	×	1	0	0	1	0
0	1	1	1	1	1	0	×	×	1	0	1	1	0
0	1	1	1	1	1	1	0	×	1	1	0	1	0
0	1	1	1	1	1	1	1	0	1	1	1	1	0

当 $\overline{EI}=1$ 时,禁止编码器工作。此时不管编码输入端有无请求,输出端 $\overline{Y_2}\,\overline{Y_1}\,\overline{Y_0}=$ 111、$EO=1$、$\overline{GS}=1$。

当 $\overline{EI}=0$ 时,允许编码器工作。当输入端无编码请求时,输出端 $\overline{Y_2}\,\overline{Y_1}\,\overline{Y_0}=111$、$EO=0$、$\overline{GS}=1$;当输入端有编码请求时,编码器按照优先级别为优先权高的输入信号进行编码,此时,$EO=1$、$\overline{GS}=0$。

(4) $\overline{GS}$ 为选通输出端,EO 为扩展输出端。应用 $\overline{GS}$ 和 EO 端,可以实现编码器的功能扩展。

图 4-2-9 所示为两片 74LS148 扩展成一个 16-4 线优先编码器的逻辑图。它有 16 个输入端,4 个输出端。由图可知,高位芯片选通输入端 $\overline{EI}=0$,允许高位芯片编码。当输入 $\overline{X_{15}}\sim\overline{X_8}$ 中有任意一个有效时,则高位 $EO=1$,低位芯片 $\overline{EI}=1$,禁止低位芯片编码;当 $\overline{X_{15}}\sim\overline{X_8}$ 都为高电平时,即均无编码请求,则高位 $EO=0$,低位芯片 $\overline{EI}=0$,允许低位芯片对输入 $\overline{X_7}\sim\overline{X_0}$ 编码。显然高位芯片的编码优先级别高于低位芯片。

图 4-2-9　16-4 线优先编码器

当高位芯片编码输出时,$\overline{GS}=0$,正好利用它作为 4 位二进制编码输出的最高位。

图 4-2-10　8421 BCD 码优
先编码器 74LS147 引脚图

2. 集成 10-4 线优先编码器

TTL 中规模集成电路 74LS147 是 8421 BCD 码优先编码器,其引脚图如图 4-2-10 所示。表 4-2-8 是 74LS147 的功能表。

根据表 4-2-8,对 74LS147 的逻辑功能说明如下。

(1) $\overline{I_9} \sim \overline{I_1}$:编码输入端,低电平有效。$\overline{I_9}$ 优先级别最高,$\overline{I_1}$ 优先级别最低。

(2) $\overline{Y_3} \sim \overline{Y_0}$:编码输出端,低电平有效,采用反码形式输出。

(3) 没有 $\overline{I_0}$:是因为当 $\overline{I_9} \sim \overline{I_1}$ 都为高电平时,输出 $\overline{Y_3}\,\overline{Y_2}\,\overline{Y_1}\,\overline{Y_0}=1111$,其原码为 0000,相当于输入 $\overline{I_0}$。因此,在 74LS147 的引脚图及功能表中都没有输入端 $\overline{I_0}$。

表 4-2-8　8421 BCD 码优先编码器 74LS147 功能表

输　　入									输　　出			
$\overline{I_9}$	$\overline{I_8}$	$\overline{I_7}$	$\overline{I_6}$	$\overline{I_5}$	$\overline{I_4}$	$\overline{I_3}$	$\overline{I_2}$	$\overline{I_1}$	$\overline{Y_3}$	$\overline{Y_2}$	$\overline{Y_1}$	$\overline{Y_0}$
1	1	1	1	1	1	1	1	1	1	1	1	1
0	×	×	×	×	×	×	×	×	0	1	1	0
1	0	×	×	×	×	×	×	×	0	1	1	1
1	1	0	×	×	×	×	×	×	1	0	0	0
1	1	1	0	×	×	×	×	×	1	0	0	1
1	1	1	1	0	×	×	×	×	1	0	1	0
1	1	1	1	1	0	×	×	×	1	0	1	1
1	1	1	1	1	1	0	×	×	1	1	0	0
1	1	1	1	1	1	1	0	×	1	1	0	1
1	1	1	1	1	1	1	1	0	1	1	1	0

任务拓展

在 TEMI 数字逻辑设计能力认证开发板上用 74LS148 实现 8-3 线优先编码器电路功能。

任务 4.3　译码器

任务说明

本任务主要学习二进制译码器、十进制译码器和显示译码器的原理,掌握各种译码器的使用方法。

相关知识

译码是编码的逆过程，它的功能是将具有特定含义的二进制码进行辨析，并转换成控制信号。具有译码功能的逻辑电路称为译码器，如图 4-3-1 所示。按照功能不同，有二进制译码器、二-十进制译码器、显示译码器等。

图 4-3-1 译码器框图

1. 二进制译码器

以图 4-3-2 所示二进制译码器为例介绍译码器的工作原理。图中输入的二进制代码为 A_1、A_0，输出的 4 个译码信号为 $\overline{Y_0}$、$\overline{Y_1}$、$\overline{Y_2}$、$\overline{Y_3}$。

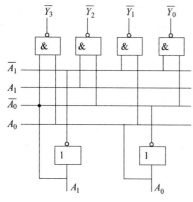

图 4-3-2 二进制译码器逻辑图

由图 4-3-2 可以看出，译码器输出为与非门，因此它的逻辑表达式为

$$\begin{cases} \overline{Y_0} = \overline{\overline{A_1}\,\overline{A_0}}, & \overline{Y_1} = \overline{\overline{A_1}\,A_0} \\ \overline{Y_2} = \overline{A_1\,\overline{A_0}}, & \overline{Y_3} = \overline{A_1\,A_0} \end{cases} \quad (4\text{-}3\text{-}1)$$

由式(4-3-1)可列出真值表如表 4-3-1 所示。由表可以看出，图 4-3-2 所示译码器在任一时刻 $A_1 A_0$ 输入一组代码，只有一个输出端输出低电平 0 的译码信号，其余所有输出端都为高电平 1。可见，译码器的译码输出具有唯一性。由于该译码器有 2 位二进制代码输入端，4 个译码输出端，故为 2-4 线译码器。

表 4-3-1 2-4 线译码器的真值表

输	入	输		出	
A_1	A_0	$\overline{Y_0}$	$\overline{Y_1}$	$\overline{Y_2}$	$\overline{Y_3}$
0	0	0	1	1	1
0	1	1	0	1	1
1	0	1	1	0	1
1	1	1	1	1	0

由式(4-3-1)可以看出，译码器输出 $\overline{Y_0}$、$\overline{Y_1}$、$\overline{Y_2}$、$\overline{Y_3}$ 分别为输入代码 A_1、A_0 全部最小项的非，即为与非表达式。因此，当译码器有 n 位二进制代码输入时，可输出 2^n 个最小项的与非表达式。根据二进制译码器的这个特点，可以设计其他组合逻辑电路。

2. 二-十进制译码器

将 4 位二-十进制代码翻译成 1 位十进制数字的电路就是二-十进制译码器，又称为 BCD-十进制译码器。二-十进制译码器的真值表如表 4-3-2 所示。二-十进制译码器的输入是十进制数的 4 位二进制编码（BCD 码），分别用 A_3、A_2、A_1、A_0 表示；输出是与 10 个

表 4-3-2　二-十进制译码器的真值表

A_3	A_2	A_1	A_0	Y_9	Y_8	Y_7	Y_6	Y_5	Y_4	Y_3	Y_2	Y_1	Y_0
0	0	0	0	0	0	0	0	0	0	0	0	0	1
0	0	0	1	0	0	0	0	0	0	0	0	1	0
0	0	1	0	0	0	0	0	0	0	0	1	0	0
0	0	1	1	0	0	0	0	0	0	1	0	0	0
0	1	0	0	0	0	0	0	0	1	0	0	0	0
0	1	0	1	0	0	0	0	1	0	0	0	0	0
0	1	1	0	0	0	0	1	0	0	0	0	0	0
0	1	1	1	0	0	1	0	0	0	0	0	0	0
1	0	0	0	0	1	0	0	0	0	0	0	0	0
1	0	0	1	1	0	0	0	0	0	0	0	0	0

十进制数字相对应的 10 个信号,用 $Y_9 \sim Y_0$ 表示,输出高电平有效。由于二-十进制译码器有 4 根输入线,10 根输出线,所以又称 4-10 线译码器。

由表 4-3-2,可写出二-十进制译码器的逻辑函数为

$$
\begin{cases}
Y_0 = \overline{A_3}\,\overline{A_2}\,\overline{A_1}\,\overline{A_0}, & Y_1 = \overline{A_3}\,\overline{A_2}\,\overline{A_1}\,A_0 \\
Y_2 = \overline{A_3}\,\overline{A_2}\,A_1\,\overline{A_0}, & Y_3 = \overline{A_3}\,\overline{A_2}\,A_1\,A_0 \\
Y_4 = \overline{A_3}\,A_2\,\overline{A_1}\,\overline{A_0}, & Y_5 = \overline{A_3}\,A_2\,\overline{A_1}\,A_0 \\
Y_6 = \overline{A_3}\,A_2\,A_1\,\overline{A_0}, & Y_7 = \overline{A_3}\,A_2\,A_1\,A_0 \\
Y_8 = A_3\,\overline{A_2}\,\overline{A_1}\,\overline{A_0}, & Y_9 = A_3\,\overline{A_2}\,\overline{A_1}\,A_0
\end{cases}
\tag{4-3-2}
$$

由式(4-3-2)可画出二-十进制译码器的逻辑电路图,如图 4-3-3 所示。

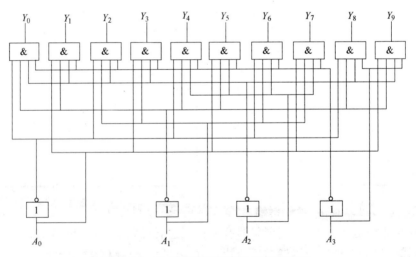

图 4-3-3　二-十进制译码器的逻辑电路图

3. 显示译码器

在数字系统中,经常需要将数字、字符、符号等直观地显示出来,以便人们观测、查看。能够显示数字、字符或符号的器件称为显示器。需要显示的数字、字符或符号等先要以一

定的二进制代码的形式表示出来,所以在送到显示器之前要先经过显示译码器的译码,即将这些二进制代码转化成显示器所需的驱动信号。

1) 七段显示器

常见的七段显示器有半导体数字显示器(LED)和液晶显示器(LCD)等。显示的字形由显示译码器的驱动电路使相应字段发光完成。

(1) 七段半导体数字显示器。

图 4-3-4(a)所示是由发光二极管组成的七段数字显示器的外形,七段 a、b、c、d、e、f、g,小数点 DP 各对应一个发光二极管,利用不同发光段的组合,显示不同的阿拉伯数字,如图 4-3-4(b)所示。

(a) 七段半导体数字显示器　　　　　　(b) 显示的数字图形

图 4-3-4　七段半导体数字显示器及显示的数字

按照内部二极管连接方式不同,七段半导体数字显示器分为共阳极和共阴极两种,如图 4-3-5 所示。七段译码器输出为低电平有效时,需采用共阳极的数码显示器;译码器输出为高电平有效时,需采用共阴极的数码显示器。

半导体数字显示器的优点是工作电压低、体积小、寿命长、工作可靠性高、响应速度快、亮度高;主要缺点是工作电流大,每个字段的工作电流约为 10mA。

(2) 液晶显示器。

液晶是液态晶体的简称,它是既具液体

(a) 共阳极接法　　(b) 共阴极接法

图 4-3-5　七段半导体数字显示器的内部接法

的流动性,又具光学特性的有机化合物,其透明度和颜色受外加电场的控制。利用这一特点,可做成电场控制的七段液晶数码显示器。液晶显示原理:无外加电场作用时,液晶分子排列整齐,入射的光线绝大部分被反射回来,液晶呈透明状态,不显示数字;当在相应字段的电极上加电压时,液晶中的导电正离子作定向运动,在运动过程中不断撞击液晶分子,破坏了液晶分子的整齐排列,液晶对入射光产生散射而变成了暗灰色,于是显示出相应的数字;当外加电压断开后,液晶分子又将恢复到整齐排列状态,字形随之消失。

液晶显示器的主要优点是功耗极小、工作电压低;缺点是显示不够清晰、响应速度慢。

2）七段显示译码器

对于不同性质的数码管,七段显示译码器也有两种:一种是输出为高电平有效,驱动共阴极数码管,如 74LS48 等;另一种是输出为低电平有效,驱动共阳极数码管,如 74LS47 等。下面以 74LS47 为例介绍七段显示译码器的工作原理。

图 4-3-6 是 74LS47 的引脚图及逻辑功能示意图,表 4-3-3 是其逻辑功能表。

(a) 引脚图 (b) 逻辑功能示意图

图 4-3-6 74LS47 的引脚图及逻辑功能示意图

表 4-3-3 74LS47 的逻辑功能表

十进制数	输 入						$\overline{BI}/\overline{RBO}$	输 出						
	$\overline{LT}$	$\overline{RBI}$	D	C	B	A		a	b	c	d	e	f	g
0	1	1	0	0	0	0	1	0	0	0	0	0	0	1
1	1	×	0	0	0	1	1	1	0	0	1	1	1	1
2	1	×	0	0	1	0	1	0	0	1	0	0	1	0
3	1	×	0	0	1	1	1	0	0	0	0	1	1	0
4	1	×	0	1	0	0	1	1	0	0	1	1	0	0
5	1	×	0	1	0	1	1	0	1	0	0	1	0	0
6	1	×	0	1	1	0	1	1	1	0	0	0	0	0
7	1	×	0	1	1	1	1	0	0	0	1	1	1	1
8	1	×	1	0	0	0	1	0	0	0	0	0	0	0
9	1	×	1	0	0	1	1	0	0	0	0	1	0	0
灭灯	×	×	×	×	×	×	0	1	1	1	1	1	1	1
灭零	1	0	0	0	0	0	0	1	1	1	1	1	1	1
试灯	0	×	×	×	×	×	1	0	0	0	0	0	0	0

在图 4-3-6 及表 4-3-3 中,D、C、B、A 为 BCD 码输入端,$a \sim g$ 为译码输出端。另外还有 3 个控制端:试灯输入端 $\overline{LT}$、灭零输入端 $\overline{RBI}$、特殊控制端 $\overline{BI}/\overline{RBO}$。其功能如下。

（1）正常译码显示:$\overline{LT}=1$,$\overline{BI}/\overline{RBO}=1$ 时,对输入的十进制数 $0\sim9$ 的 BCD 码进行译码,产生对应的七段显示码。

（2）试灯：当 $\overline{LT}=0$ 时，$a\sim g$ 输出均为 0，显示器七段都亮，用于测试每段工作是否正常。

（3）灭零：当 $\overline{LT}=1$、$\overline{RBI}=0$，而输入端 $D\sim A$ 输入为 0 的 BCD 码时，则显示器全灭，译码器将不希望显示的零熄灭。若不需要灭零，$\overline{RBI}=1$。

（4）特殊控制端 $\overline{BI}/\overline{RBO}$。$\overline{BI}/\overline{RBO}$ 可以作为输入端，也可以作为输出端。当作输入端使用时，如果 $\overline{BI}=0$，不管其他输入端为何值，$a\sim g$ 均输出为 1，显示器全灭，因此 $\overline{BI}$ 称为灭灯输入端。当作输出端使用时，受控于 $\overline{RBI}$，当 $\overline{RBI}=0$，输入为 0 的 BCD 码时，$\overline{RBO}=0$，用于指示该片正处于灭零状态，所以 $\overline{RBO}$ 又称为灭零输出端。

将 $\overline{BI}/\overline{RBO}$ 和 $\overline{RBI}$ 配合使用，可以实现多位数显示时的"无效 0 消隐"功能。

【例 4-3-1】　一个 4 位数字显示器，要将显示的 0027 的高位两个 0 熄灭，而显示成 27，试设计该电路。

解：电路连接方法如图 4-3-7 所示。由图可见，电路用了 4 块 74LS47 进行数码驱动，将第 1 块的 $\overline{RBI}$ 接地，即 $\overline{RBI}=0$，又因这块输入的 BCD 码为 0000，所以本位的十进制数字 0 不显示，并且本位的 $\overline{RBO}=0$，将其连接到第 2 块的 $\overline{RBI}$ 端，又因第二块输入的 BCD 码也是 0000，所以第二块的十进制数 0 也不显示。对于第三块 74LS47，虽然 $\overline{RBI}=0$，但输入的 BCD 码并非 0000，所以这块的十进制数字 2 能正常显示，并且本位的 $\overline{RBO}=1$，同时也就意味着后面的十进制数字（包括 0）都能正常显示，所以第四块 74LS47 的十进制数字 7 能显示出来。

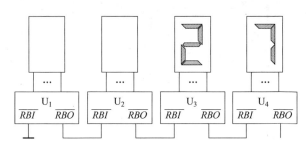

图 4-3-7　例 4-3-1 电路图

🎨 任务实施

1. 任务要求

在 TEMI 数字逻辑设计能力认证开发板上实现具有控制功能的 2-4 线译码器电路功能。

原理图设计约束规则：只能采用与、或、非、异或四种基本逻辑门电路。

硬件电路引脚配置规则如下。

输入：$E\rightarrow$DIP1(P04)、$B\rightarrow$S4(P17)、$A\rightarrow$S3(P16)。

输出：$Y_3\rightarrow$D5(P26)、$Y_2\rightarrow$D4(P25)、$Y_1\rightarrow$D3(P24)、$Y_0\rightarrow$D2(P21)。

2. CPLD 具有控制功能的 2-4 线译码器的软硬件实操

（1）原理图电路设计。具有控制功能的 2-4 线译码器的真值表如表 4-3-4 所示。它有 2 个输入端 A、B，4 个输出端 $Y_3\sim Y_0$，输出低电平有效；E 为使能端，高电平有效。

表 4-3-4　具有控制功能的 2-4 线译码器的真值表

输	入		输	出		
E	B	A	Y_3	Y_2	Y_1	Y_0
0	×	×	1	1	1	1
1	0	0	1	1	1	0
1	0	1	1	1	0	1
1	1	0	1	0	1	1
1	1	1	0	1	1	1

由表 4-3-4，可直接写出 Y_3、Y_2、Y_1、Y_0 的逻辑表达式如下：

$$Y_0 = \overline{E\,\overline{B}\,\overline{A}}, \quad Y_1 = \overline{E\,\overline{B}A}, \quad Y_2 = \overline{E\,B\,\overline{A}}, \quad Y_3 = \overline{E\,B\,A} \tag{4-3-3}$$

根据式(4-3-3)，可画出逻辑电路图如图 4-3-8 所示。

图 4-3-8　具有控制功能的 2-4 线译码器的逻辑电路图

（2）波形仿真。

① 根据具有控制功能的 2-4 线译码器的真值表设计输入波形，采用功能仿真实施仿真，验证电路设计是否符合要求。若不符合要求，修改设计，直至符合要求为止。

具有控制功能的 2-4 线译码器的波形仿真图如图 4-3-9 所示。

② 以 .jpg 或 .bmp 格式保存仿真波形文件。

（3）引脚分配与再编译。

① 根据具有控制功能的 2-4 线译码器硬件电路引脚配置规则，查询 TEMI 数字逻辑设计能力认证开发板硬件引脚与 CPLD 引脚之间的关系，给具有控制功能的 2-4 线译码器分配目标 CPLD 引脚。

② 具有控制功能的 2-4 线译码器的引脚分配完成后，重新编译。

图 4-3-9 具有控制功能的 2-4 线译码器的波形仿真图

（4）配置下载电缆。

（5）下载编程文件（.sof）。

（6）硬件测试。按表 4-3-5，在 TEMI 数字逻辑设计能力认证开发板进行测试。

表 4-3-5 具有控制功能的 2-4 线译码器测试表

输入：S7(SW-DIP8)、PBSW2、PBSW1			输出：LED 灯（低电平驱动）			
E(DIP1)	B(S4)	A(S3)	Y_3(D5)	Y_2(D4)	Y_1(D3)	Y_0(D2)
0	×	×				
1	0	0				
1	0	1				
1	1	0				
1	1	1				

（7）检查测试结果。归纳硬件测试结果，判断测试结果是否符合设计要求。若不符合要求，找出问题所在，修改电路设计，重新测试，直至符合设计要求。

（8）撰写实操小结。总结实操中的收获与不足，归纳实操中遇到的问题以及解决方法，总结实操中的不良现象与纠正措施。

知识延伸

1. 集成 3-8 线二进制译码器

74LS138 是典型的集成 3-8 线二进制译码器，图 4-3-10 所示为其引脚图及逻辑功能示意图，图 4-3-11 是 74LS138 的逻辑图。它有 3 个输入端 A_2、A_1、A_0，8 个输出端 $\overline{Y_0}$ ～ $\overline{Y_7}$，所以常称为 3-8 线译码器，属于全译码，输出低电平有效。S_1、$\overline{S_2}$、$\overline{S_3}$ 为使能端，S_1 高电平有效，$\overline{S_2}$、$\overline{S_3}$ 低电平有效。

由图 4-3-11 可知，$EN = S_1 \cdot \overline{\overline{S_2}} \cdot \overline{\overline{S_3}} = S_1 \cdot \overline{\overline{S_2} + \overline{S_3}}$。由此可得 74LS138 的功能表如表 4-3-6 所示。

(a) 引脚图　　　　　　　　　　　(b) 逻辑功能示意图

图 4-3-10　74LS138 的引脚图及逻辑功能示意图

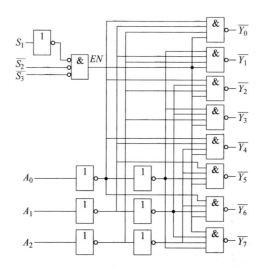

图 4-3-11　74LS138 的逻辑图

表 4-3-6　74LS138 的功能表

使能端		选择输入端			输　　出　　端							
S_1	$\overline{S_2}+\overline{S_3}$	A_2	A_1	A_0	$\overline{Y_0}$	$\overline{Y_1}$	$\overline{Y_2}$	$\overline{Y_3}$	$\overline{Y_4}$	$\overline{Y_5}$	$\overline{Y_6}$	$\overline{Y_7}$
$\times$	1	$\times$	$\times$	$\times$	1	1	1	1	1	1	1	1
0	$\times$	$\times$	$\times$	$\times$	1	1	1	1	1	1	1	1
1	0	0	0	0	0	1	1	1	1	1	1	1
1	0	0	0	1	1	0	1	1	1	1	1	1
1	0	0	1	0	1	1	0	1	1	1	1	1
1	0	0	1	1	1	1	1	0	1	1	1	1
1	0	1	0	0	1	1	1	1	0	1	1	1
1	0	1	0	1	1	1	1	1	1	0	1	1
1	0	1	1	0	1	1	1	1	1	1	0	1
1	0	1	1	1	1	1	1	1	1	1	1	0

由表 4-3-6,分析 74LS138 的功能如下。

(1) 当 $S_1=0$,或 $\overline{S_2}+\overline{S_3}=1$ 时,$EN=0$,译码器不工作,输出 $\overline{Y_0}\sim\overline{Y_7}$ 都为高电平 1。

(2) 当 $S_1=1$,且 $\overline{S_2}+\overline{S_3}=0$ 时,$EN=1$,译码器工作,输出低电平有效。这时,译码器输出 $\overline{Y_0}\sim\overline{Y_7}$ 由输入二进制代码决定。由表 4-3-6 可写出 74LS138 的输出逻辑函数为

$$
\begin{cases}
\overline{Y_0}=\overline{\overline{A_2}\,\overline{A_1}\,\overline{A_0}}=\overline{m_0}, & \overline{Y_1}=\overline{\overline{A_2}\,\overline{A_1}\,A_0}=\overline{m_1}\\
\overline{Y_2}=\overline{\overline{A_2}\,A_1\,\overline{A_0}}=\overline{m_2}, & \overline{Y_3}=\overline{\overline{A_2}\,A_1\,A_0}=\overline{m_3}\\
\overline{Y_4}=\overline{A_2\,\overline{A_1}\,\overline{A_0}}=\overline{m_4}, & \overline{Y_5}=\overline{A_2\,\overline{A_1}\,A_0}=\overline{m_5}\\
\overline{Y_6}=\overline{A_2\,A_1\,\overline{A_0}}=\overline{m_6}, & \overline{Y_7}=\overline{A_2\,A_1\,A_0}=\overline{m_7}
\end{cases}
\tag{4-3-4}
$$

由式(4-3-4)可以看出,74LS138 的输出包含了三个输入变量 A_2、A_1、A_0。此结论可以推广至其他二进制译码器。

2. 二进制译码器的应用

1) 二进制译码器的扩展

图 4-3-12 所示是两片 74LS138 组成的 4-16 线译码器的逻辑图。74LS138(1) 为低位片,74LS138(2) 为高位片。将低位片的 S_1 接高电平 1,高位片的 S_1 和低位片的 $\overline{S_2}$ 相连作 A_3,同时将低位片的 $\overline{S_3}$ 和高位片的 $\overline{S_2}$、$\overline{S_3}$ 相连作使能端 EN,便组成了 4-16 线译码器。其工作情况如下。

(1) 当 $EN=1$ 时,两个译码器都不工作,输出 $\overline{Y_0}\sim\overline{Y_{15}}$ 都为高电平 1。

(2) 当 $EN=0$ 时,译码器工作。

① 当 $A_3=0$ 时,低位片 74LS138(1) 工作,这时,输出 $\overline{Y_0}\sim\overline{Y_7}$ 由输入二进制代码 $A_2A_1A_0$ 决定。由于高位片 74LS138(2) 的 $S_1=A_3=0$ 而不能工作,输出 $\overline{Y_8}\sim\overline{Y_{15}}$ 都为高电平 1。

② 当 $A_3=1$ 时,低位片 74LS138(1) 的 $\overline{S_2}=A_3=1$ 不能工作,输出 $\overline{Y_0}\sim\overline{Y_7}$ 都为高电平 1。高位片 74LS138(2) 的 $S_1=A_3=1$,$\overline{S_3}=\overline{S_2}=0$,处于工作状态,$\overline{Y_8}\sim\overline{Y_{15}}$ 由输入二进制代码 $A_2A_1A_0$ 决定。

2) 用译码器实现组合逻辑函数

由于译码器的每个输出端分别与一个最小项对应,因此辅以适当的门电路,便可实现任何组合逻辑函数。例如,一个 3-8 线译码器能产生 3 个变量函数的全部最小项,能够方便地实现 3 个变量的逻辑函数。

【例 4-3-2】 用全译码器实现逻辑函数 $F=\overline{A}\,\overline{B}C+AB\overline{C}+C$。

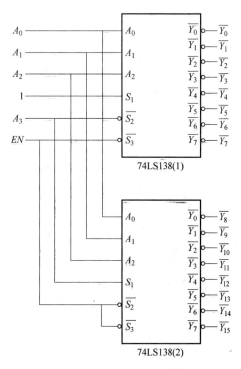

图 4-3-12 两片 74LS138 扩展为 4-16 线译码器

解:(1) 根据逻辑函数选用译码器。由于逻辑函数 F 中有 A、B、C 三个变量,故应选用 3-8 线译码器 74LS138,其输出为低电平有效。

(2) 写出 F 的标准与或表达式并变换为与非表达式。

$$F = \overline{A}\,\overline{B}C + AB\overline{C} + C = \overline{A}\,\overline{B}C + \overline{A}BC + A\overline{B}C + AB\overline{C} + ABC$$

$$= m_1 + m_3 + m_5 + m_6 + m_7 = \overline{\overline{m_1} \cdot \overline{m_3} \cdot \overline{m_5} \cdot \overline{m_6} \cdot \overline{m_7}}$$

(3) 将逻辑函数 F 与 74LS138 的输出表达式进行比较。设 $A = A_2$、$B = A_1$、$C = A_0$,比较结果得

$$F = \overline{\overline{Y_1} \cdot \overline{Y_3} \cdot \overline{Y_5} \cdot \overline{Y_6} \cdot \overline{Y_7}} \qquad (4\text{-}3\text{-}5)$$

(4) 画连线图。根据式(4-3-5)可画出如图 4-3-13 所示的连线图。

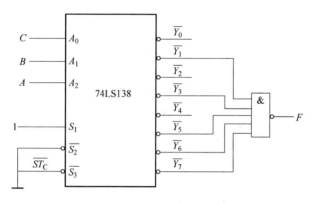

图 4-3-13 例 4-3-2 的连线图

【**例 4-3-3**】 三台电动机的工作情况用红、黄两个指示灯进行监控。当一台电动机故障时,黄灯亮;当两台电动机故障时,红灯亮;当三台电动机故障时,红灯和黄灯都亮。试用译码器和门电路设计此控制电路。

解:(1) 分析设计要求,列出真值表。设三台电动机为 A、B、C,出故障时为 1,正常工作时为 0。红、黄两个指示灯为 Y_A、Y_B,灯亮为 1,灯灭为 0。由此可列出真值表如表 4-3-7 所示。

表 4-3-7 例 4-3-3 真值表

输	入		输	出
A	B	C	Y_A	Y_B
0	0	0	0	0
0	0	1	0	1
0	1	0	0	1
0	1	1	1	0
1	0	0	0	1
1	0	1	1	0
1	1	0	1	0
1	1	1	1	1

（2）根据真值表写出逻辑函数表达式并转换为与非表达式。

$$Y_A = \overline{A}BC + A\overline{B}C + AB\overline{C} + ABC$$

$$= m_3 + m_5 + m_6 + m_7 = \overline{\overline{m_3} \cdot \overline{m_5} \cdot \overline{m_6} \cdot \overline{m_7}}$$

$$Y_B = \overline{A}\,\overline{B}C + \overline{A}B\,\overline{C} + A\overline{B}\,\overline{C} + ABC$$

$$= m_1 + m_2 + m_4 + m_7 = \overline{\overline{m_1} \cdot \overline{m_2} \cdot \overline{m_4} \cdot \overline{m_7}}$$

（3）选择译码器。由于控制电路有 A、B、C 三个输入信号，故应选用 3-8 线译码器 74LS138。

（4）将 Y_A、Y_B 与 74LS138 的输出表达式进行比较。设 $A = A_2$、$B = A_1$、$C = A_0$，比较结果得

$$\begin{cases} Y_A = \overline{\overline{Y_3} \cdot \overline{Y_5} \cdot \overline{Y_6} \cdot \overline{Y_7}} \\ Y_B = \overline{\overline{Y_1} \cdot \overline{Y_2} \cdot \overline{Y_4} \cdot \overline{Y_7}} \end{cases} \tag{4-3-6}$$

（5）画连线图。根据式（4-3-6）可画出如图 4-3-14 所示的连线图。

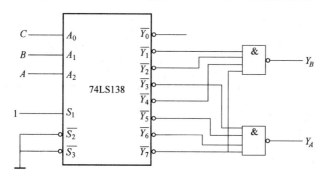

图 4-3-14 例 4-3-3 的连线图

3. 集成二-十进制译码器

图 4-3-15 是集成二-十进制译码器 74LS42 的引脚图及逻辑功能示意图。表 4-3-8 为二-十进制译码器真值表。

（a）引脚图　　　　　　（b）逻辑功能示意图

图 4-3-15 二-十进制译码器 74LS42 的引脚图及逻辑符号

表 4-3-8　二-十进制译码器真值表

数字	输入				输出									
	A_3	A_2	A_1	A_0	$\overline{Y_0}$	$\overline{Y_1}$	$\overline{Y_2}$	$\overline{Y_3}$	$\overline{Y_4}$	$\overline{Y_5}$	$\overline{Y_6}$	$\overline{Y_7}$	$\overline{Y_8}$	$\overline{Y_9}$
0	0	0	0	0	0	1	1	1	1	1	1	1	1	1
1	0	0	0	1	1	0	1	1	1	1	1	1	1	1
2	0	0	1	0	1	1	0	1	1	1	1	1	1	1
3	0	0	1	1	1	1	1	0	1	1	1	1	1	1
4	0	1	0	0	1	1	1	1	0	1	1	1	1	1
5	0	1	0	1	1	1	1	1	1	0	1	1	1	1
6	0	1	1	0	1	1	1	1	1	1	0	1	1	1
7	0	1	1	1	1	1	1	1	1	1	1	0	1	1
8	1	0	0	0	1	1	1	1	1	1	1	1	0	1
9	1	0	0	1	1	1	1	1	1	1	1	1	1	0
无效	1	0	1	0	1	1	1	1	1	1	1	1	1	1
	1	0	1	1	1	1	1	1	1	1	1	1	1	1
	1	1	0	0	1	1	1	1	1	1	1	1	1	1
	1	1	0	1	1	1	1	1	1	1	1	1	1	1
	1	1	1	0	1	1	1	1	1	1	1	1	1	1
	1	1	1	1	1	1	1	1	1	1	1	1	1	1

由表 4-3-8,分析 74LS42 的功能如下。

(1) $A_3 \sim A_0$ 为 4 个输入端,输入的是 BCD 码,采用原码形式。

(2) $\overline{Y_0} \sim \overline{Y_9}$ 为 10 个输出端,低电平有效。

(3) 当输入伪码(表 4-3-8 中的无效码),即代码 1010~1111 时,输出端 $\overline{Y_0} \sim \overline{Y_9}$ 全为高电平。

(4) 该译码器也可作为 3-8 线译码器使用。此时 A_3 作为输入控制端,$\overline{Y_0} \sim \overline{Y_7}$ 作为输出端,$\overline{Y_8}$、$\overline{Y_9}$ 闲置。当 A_3 为低电平时,译码器工作;当 A_3 为高电平时,禁止译码器工作。

 任务拓展

在 TEMI 数字逻辑设计能力认证开发板上用 74LS138 实现具有控制功能的 3-8 线译码器电路功能。

任务 4.4　数值比较器

 任务说明

本任务通过学习数值比较器的原理,掌握数值比较器的使用方法。

 相关知识

用于比较两组二进制数据大小的数字电路称为数值比较器。

当两个 1 位二进制数 A 和 B 比较时,其结果有 3 种情况:$A>B$、$A=B$、$A<B$。比较结果用 $F_{A>B}$,$F_{A=B}$ 和 $F_{A<B}$ 表示。其真值表如表 4-4-1 所示。

表 4-4-1 1 位数值比较器真值表

输	入		输	出
A	B	$F_{A>B}$	$F_{A=B}$	$F_{A<B}$
0	0	0	1	0
0	1	0	0	1
1	0	1	0	0
1	1	0	1	0

由表 4-4-1,写出逻辑表达式为

$$F_{A>B}=A\overline{B}, \quad F_{A=B}=\overline{A}\,\overline{B}+AB, \quad F_{A<B}=\overline{A}B \tag{4-4-1}$$

由以上逻辑表达式可画出逻辑图如图 4-4-1 所示。

图 4-4-1 1 位数值比较器逻辑图

 任务实施

1. 任务要求

在 TEMI 数字逻辑设计能力认证开发板上实现 1 位数值比较器电路功能。

原理图设计约束规则:只能采用与、或、非、异或四种基本逻辑门电路。

硬件电路引脚配置规则如下。

输入:$A \rightarrow$DIP1(P04)、$B \rightarrow$DIP2(P05)。

输出:$Y_0 \rightarrow$D2(P21)、$Y_1 \rightarrow$D3(P24)、$Y_2 \rightarrow$D4(P25)。

2. CPLD 1 位二进制数比较器的软硬件实操

(1) 原理图电路设计。1 位二进制数比较器的真值表如表 4-4-2 所示。其中 A、B 是两个一位的二进制输入数据,Y_2、Y_1、Y_0 为输出的比较结果。当 $A>B$ 时,$Y_2=1$;当 $A=B$ 时,$Y_1=1$;当 $A<B$ 时,$Y_0=1$。

由表 4-4-2,写出输出逻辑表达式为

$$Y_2=A\overline{B}, \quad Y_1=\overline{A}\,\overline{B}+AB=\overline{\overline{A}B+A\overline{B}}, \quad Y_0=\overline{A}B \tag{4-4-2}$$

表 4-4-2　1 位数值比较器真值表

输　　入		输　　　出		
A	B	Y_2	Y_1	Y_0
0	0	0	1	0
0	1	0	0	1
1	0	1	0	0
1	1	0	1	0

根据式(4-4-2)，可画出逻辑电路图如图 4-4-2 所示。

图 4-4-2　1 位数值比较器的逻辑电路图

（2）波形仿真。

① 根据表 4-4-2 所示的真值表，完成 1 位数值比较器的设计输入波形，采用功能仿真实施仿真，验证电路设计是否符合要求。若不符合要求，修改设计，直至符合要求为止。

1 位数值比较器的波形仿真图如图 4-4-3 所示。

图 4-4-3　1 位数值比较器的波形仿真图

② 以.jpg 或.bmp 格式保存仿真波形文件。

（3）引脚分配与再编译。

① 根据 1 位数值比较器硬件电路引脚配置规则，查询 TEMI 数字逻辑设计能力认证开发板硬件引脚与 CPLD 引脚之间的关系，给 1 位数值比较器分配目标 CPLD 引脚。

② 1 位数值比较器引脚分配完成后，再重新编译。

（4）配置下载电缆。

（5）下载编程文件(.sof)。

（6）硬件测试。按表 4-4-3，在 TEMI 数字逻辑设计能力认证开发板进行测试。

表 4-4-3　1 位数值比较器测试表

输入:S7(SW-DIP8)		输出:LED 灯(低电平驱动)		
A(DIP1)	B(DIP2)	Y_2(D_4)	Y_1(D3)	Y_0(D_2)
0	0			
0	1			
1	0			
1	1			

（7）检查测试结果。归纳硬件测试结果，判断测试结果是否符合设计要求。若不符合要求，找出问题所在，修改电路设计，重新测试，直至符合设计要求。

（8）撰写实操小结。总结实操中的收获与不足，归纳实操中遇到的问题以及解决方法，总结实操中的不良现象与纠正措施。

知识延伸

集成 4 位数值比较器。

如两个 4 位二进制数 $A=A_3A_2A_1A_0$ 和 $B=B_3B_2B_1B_0$ 进行比较时，则需从高位到低位逐位进行比较。只有在高位数相等时，才能进行低位数的比较。当比较到某一位数值不等时，其结果便为两个 4 位数的比较结果。如 $A_3>B_3$ 时，则 $A>B$；如 $A_3<B_3$ 时，则 $A<B$；如 $A_3=B_3,A_2>B_2$ 时，则 $A>B$；如 $A_3=B_3,A_2<B_2$ 时，则 $A<B$。其余以此类推，直到比较出结果为止。下面以集成数值比较器 74LS85 为例讨论 4 位数值比较器的结构及工作原理，其引脚图及逻辑功能示意图如图 4-4-4 所示，真值表如表 4-4-4 所示。

(a) 引脚图　　(b) 逻辑功能示意图

图 4-4-4　集成数值比较器 74LS85 引脚图及逻辑功能示意图

如图 4-4-4 和表 4-4-4 中所示，A_3、A_2、A_1、A_0 和 B_3、B_2、B_1、B_0 为两组相比较的 4 位二进制数的输入端；$I_{A>B}$、$I_{A=B}$、$I_{A<B}$ 为级联输入端；$F_{A>B}$、$F_{A=B}$、$F_{A<B}$ 为比较结果输出端。当数值比较器最高位两个 4 位二进制数相等时，则由来自低位的比较结果 $I_{A>B}$、$I_{A=B}$、$I_{A<B}$ 决定两个数的大小。

表 4-4-4　4 位数值比较器真值表

输　　　　入							输　　出		
A_3B_3	A_2B_2	A_1B_1	A_0B_0	$I_{A>B}$	$I_{A<B}$	$I_{A=B}$	$F_{A>B}$	$F_{A<B}$	$F_{A=B}$
$A_3>B_3$	$\times$	$\times$	$\times$	$\times$	$\times$	$\times$	1	0	0
$A_3<B_3$	$\times$	$\times$	$\times$	$\times$	$\times$	$\times$	0	1	0
$A_3=B_3$	$A_2>B_2$	$\times$	$\times$	$\times$	$\times$	$\times$	1	0	0
$A_3=B_3$	$A_2<B_2$	$\times$	$\times$	$\times$	$\times$	$\times$	0	1	0
$A_3=B_3$	$A_2=B_2$	$A_1>B_1$	$\times$	$\times$	$\times$	$\times$	1	0	0
$A_3=B_3$	$A_2=B_2$	$A_1<B_1$	$\times$	$\times$	$\times$	$\times$	0	1	0
$A_3=B_3$	$A_2=B_2$	$A_1=B_1$	$A_0>B_0$	$\times$	$\times$	$\times$	1	0	0
$A_3=B_3$	$A_2=B_2$	$A_1=B_1$	$A_0<B_0$	$\times$	$\times$	$\times$	0	1	0
$A_3=B_3$	$A_2=B_2$	$A_1=B_1$	$A_0=B_0$	1	0	0	1	0	0
$A_3=B_3$	$A_2=B_2$	$A_1=B_1$	$A_0=B_0$	0	1	0	0	1	0
$A_3=B_3$	$A_2=B_2$	$A_1=B_1$	$A_0=B_0$	0	0	1	0	0	1

利用数值比较器的级联输入端,可很方便地构成位数更多的数值比较器。

【例 4-4-1】　使用两片 74LS85 构成一个 8 位数值比较器。

解:根据多位二进制数的比较规则,在高位数相等时,比较结果取决于低位数。因此,应将两个 8 位二进制数的高 4 位接到高位芯片上,低 4 位接到低位芯片上。图 4-4-5 所示为根据上述要求用两片 74LS85 构成的一个 8 位数值比较器。两个 8 位二进制数的高 4 位 A_7、A_6、A_5、A_4 和 B_7、B_6、B_5、B_4 接到高位芯片 74LS85(2)的数据输入端上,而低 4 位数 A_3、A_2、A_1、A_0 和 B_3、B_2、B_1、B_0 接到低位芯片 74LS85(1)的数据输入端上;将低位片的比较输出端 $F_{A>B}$、$F_{A=B}$、$F_{A<B}$ 和高位芯片的级联输入端 $I_{A>B}$、$I_{A=B}$、$I_{A<B}$ 对应相连;高位芯片的数据输出端 $F_{A>B}$、$F_{A=B}$、$F_{A<B}$ 为比较结果。

图 4-4-5　两片 74LS85 组成的 8 位数值比较器

低位数值比较器的级联输入端应取 $I_{A>B}=I_{A<B}=0$、$I_{A=B}=1$，这样，当两个 8 位二进制数相等时，比较器的总输出 $F_{A=B}=1$。

 任务拓展

在 TEMI 数字逻辑设计能力认证开发板上用 74LS85 实现 8 位数值比较器电路功能。

任务 4.5　数据选择器

 任务说明

本任务通过学习数据选择器的原理，掌握数据选择器的应用方法。

 相关知识

在多路数据传输中，根据需要把其中任意一路数据挑选出来的电路，称为数据选择器，也称为多路选择器或多路开关。数据选择器示意图如图 4-5-1 所示，根据 n 位地址信号的作用，从输入数据 $D_0 \sim D_{2^n-1}$ 中选择一路数据输出。可见，一个 2^n 选 1 的数据选择器需有 n 位地址输入，它共有 2^n 种不同的组合，每种组合可选择对应的一路数据输出。常用的数据选择器有 4 选 1、8 选 1、16 选 1 等多种类型。

图 4-5-1　数据选择器示意图

图 4-5-2 是 4 选 1 选择器的逻辑图，图中 $D_3 \sim D_0$ 为数据输入端，A_1、A_0 为地址信号输入端，Y 为数据输出端，$\overline{ST}$ 为使能端，又称选通端，输入低电平有效。其功能表如表 4-5-1 所示。

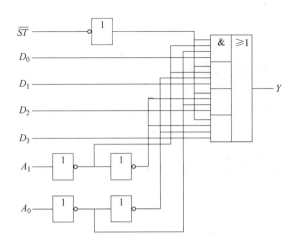

图 4-5-2　4 选 1 多路选择器的逻辑图

表 4-5-1　4 选 1 多路选择器的功能表

输　　入							输出
$\overline{ST}$	A_1	A_0	D_3	D_2	D_1	D_0	Y
1	×	×	×	×	×	×	0
0	0	0	×	×	×	0	0
			×	×	×	1	1
0	0	1	×	×	0	×	0
			×	×	1	×	1
0	1	0	×	0	×	×	0
			×	1	×	×	1
0	1	1	0	×	×	×	0
			1	×	×	×	1

根据功能表，可写出输出逻辑表达式为

$$Y=(\overline{A_1}\,\overline{A_0}\,D_0+\overline{A_1}\,A_0\,D_1+A_1\,\overline{A_0}\,D_2+A_1\,A_0\,D_3\,)\overline{\overline{ST}}$$

当 $\overline{ST}=1$ 时，输出 $Y=0$，数据选择器不工作。

当 $\overline{ST}=0$ 时，数据选择器工作，其输出为

$$Y=\overline{A_1}\,\overline{A_0}\,D_0+\overline{A_1}\,A_0\,D_1+A_1\,\overline{A_0}\,D_2+A_1\,A_0\,D_3 \tag{4-5-1}$$

 任务实施

1. 任务要求

在 TEMI 数字逻辑设计能力认证开发板上实现 4 选 1 数据选择器电路功能。

原理图设计约束规则：只能采用与、或、非、异或四种基本逻辑门电路。

硬件电路引脚配置规则如下。

输入：$I_0 \to$ DIP1（P04）、$I_1 \to$ DIP2（P05）、$I_2 \to$ DIP3（P06）、$I_3 \to$ DIP4（P08）、$S_1 \to$ S4（P17）、$S_0 \to$ S3（P16）。

输出：$Y \to$ D2（P21）。

2. CPLD 4 选 1 数据选择器的软硬件实操

（1）原理图电路设计。4 选 1 数据选择器的真值表如表 4-5-2 所示。它有 4 个数据输入端 $I_3 \sim I_0$，2 个地址输入端 S_1、S_0，Y 为数据输出端。

由表 4-5-2，可写出 Y 的逻辑表达式：

$$Y=\overline{S_1}\,\overline{S_0}\,I_0+\overline{S_1}\,S_0\,I_1+S_1\,\overline{S_0}\,I_2+S_1\,S_0\,I_3 \tag{4-5-2}$$

根据式（4-5-2），可画出逻辑电路图，如图 4-5-3 所示。

（2）波形仿真。

① 根据表 4-5-3 所示的真值表，完成 4 选 1 数据选择器的设计输入波形，采用功能仿真实施仿真，验证电路设计是否符合要求。若不符合要求，修改设计，直至符合要求为止。

表 4-5-2 4 选 1 数据选择器的真值表

数 据 输 入	地 址 输 入		输出
	S_1	S_0	Y
I_3、I_2、I_1、I_0	0	0	I_0
	0	1	I_1
	1	0	I_2
	1	1	I_3

图 4-5-3 4 选 1 数据选择器的逻辑电路图

表 4-5-3 模拟 4 选 1 数据选择器真值表

数 据 输 入				地 址 输 入		输出
I_3	I_2	I_1	I_0	S_1	S_0	Y
1	1	1	0	0	0	I_0
1	1	1	1	0	1	I_1
1	0	1	1	1	0	I_2
1	1	1	1	1	1	I_3

4 选 1 数据选择器的波形仿真图如图 4-5-4 所示。

A	Name	Value at 0 ps
0	I0	B 0
1	I1	B 1
2	I2	B 1
3	I3	B 1
4	S0	B 0
5	S1	B 0
6	Y	B 0

图 4-5-4 4 选 1 数据选择器的波形仿真图

② 以.jpg 或.bmp 格式保存仿真波形文件。

（3）引脚分配与再编译。

① 根据 4 选 1 数据选择器硬件电路引脚配置规则,查询 TEMI 数字逻辑设计能力认证开发板硬件引脚与 CPLD 引脚之间的关系,给 4 选 1 数据选择器分配目标 CPLD 引脚。

② 4 选 1 数据选择器的引脚分配完成后,重新编译。

（4）配置下载电缆。

（5）下载编程文件(.sof)。

（6）硬件测试。按表 4-5-4,在 TEMI 数字逻辑设计能力认证开发板进行测试。

表 4-5-4　4 选 1 数据选择器测试表

输入:S7(SW-DIP8)、PBSW2、PBSW1						输出:LED 灯 (低电平驱动)
I_3(DIP4)	I_2(DIP3)	I_1(DIP2)	I_0(DIP1)	S_1(S4)	S_0(S3)	Y(D$_2$)
1	1	1	0	0	0	
1	1	1	1	0	1	
1	0	1	1	1	0	
1	1	1	1	1	1	

（7）检查测试结果。归纳硬件测试结果,判断测试结果是否符合设计要求。若不符合要求,找出问题所在,修改电路设计,重新测试,直至测试符合设计要求。

（8）撰写实操小结。总结实操中的收获与不足,归纳实操中遇到的问题以及解决方法,总结实操中的不良现象与纠正措施。

知识延伸

1. 集成双 4 选 1 数据选择器

图 4-5-5 是集成双 4 选 1 数据选择器 75LS153 的逻辑功能示意图。它由两个功能完全相同的 4 选 1 数据选择器组成,$D_3 \sim D_0$ 为数据输入端,A_1、A_0 为共用地址信号输入端,Y 为数据输出端,$\overline{ST}$ 为使能端,输入低电平有效,其中每一个 4 选 1 数据选择器的功能表与表 4-5-1 相同。

两个 4 选 1 数据选择器的输出逻辑表达式为

$$1Y = (\overline{A_1}\,\overline{A_0}\,1D_0 + \overline{A_1}\,A_0\,1D_1 + A_1\,\overline{A_0}\,1D_2 + A_1\,A_0\,1D_3)\overline{1ST}$$

$$2Y = (\overline{A_1}\,\overline{A_0}\,2D_0 + \overline{A_1}\,A_0\,2D_1 + A_1\,\overline{A_0}\,2D_2 + A_1\,A_0\,2D_3)\overline{2ST}$$

（1）当 $\overline{1ST} = 1$ 时,输出 $1Y = 0$,数据选择器 1 不工作。

当 $\overline{1ST} = 0$ 时,数据选择器 1 工作,其输出为

$$1Y = \overline{A_1}\,\overline{A_0}\,1D_0 + \overline{A_1}\,A_0\,1D_1 + A_1\,\overline{A_0}\,1D_2 + A_1\,A_0\,1D_3$$

（2）当 $\overline{2ST} = 1$ 时,输出 $2Y = 0$,数据选择器 2 不工作。

当 $\overline{2ST} = 0$ 时,数据选择器 2 工作,其输出为

$$2Y = \overline{A_1}\,\overline{A_0}\,2D_0 + \overline{A_1}\,A_0\,2D_1 + A_1\,\overline{A_0}\,2D_2 + A_1\,A_0\,2D_3$$

2. 集成 8 选 1 数据选择器

图 4-5-6 是集成 8 选 1 数据选择器 74LS151 的逻辑功能示意图。图中 $D_7 \sim D_0$ 为数据输入端，$A_2 \sim A_0$ 为地址信号输入端，Y 和 $\overline{Y}$ 为互补输出端，$\overline{ST}$ 为使能端，输入低电平有效。8 选 1 数据选择器的功能表见表 4-5-5。

图 4-5-5 74LS153 的逻辑功能示意图

图 4-5-6 74LS151 的逻辑功能示意图

表 4-5-5 74LS151 的功能表

输							入					输出
$\overline{ST}$	A_2	A_1	A_0	D_7	D_6	D_5	D_4	D_3	D_2	D_1	D_0	Y
1	×	×	×	×	×	×	×	×	×	×	×	0
0	0	0	0	×	×	×	×	×	×	×	D_0	D_0
0	0	0	1	×	×	×	×	×	×	D_1	×	D_1
0	0	1	0	×	×	×	×	×	D_2	×	×	D_2
0	0	1	1	×	×	×	×	D_3	×	×	×	D_3
0	1	0	0	×	×	×	D_4	×	×	×	×	D_4
0	1	0	1	×	×	D_5	×	×	×	×	×	D_5
0	1	1	0	×	D_6	×	×	×	×	×	×	D_6
0	1	1	1	D_7	×	×	×	×	×	×	×	D_7

由表 4-5-5，可写出 8 选 1 数据选择器的输出逻辑表达式为

$$Y = (\overline{A_2}\,\overline{A_1}\,\overline{A_0}D_0 + \overline{A_2}\,\overline{A_1}A_0D_1 + \overline{A_2}A_1\,\overline{A_0}D_2 + \overline{A_2}A_1A_0D_3 + A_2\,\overline{A_1}\,\overline{A_0}D_4$$
$$+ A_2\,\overline{A_1}A_0D_5 + A_2A_1\,\overline{A_0}D_6 + A_2A_1A_0D_7)\overline{\overline{ST}}$$

当 $\overline{ST}=1$ 时,输出 $Y=0$,数据选择器不工作。

当 $\overline{ST}=0$ 时,数据选择器工作,输出为

$$Y=\overline{A}_2\ \overline{A}_1\ \overline{A}_0 D_0+\overline{A}_2\ \overline{A}_1 A_0 D_1+\overline{A}_2 A_1\ \overline{A}_0 D_2+\overline{A}_2 A_1 A_0 D_3+A_2\ \overline{A}_1\ \overline{A}_0 D_4$$

$$+A_2\ \overline{A}_1 A_0 D_5+A_2 A_1\ \overline{A}_0 D_6+A_2 A_1 A_0 D_7 \tag{4-5-3}$$

3. 用数据选择器实现组合逻辑函数电路

由式(4-5-1)和式(4-5-3)所示数据选择器的输出逻辑表达式可以看出,在输入数据全部为 1 时,输出 Y 为输入地址变量的全体最小项的和;在输入数据全部为 0 时,输出 Y 为 0,因此可以用数据选择器实现逻辑函数。用数据选择器实现逻辑函数的方法:首先将逻辑函数变换为标准与非表达式,再和数据选择器的输出逻辑表达式进行比较,最后确定哪个最小项保留,哪个最小项去掉。

1) 逻辑函数变量个数和数据选择器的地址输入变量个数相同

当逻辑函数的变量个数和数据选择器的地址输入变量个数相同时,可直接用数据选择器实现逻辑函数。

【例 4-5-1】　用 8 选 1 数据选择器 74LS151 实现逻辑函数 $Y=AB+AC+BC$。

解:(1)写出逻辑函数的最小项表达式:

$$L=AB+AC+BC=\overline{A}BC+A\overline{B}C+AB\overline{C}+ABC$$

(2)写出数据选择器的输出表达式:

$$Y=\overline{A}_2\ \overline{A}_1\ \overline{A}_0 D_0+\overline{A}_2\ \overline{A}_1 A_0 D_1+\overline{A}_2 A_1\ \overline{A}_0 D_2+\overline{A}_2 A_1 A_0 D_3$$

$$+A_2\ \overline{A}_1\ \overline{A}_0 D_4+A_2\ \overline{A}_1 A_0 D_5+A_2 A_1\ \overline{A}_0 D_6+A_2 A_1 A_0 D_7$$

(3)比较 L 和 Y 两式中最小项的对应关系。设 $A=A_2$,$B=A_1$,$C=A_0$,为使 $L=Y$,可得

$$\begin{cases} D_0=D_1=D_2=D_4=0 \\ D_3=D_5=D_6=D_7=1 \end{cases} \tag{4-5-4}$$

(4)画连线图。根据式(4-5-4)可画出如图 4-5-7 所示的连线图。

2) 逻辑函数变量个数多于数据选择器的地址输入变量个数

当逻辑函数的变量个数多于数据选择器的地址输入变量个数时,应分离出多余的变量用数据替代,将其余变量有序地加到数据选择器地址输入端。

【例 4-5-2】　用双 4 选 1 数据选择器 74LS153 和非门构成一位全加器。

解:(1)分析设计要求,列出真值表。设输入的被加数、加数和来自低位的进位数分别为 A_i、

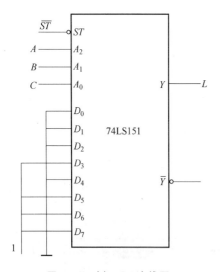

图 4-5-7　例 4-5-1 连线图

B_i 和 C_{i-1},输出的本位和及向相邻高位的进位数为 S_i 和 C_i,由此可列出全加器的真值表,如表 4-5-6 所示。

(2)根据真值表写出输出逻辑函数表达式:

$$S_i=\overline{A}_i\ \overline{B}_i C_{i-1}+\overline{A}_i B_i\ \overline{C}_{i-1}+A_i\ \overline{B}_i\ \overline{C}_{i-1}+A_i B_i C_{i-1} \tag{4-5-5}$$

$$C_i=\overline{A}_i B_i C_{i-1}+A_i\ \overline{B}_i C_{i-1}+A_i B_i\ \overline{C}_{i-1}+A_i B_i C_{i-1} \tag{4-5-6}$$

$$=\overline{A_i}B_iC_{i-1}+A_i\,\overline{B_i}C_{i-1}+A_iB_i$$

（3）写出数据选择器 74LS153 的输出表达式：

$$1Y=\overline{A_1}\,\overline{A_0}1D_0+\overline{A_1}A_01D_1+A_1\overline{A_0}1D_2+A_1A_01D_3 \tag{4-5-7}$$

$$2Y=\overline{A_1}\,\overline{A_0}2D_0+\overline{A_1}A_02D_1+A_1\overline{A_0}2D_2+A_1A_02D_3 \tag{4-5-8}$$

表 4-5-6　全加器真值表

输　　入			输　　出	
A_i	B_i	C_{i-1}	S_i	C_i
0	0	0	0	0
0	0	1	1	0
0	1	0	1	0
0	1	1	0	1
1	0	0	1	0
1	0	1	0	1
1	1	0	0	1
1	1	1	1	1

（4）将全加器的输出逻辑函数式和 74LS153 的输出逻辑函数式进行比较。对比式（4-5-5）及式（4-5-7），设 $S_i=1Y,A_i=A_1,B_i=A_0$，则

$$\begin{cases} C_{i-1}=1D_0=1D_3 \\ \overline{C_{i-1}}=1D_1=1D_2 \end{cases} \tag{4-5-9}$$

对比式（4-5-6）及式（4-5-8），设 $C_i=2Y,A_i=A_1,B_i=A_0$，则

$$\begin{cases} C_{i-1}=2D_1=2D_2 \\ 2D_0=0 \\ 2D_3=1 \end{cases} \tag{4-5-10}$$

（5）画连线图。由式（4-5-9）及式（4-5-10）可画出连线图如图 4-5-8 所示。

图 4-5-8　例 4-5-2 连线图

由例 4-5-2 可知,当逻辑函数的变量个数多于数据选择器的地址输入变量个数 A_1、A_0 时,则 $D_3 \sim D_0$ 可视为第 3 个输入变量,用于表示逻辑函数中被分离出来的变量。

 任务拓展

在 TEMI 数字逻辑设计能力认证开发板上用 74LS151 实现 8 选 1 数据选择器电路功能。

任务 4.6　数据分配器

 任务说明

本任务学习数据分配器的原理,掌握数据分配器的构成方法。

 相关知识

数据分配是将一个数据源来的数据根据需要送到多个不同的通道上去。实现数据分配功能的逻辑电路称为数据分配器。数据分配器的作用相当于多个输出的单刀多掷开关,如图 4-6-1 所示。

图 4-6-1　数据分配器示意图

集成数字电路中没有专用的数据分配器,可用带使能功能的二进制译码器来实现。由 74LS138 构成的 1 路-8 路数据分配器如图 4-6-2 所示,其中,原码接法的功能表如表 4-6-1 所示。

图 4-6-2　用 74LS138 构成 1 路-8 路数据分配器

从表 4-6-1 可以看出,74LS138 实现了数据分配的功能。如设 $A_2A_1A_0 = 000$,当 $D = 0$ 时,$\overline{S_2} = 0$,芯片译码,$\overline{Y_0} = D = 0$;当 $D = 1$ 时,$\overline{S_2} = 1$,芯片禁止,输出全 1,相应输出端 $\overline{Y_0} = D = 1$。

读者可以参考图 4-6-2 自行画出 74LS138 构成的数据分配器输出反码时的功能表。

表 4-6-1 74LS138 构成的数据分配器原码接法功能表

输 入						输 出							
使 能			选 择										
S_1	$\overline{S_2}$	$\overline{S_3}$	A_2	A_1	A_0	$\overline{Y_0}$	$\overline{Y_1}$	$\overline{Y_2}$	$\overline{Y_3}$	$\overline{Y_4}$	$\overline{Y_5}$	$\overline{Y_6}$	$\overline{Y_7}$
1	1	0	×	×	×	1	1	1	1	1	1	1	1
1	D	0	0	0	0	D	1	1	1	1	1	1	1
1	D	0	0	0	1	1	D	1	1	1	1	1	1
1	D	0	0	1	0	1	1	D	1	1	1	1	1
1	D	0	0	1	1	1	1	1	D	1	1	1	1
1	D	0	1	0	0	1	1	1	1	D	1	1	1
1	D	0	1	0	1	1	1	1	1	1	D	1	1
1	D	0	1	1	0	1	1	1	1	1	1	D	1
1	D	0	1	1	1	1	1	1	1	1	1	1	D

 任务实施

1. 任务要求

在 TEMI 数字逻辑设计能力认证开发板上实现 1 路-4 路数据分配器电路功能。

原理图设计约束规则：只能采用与、或、非、异或四种基本逻辑门电路。

硬件电路引脚配置规则如下。

输入：I→DIP1(P04)、S_1→S4(P17)、S_0→S3(P16)

输出：Y_3→D5(P26)、Y_2→D4(P25)、Y_1→D3(P24)、Y_0→D2(P21)

2. CPLD 1 路-4 路数据分配器的软硬件实操

（1）原理图电路设计。

1 路-4 路数据分配器的真值表如表 4-6-2 所示。其中，I 为数据输入端 I，S_1、S_0 为地址选择输入端，$Y_3 \sim Y_0$ 为数据输出端。

表 4-6-2 1 路-4 路数据分配器的真值表

输入	选 择		输 出			
I	S_1	S_0	Y_3	Y_2	Y_1	Y_0
I	0	0	1	1	1	I
I	0	1	1	1	I	1
I	1	0	1	I	1	1
I	1	1	I	1	1	1

在表 4-6-2 中，I 可取 0 或 1，由此可以画出 Y_0 的卡诺图如图 4-6-3 所示。

图 4-6-3 Y_0 的卡诺图

由图 4-6-3 可得

$$Y_0 = I + S_1 + S_0 = \overline{\overline{I}\ \overline{S_1}\ \overline{S_0}} \qquad (4\text{-}6\text{-}1)$$

同理,可得

$$\begin{cases} Y_1 = I + S_1 + \overline{S_0} = \overline{\overline{I}\ \overline{S_1}\ S_0} \\ Y_2 = I + \overline{S_1} + S_0 = \overline{\overline{I}\ S_1\ \overline{S_0}} \\ Y_3 = I + \overline{S_1} + \overline{S_0} = \overline{\overline{I}\ S_1\ S_0} \end{cases} \qquad (4\text{-}6\text{-}2)$$

根据式(4-6-1)和式(4-6-2),可画出逻辑电路图如图 4-6-4 所示。

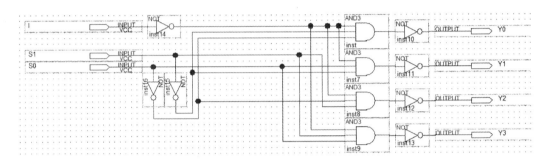

图 4-6-4 1路-4路数据分配器的逻辑电路图

(2) 波形仿真。

① 根据表 4-6-3 所示的真值表,完成 1 路-4 路数据分配器的设计输入波形,采用功能仿真实施仿真,验证电路设计是否符合要求。若不符合要求,修改设计,直至符合要求为止。

表 4-6-3 模拟 1 路-4 路数据分配器真值表

输入	选	择	输		出	
I	S_1	S_0	Y_3	Y_2	Y_1	Y_0
0	0	0	1	1	1	I
0	0	1	1	1	I	1
0	1	0	1	I	1	1
0	1	1	I	1	1	1

1 路-4 路数据分配器的波形仿真图如图 4-6-5 所示。

② 以.jpg 或.bmp 格式保存仿真波形文件。

(3) 引脚分配与再编译

① 根据 1 路-4 路数据分配器硬件电路引脚配置规则,查询 TEMI 数字逻辑设计能力认证开发板硬件引脚与 CPLD 引脚之间的关系,给 1 路-4 路数据分配器分配目标 CPLD 引脚。

② 1 路-4 路数据分配器的引脚分配完成后,重新编译。

图 4-6-5　1 路-4 路数据分配器的波形仿真图

（4）配置下载电缆。

（5）下载编程文件（.sof）。

（6）硬件测试。按表 4-6-4，在 TEMI 数字逻辑设计能力认证开发板进行测试。

表 4-6-4　1 路-4 路数据分配器测试表

输入：S7(SW-DIP8)、PBSW2、PBSW1			输出：LED 灯（低电平驱动）			
I(DIP1)	S_1(S4)	S_0(S3)	Y_3(D5)	Y_2(D4)	Y_1(D3)	Y_0(D2)
0	0	0				
0	0	1				
0	1	0				
0	1	1				

（7）检查测试结果。归纳硬件测试结果，判断测试结果是否符合设计要求。若不符合要求，找出问题所在，修改电路设计，重新测试，直至符合设计要求。

（8）撰写实操小结。总结实操中的收获与不足，归纳实操中遇到的问题以及解决方法，总结实操中的不良现象与纠正措施。

任务拓展

在 TEMI 数字逻辑设计能力认证开发板上实现 1 路-8 路数据分配器电路功能。

习题

1. 填空题。

（1）组合逻辑电路的输出状态仅决定于_____，与电路的原状态_____。

（2）只考虑两个 1 位二进制数相加，而不考虑来自低位进位数的运算电路是_____器。

（3）不仅考虑两个 1 位二进制数相加，而且考虑来自低位的进位数相加的运算电路是_____器。

（4）若需对 50 个编码输入信号进行编码，则输出编码位数至少为_____位。

（5）若编码器编码输出位数为 4 位，则最多可对_____个输入信号编码。

（6）8-3 线编码器有_____个信号输入端，有_____个输出端；某一刻只能有_____个输入端为有效电平。

（7）若译码器的输入端有 3 位二进制代码，则最多可有_____个输出端。

（8）译码器 74LS138 处于译码状态时，当输入 $A_2 A_1 A_0 = 001$ 时，输出 $\overline{Y_7} \sim \overline{Y_0} =$_____。

（9）一个 8 选 1 的数据选择器，应具有_____个地址输入端，_____个数据输入端。

（10）半导体数码显示器的内部接法有两种：共_____接法和共_____接法。

（11）对于共阴极 LED 数码管，若要显示字形"6"，则 $abcdefg =$_____（选择 0 或 1 填入）。

（12）用于比较两组二进制数据大小的数字电路称为_____器。

（13）能够从多路数据中选择一路进行传输的电路称为_____器。

（14）8 选 1 数据选择器有_____位地址码，数据输入端有_____个。

（15）能将一路数据根据需要分配到多个不同的输出端的电路称为_____器。

2. 试分析习题 2 图所示电路的逻辑功能。

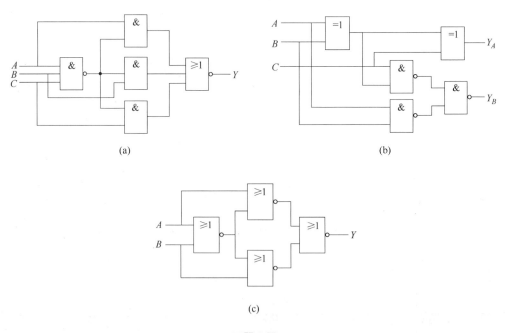

习题 2 图

3. 一个水箱由大、小两台泵 M_L 和 M_S 供水，如习题 3 图所示。水箱中设置了 3 个水位检测元件 A、B、C。水面低于检测元件时，检测元件给出高电平；水面高于检测元件时，检测元件给出低电平。现要求当水位超过 C 点时水泵停止工作；水位低于 C 点而高于 B 点时，M_S 单独工作；水位低于 B 点而高于 A 点时，M_L 单独工作；水位低于 A 点时，M_L 和 M_S 同时工作。试用门电路设计一个控制两台水泵的逻辑电路，要求电路尽量简单。

4. 用与非门设计四变量的多数表决电路。当输入变量 A、B、C、D 有 3 个或 3 个以上

习题 3 图

为 1 时,输出为 1;输入为其他状态时,输出为 0。

5. 设计一个三变量奇校验电路,即当输入有奇数个 1 时,输出为 1;否则,输出为 0。要求:(1)列出真值表;(2)写出简化逻辑式;(3)画出最少门电路实现的逻辑图。

6. 已知输入数据 A、B、C 和输出 Y 的波形如习题 6 图所示,试用最少的与非门设计实现此要求的组合逻辑电路。

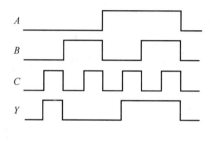

习题 6 图

7. 试用 3-8 线译码器 74LS138 和与非门实现下列逻辑函数。

(1) $Y = AC + A\overline{B}$

(2) $Y = \overline{A}\,\overline{B}C + A\overline{B}\,\overline{C} + BC$

(3) $Y = AB\overline{C} + \overline{B}\,\overline{C}$

8. 用 8 选 1 数据选择器 74LS151 实现下列逻辑函数。

(1) $Y = A\overline{B}\,\overline{C} + A\overline{B}C + \overline{A}BC$

(2) $Y = \overline{A}B\overline{C} + AB$

(3) $Y = A\overline{C}D + \overline{A}BCD + BC + B\overline{C}\,\overline{D}$

9. 用 4 选 1 数据选择器实现下列逻辑函数。

(1) $Y = A\overline{B}\,\overline{C} + \overline{A}C + BC$

(2) $Y = \overline{A}\,\overline{B}C + \overline{A}B\overline{C} + AB$

10. 用双 4 选 1 数据选择器 74LS153 和非门构成 1 位全减器。

触 发 器

数字系统由组合逻辑电路和时序逻辑电路构成。组合逻辑电路的基本组成单元是门电路,不具备记忆功能,而时序逻辑电路要求具备记忆功能,它的基本组成单元是触发器。一个触发器能存储1位二进制代码,即触发器具有记忆功能。

知识点

◇ 基本 RS 触发器的功能、特性方程与约束条件;

◇ 同步 RS 触发器的功能、特性方程与约束条件以及空翻现象;

◇ 主从 JK 触发器的功能、特性方程与一次翻转现象;

◇ 同步 D 触发器(锁存器)的功能、特性方程与空翻现象;

◇ 边沿 D 触发器的功能、特性方程。

技能点

◇ RS、JK 与 D 触发器的电路分析与功能描述;

◇ 应用 Quartus Ⅱ对主从 RS 触发器、主从 JK 触发器、边沿 D 触发器进行 CPLD 设计与测试。

任务 5.1 RS 触发器

 任务说明

RS 触发器是 JK、D 触发器的基础。JK、D 触发器都是在 RS 触发器的基础上,针对存在的问题不断改进和发展起来的。本任务着重学习基本 RS 触发器、主从 RS 触发器的工作原理以及触发器逻辑功能的描述方法。

 相关知识

1. 触发器概述

触发器属于双稳态电路,任何具有两个稳定状态且可以通过适当的信号注入方式使其从一个稳定状态转换到另一个稳定状态的电路都称为触发器。

所有触发器都具有两个稳定状态,但使输出状态从一个稳定状态翻转到另一个稳定状态的条件却有多种可能,由此构成了各种功能的触发器。

从接收输入信号控制的触发方式出发,触发器可分为两种类型。一类是非时钟控制触发器,它的输入信号可在不受其他时钟控制信号的作用下,按某一逻辑关系改变触发器的输出状态;另一类是时钟控制触发器,它必须在时钟信号的作用下,才能接收输入信号从而改变触发器的输出状态;时钟控制触发器按时钟触发类型又分为电平触发和边沿触发两种类型。

1)触发器的基本概念

能够存储 1 位二进制信号的基本单元电路统称为触发器。触发器由逻辑门加反馈电路构成,电路有两个互补的输出端 Q 和 $\overline{Q}$。其中,Q 的状态称为触发器的状态。

2)触发器的特点

具有两个能自行保持的稳定状态,即逻辑状态 0 和逻辑状态 1。无外加信号触发时,触发器能保持一种稳定状态不变。通常把信号加入前触发器的状态称为初始状态,用 Q^n 表示。在外加信号作用下,触发器可以从一种稳定状态转为另一种状态,转变后新的状态称为次态,用 Q^{n+1} 表示。

3)触发器的分类

根据电路结构形式的不同,触发器分为基本触发器和时钟触发器。时钟触发器包括同步触发器、主从触发器及边沿触发器。

按照逻辑功能的不同,触发器又分为 RS 触发器、D 触发器、JK 触发器、T 触发器等。

2. RS 触发器

1)基本 RS 触发器

(1)电路结构与逻辑符号。

基本 RS 触发器的电路结构与逻辑符号如图 5-1-1 所示。基本 RS 触发器是用两个与非门交叉耦合起来的,它与组合逻辑电路的根本区别在于电路中有反馈。

(a)电路结构　　　　　　　(b)逻辑符号

图 5-1-1 基本 RS 触发器的电路结构与逻辑符号

$\overline{R}$、$\overline{S}$ 是信号输入端,字母上的反号表示低电平有效,即 $\overline{R}$、$\overline{S}$ 端为低电平时表示有触发信号,高电平时表示无触发信号。

Q、$\overline{Q}$ 是两个互补的信号输出端,表示触发器的状态。当 $Q=1$、$\overline{Q}=0$ 时,称触发器处于 1 态;当 $Q=0$、$\overline{Q}=1$ 时,称触发器处于 0 态。

(2)逻辑功能。

由图 5-1-1 写出输出的逻辑函数表达式:

$$Q^{n+1}=\overline{\overline{S}\cdot\overline{Q^n}},\overline{Q^{n+1}}=\overline{\overline{R}\cdot Q^n}$$

① 当 $\overline{R}=0$、$\overline{S}=1$ 时，$\overline{Q^{n+1}}=\overline{\overline{R}\cdot Q^n}=\overline{0\cdot Q^n}=1$，$Q^{n+1}=\overline{\overline{S}\cdot\overline{Q^n}}=\overline{1\cdot 1}=0$。

不论触发器处于什么状态，都将变成 0 状态，这种状况称触发器置 0 或复位，$\overline{R}$ 称为触发器的置 0 端或复位端，低电平有效。

② 当 $\overline{R}=1$、$\overline{S}=0$ 时，$Q^{n+1}=\overline{\overline{S}\cdot\overline{Q^n}}=\overline{0\cdot\overline{Q^n}}=1$，$\overline{Q^{n+1}}=\overline{\overline{R}\cdot Q^n}=\overline{1\cdot 1}=0$。

不论触发器处于什么状态，都将变成 1 状态，这种状况称触发器置 1 或置位，$\overline{S}$ 称为触发器的置 1 端或置位端，低电平有效。

③ 当 $\overline{R}=1$、$\overline{S}=1$ 时，$Q^{n+1}=\overline{\overline{S}\cdot\overline{Q^n}}=\overline{1\cdot\overline{Q^n}}=Q^n$，$\overline{Q^{n+1}}=\overline{\overline{R}\cdot Q^n}=\overline{1\cdot Q^n}=\overline{Q^n}$。

不论触发器处于什么状态，都将保持原有的状态，即原来的状态被触发器存储起来，体现了触发器的记忆功能。

④ 当 $\overline{R}=0$、$\overline{S}=0$ 时，$Q^{n+1}=\overline{\overline{S}\cdot\overline{Q^n}}=\overline{0\cdot\overline{Q^n}}=1$，$\overline{Q^{n+1}}=\overline{\overline{R}\cdot Q^n}=\overline{0\cdot Q^n}=1$。

这种状况不符合触发器的逻辑关系，当 $\overline{R}$、$\overline{S}$ 端的低电平同时撤除后，将不能确定触发器是处于 1 状态还是 0 状态。在实际应用时，这种状态是不允许出现的，这也是基本 RS 触发器的约束条件：$\overline{R}+\overline{S}=1$。

综合上述，基本 RS 触发器只有复位（置 0）、置位（置 1）和保持三种功能，基本 RS 触发器的逻辑功能表如表 5-1-1 所示。

表 5-1-1　基本 RS 触发器的逻辑功能表

$\overline{R}$	$\overline{S}$	Q^n	Q^{n+1}	功能	$\overline{R}$	$\overline{S}$	Q^n	Q^{n+1}	功能
0	1	0	0	复位	1	1	0	0	保持
0	1	1	0	（置 0）	1	1	1	1	
1	0	0	1	置位	0	0	0	×	不定
1	0	1	1	（置 1）	0	0	1	×	状态

注意：基本 RS 触发器不允许同时输入有效电平，在实际中很少直接应用。但基本 RS 触发器是各种触发器的基本组成单元，是各种触发器的核心电路。

2）同步 RS 触发器

在实际应用中，触发器的工作状态不仅要由 R、S 端的输入信号决定，而且还希望触发器按一定的节拍翻转。为此，给触发器加了一个时钟控制端 CP，只有在 CP 端上出现时钟脉冲时，触发器的状态才会翻转。具有时钟脉冲控制的触发器，其状态的改变与时钟脉冲同步，称为同步触发器。

（1）同步 RS 触发器的电路结构。

同步 RS 触发器的电路结构与逻辑符号如图 5-1-2 所示。

（2）逻辑功能。

当 $CP=0$ 时，G_3、G_4 门关闭，恒定输出为 1。这时，不论 R、S 的输入信号如何变化，触发器的状态保持不变。

当 $CP=1$ 时，G_3、G_4 门打开。R、S 的输入信号通过 G_3、G_4 门加到基本 RS 触发器的

(a) 电路结构　　　　　　　(b) 逻辑符号

图 5-1-2　同步 RS 触发器的电路结构与逻辑符号

输入端,使基本 RS 触发器的状态发生翻转,其输出状态由 R、S 的输入信号决定。同步 RS 触发器的逻辑功能表见表 5-1-2。

表 5-1-2　同步 RS 触发器的逻辑功能表

R	S	Q^n	Q^{n+1}	功能	R	S	Q^n	Q^{n+1}	功能
0	1	0	1	置位	1	1	0	×	不定
0	1	1	1	(置1)	1	1	1	×	状态
1	0	0	0	复位	0	0	0	0	
1	0	1	0	(置0)	0	0	1	1	保持

同步 RS 触发器的状态转换分别由 R、S 和 CP 控制,R、S 控制触发器状态转换的方向,CP 控制触发器状态转换的时刻。

（3）触发器功能的表示方法。

① 特性方程。触发器次态 Q^{n+1} 与输入状态 R、S 及现态 Q^n 之间关系的逻辑函数表达式称为触发器的特性方程。根据表 5-1-2 画出同步 RS 触发器 Q^{n+1} 的卡诺图,如图 5-1-3 所示,化简得到同步 RS 触发器的特性方程为

$$\begin{cases} Q^{n+1}=S+\overline{R}Q^n & (CP=1 \text{ 期间}) \\ RS=0 & (\text{约束条件}) \end{cases}$$

② 状态转换图。状态转换图表示触发器从一个状态变化到另一个状态或保持原状态不变时,对输入信号的要求。同步 RS 的状态转换图如图 5-1-4 所示。

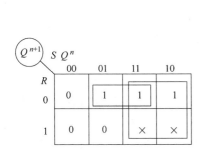

图 5-1-3　同步 RS 触发器 Q^{n+1} 的卡诺图

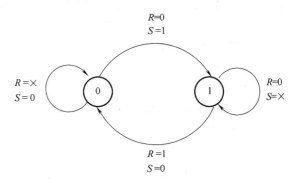

图 5-1-4　同步 RS 触发器状态转换图

③ 驱动表。驱动表是以表格的方式,表示触发器从一个状态变化到另一个状态或保持原状态不变时,对输入信号的要求。同步 RS 触发器的驱动表如表 5-1-3 所示。

表 5-1-3 同步 RS 触发器驱动表

$Q^n \rightarrow Q^{n+1}$	驱动(输入)信号		$Q^n \rightarrow Q^{n+1}$	驱动(输入)信号	
	R	S		R	S
$0 \rightarrow 0$	$\times$	0	$1 \rightarrow 0$	1	0
$0 \rightarrow 1$	0	1	$1 \rightarrow 1$	0	$\times$

④ 波形图。触发器的功能可以用输入/输出波形图直观地表示出来,同步 RS 触发器的波形图如图 5-1-5 所示。

(4) 同步 RS 触发器存在的问题。

由于在 $CP=1$ 期间,G_3、G_4 门都是开着的,都能接收 R、S 信号,所以,如果在 $CP=1$ 期间,R、S 发生变化,则触发器的状态就跟着发生翻转,因此,在 $CP=1$ 期间,R、S 可能发生多次变化而引起触发器多次翻转,这种在一个时钟脉冲周期中触发器发生多次翻转的现象称为空翻,如图 5-1-6 所示。

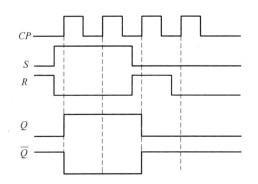

图 5-1-5 同步 RS 触发器波形图　　　图 5-1-6 同步 RS 触发器的空翻现象

3) 主从 RS 触发器

主从 RS 触发器由两级同步 RS 触发器组成,其中一级直接接收输入信号 R、S,称为主触发器;另一级接收主触发器的输出信号,称为从触发器。两级触发器的时钟信号互补,有效克服了触发器的空翻现象。

(1) 电路结构。

主从 RS 触发器的电路结构与逻辑符号如图 5-1-7 所示。

(2) 工作原理。

主从 RS 触发器的翻转分如下两个节拍。

① 当 $CP=1$ 时,$\overline{CP}=0$,从触发器被封锁,保持原状态不变。但这时,G_7、G_8 打开,主触发器接收 R、S 输入信号。

② 当 CP 由 1 跃降为 0 时,$CP=0$,$\overline{CP}=1$,主触发器被封锁,不再接收 R、S 的输入信号,保持原状态不变。但这时,G_3、G_4 打开,从触发器接收主触发器的输出信号。

(a) 电路结构　　　　　　(b) 逻辑符号

图 5-1-7　主从 RS 触发器电路结构与逻辑符号

因此,主从 RS 触发器的输出取决于 CP 下降沿前一时刻的 R、S 信号,主从 RS 触发器的触发方式称为边沿(下降沿)触发。

(3) 特性方程。

主从 RS 触发器的特性方程与同步 RS 触发器一致,但触发方式由电平(高电平)触发转变为边沿(下降沿)触发,其特性方程为

$$\begin{cases} Q^{n+1}=S+\overline{R}Q^n & (CP\downarrow\text{有效}) \\ RS=0 & (\text{约束条件}) \end{cases}$$

主从触发器有效解决了空翻问题,但依然存在约束条件,给实际使用带来不便。

 任务实施

1. 任务要求

在 TEMI 数字逻辑设计能力认证开发板实现主从 RS 触发器电路功能。

原理图设计约束规则:只能采用基本逻辑门电路。

硬件电路引脚配置规则:R→S1(DIP1)、S→S1(DIP2)、CP→GCLK1(PB-SW1),Q→D2、$\overline{Q}$→D3。

2. CPLD 主从 RS 触发器的软硬件实操

(1) 原理图电路设计。按照主从 RS 触发器的电路结构(如图 5-1-7.所示),用 Quartus Ⅱ 软件绘制主从 RS 触发器。

(2) 波形仿真。

① 根据主从 RS 触发器的逻辑真值表设计输入波形,采用功能仿真实施仿真,验证电路设计是否符合要求。若不符合要求,修改设计,直至符合要求为止。

主从 RS 触发器的参考波形仿真图如图 5-1-8 所示。

图 5-1-8 主从 RS 触发器电路的波形仿真图

② 以".jpg"或".bmp"格式保存仿真波形文件。

（3）引脚分配与再编译。

① 根据主从 RS 触发器硬件电路引脚配置规则,查询 TEMI 数字逻辑设计能力认证开发板硬件引脚与 CPLD 引脚之间的关系,给主从 RS 触发器分配目标 CPLD 引脚。

② 主从 RS 触发器引脚分配完成后,重新编译。

（4）配置下载电缆。

（5）下载编程文件(.sof)。

（6）硬件测试。按表 5-1-4,在 TEMI 数字逻辑设计能力认证开发板进行测试。

表 5-1-4 主从 RS 触发器测试表

输入:S1(SW-DIP8)、GCLK1			输出:LED 灯(低电平驱动)	
DIP1 (R)	DIP2 (S)	GCLK1(PB-SW1) (CP)	D2 (Q)	D3 ($\bar{Q}$)
0	0	1		
0	1	1		
1	0	1		
1	1	1		
0	0	0		
0	1	0		
1	0	0		
1	1	0		
0	0	↑		
0	1	↑		
1	0	↑		
1	1	↑		
0	0	↓		
0	1	↓		
1	0	↓		
1	1	↓		

注:测试表中的输出状态用 LED 灯的亮、灭表示。上升沿测试时,在 $CP=0$ 期间设置 R、S 信号;下降沿测试时,在 $CP=1$ 期间设置 R、S 信号。

（7）检查测试结果。分析、归纳硬件测试结果，判断测试结果是否符合设计要求。若不符合要求，找出问题所在，修改电路设计，重新测试，直至测试符合设计要求。

（8）撰写实操小结。总结实操中的收获与不足，归纳实操中遇到的问题以及解决方法，总结实操中的不良现象与纠正措施。

知识延伸

集成 RS 触发器 74LS279。

74LS279 集成了 4 个独立的基本 RS 触发器，它的逻辑符号与逻辑电路图如图 5-1-9 所示。其中，第 1、3 个 RS 触发器的逻辑电路如图 5-1-9(a)所示，$\overline{S}$ 是 $\overline{S_A}$ 和 $\overline{S_B}$ 的与；第 2、4 个 RS 触发器的逻辑电路如图 5-1-9(b)所示。

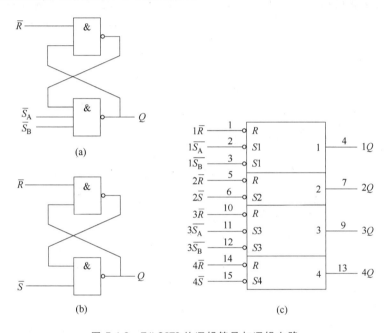

图 5-1-9　74LS279 的逻辑符号与逻辑电路

任务拓展

选用 74LS279、74LS00、74LS04 等芯片构建主从 RS 触发器，用 Quartus Ⅱ 软件绘制电路、仿真与 CPLD 测试。

任务 5.2　JK 触发器

任务说明

JK 触发器是继续针对主从 RS 触发器中存在的约束条件进行改进，JK 触发器有主从 JK 触发器和边沿 JK 触发器，但它们的逻辑功能是一致的。本任务重点学习主从 JK

触发器的电路结构、工作原理与逻辑功能的描述。

 相关知识

1. 主从 JK 触发器

主从 RS 触发器虽然解决了触发器的空翻现象,但仍然存在约束条件,给实际使用带来不便,主从 JK 触发器就是专为解决主从 RS 触发器约束条件而设计的。

1) 电路结构

主从 JK 触发器的电路结构与逻辑符号如图 5-2-1 所示,在主从 RS 触发器的基础上,将从触发器的 Q、$\overline{Q}$ 引入到主触发器的 G_7、G_8,作为 G_7、G_8 的另一个与输入端,因触发器的 Q、$\overline{Q}$ 是互补输出的,一定有一个门被封锁,这时,就不怕输入信号同时为 1 了。其中,Q 引入 G_7、$\overline{Q}$ 引入 G_8,原来的 S 改为 J,原来的 R 改为 K,这就是主从 JK 触发器。

(a) 电路结构   (b) 逻辑符号

图 5-2-1 主从 JK 触发器的电路结构与逻辑符号

2) 逻辑功能

(1) 主从 JK 触发器的功能表。

主从 JK 触发器的逻辑功能继承了主从 RS 触发器的逻辑功能,同时改善了约束条件,当 $J=K=1$ 时,每输入一个脉冲,触发器的状态向相反方向翻转。主从 JK 触发器的功能表见表 5-2-1。

(2) 主从 JK 触发器的特性方程。

根据表 5-2-1 所示功能表画出主从 JK 触发器 Q^{n+1} 的卡诺图,如图 5-2-2 所示,并化简得主从 JK 触发器的特性方程为

$$Q^{n+1}=J\,\overline{Q^n}+\overline{K}Q^n \quad (CP\!\downarrow\!有效)$$

表 5-2-1 主从 JK 触发器功能表

输	入		输出	功能	输	入		输出	功能
J	K	Q^n	Q^{n+1}		J	K	Q^n	Q^{n+1}	
0	0	0	0	保持	1	0	0	1	置1(置位)
0	0	1	1		1	0	1	1	
0	1	0	0	置0(复位)	1	1	0	1	翻转(取反)
0	1	1	0		1	1	1	0	

注意: 主从 JK 触发器的特性方程可从主从 RS 触发器的特性中推导出来,推导如下:

$$Q^{n+1} = S + \overline{R}Q^n = J\,\overline{Q^n} + \overline{K}Q^n Q^n = J\,\overline{Q^n} + (\overline{K} + \overline{Q^n})Q^n$$
$$= J\,\overline{Q^n} + \overline{K}Q^n + \overline{Q^n}Q^n = J\,\overline{Q^n} + \overline{K}Q^n$$

(3) 主从 JK 触发器的状态转换图。主从 JK 触发器的状态转换图如图 5-2-3 所示。

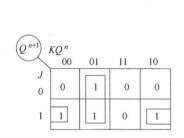

图 5-2-2 主从 JK 触发器的卡诺图

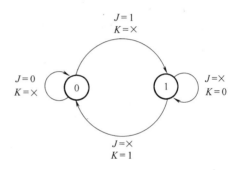

图 5-2-3 主从 JK 触发器的卡诺图

(4) 主从 JK 触发器的激励表。主从 JK 触发器的激励表见表 5-2-2。

表 5-2-2 主从 JK 触发器激励表

$Q^n \rightarrow Q^{n+1}$	驱动(输入)信号		$Q^n \rightarrow Q^{n+1}$	驱动(输入)信号	
	J	K		J	K
$0 \rightarrow 0$	0	$\times$	$1 \rightarrow 0$	$\times$	1
$0 \rightarrow 1$	1	$\times$	$1 \rightarrow 1$	$\times$	0

(5) 主从 JK 触发器的波形图。

主从 JK 触发器的波形图如图 5-2-4 所示。

3) 主从 JK 触发器存在的问题

在 $CP=1$ 期间,主触发器只翻转一次,这种现象称为一次翻转现象。一次翻转现象是一种有害现象,如果在 $CP=1$ 期间,输入端出现干扰信号,这种干扰将会记录下来,传导给下一个 CP 周期,造成触发器误动作,一次翻转现象的波形变化如图 5-2-5 所示,J 在 $CP=1$ 期间的高电平脉冲的置1操作传导给下一个 CP 周期了。因此,主从 JK 触发器在实际使用时,必须保证在 $CP=1$ 期间,J、K 输入信号保持不变。

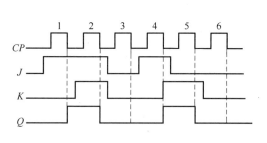

图 5-2-4 主从 JK 触发器波形图

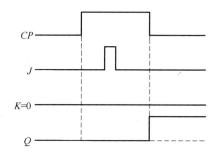

图 5-2-5 主从 JK 触发器的一次翻转现象

2. 边沿 JK 触发器*

边沿触发器是在时钟脉冲的有效边沿（上升沿或下降沿）将输入信号的变化反映在输出端，而在 $CP=0$ 或 $CP=1$ 期间改变输出信号，有效解决了空翻现象和一次翻转现象。

1）电路结构

边沿 JK 触发器的电路结构与逻辑符号如图 5-2-6 所示。

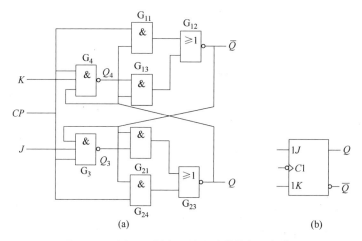

图 5-2-6 边沿 JK 触发器的电路结构与逻辑符号

2）逻辑功能

边沿 JK 触发器的功能表、特性方程、状态转换图、激励表与主从 JK 触发器一致，但边沿 JK 触发器的翻转时刻发生在时钟脉冲的边沿（上升沿或下降沿），翻转方向取决于触发脉冲边沿前一时刻的输入信号。

3）边沿 JK 触发器逻辑符号的有关说明

常用边沿 JK 触发器的逻辑符号如图 5-2-7 所示。

（1）若 CP 端有">"无"∘"表示上升沿触发，如图 5-2-7（a）所示；若 CP 端有">"又有"∘"表示下降升沿触发，如图 5-2-7（b）所示。

（2）若输入端有 $\overline{S_D}$，说明触发器具有异步置 1 功能，当 $\overline{S_D}=0$ 时，触发器输出为 1；若输入端有 $\overline{R_D}$，说明触发器具有异步置 0 功能，当 $\overline{R_D}=0$ 时，触发器输出为 0。异步的意思是指 $\overline{S_D}$、$\overline{R_D}$ 的置 1、置 0 功能，与 CP 无关。触发器正常工作时，$\overline{S_D}$、$\overline{R_D}$ 应维持高

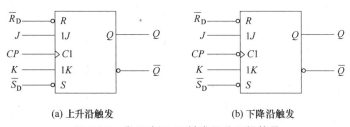

(a) 上升沿触发   (b) 下降沿触发

图 5-2-7 常用边沿 JK 触发器的逻辑符号

电平。

3. T 触发器

T 触发器是在 JK 触发器基础上延伸出来的，当把 JK 触发器的 J、K 输入端连在一起，并命名为 T 端，即为 T 触发器。当 $T=0$ 时，触发器的输出状态保持不变，$Q^{n+1}=Q^n$；当 $T=1$ 时，触发器的输出状态取反，$Q^{n+1}=\overline{Q^n}$。

任务实施

1. 任务要求

在 TEMI 数字逻辑设计能力认证开发板实现主从 JK 触发器电路功能。

原理图设计约束规则：只能采用基本逻辑门电路。

硬件电路引脚配置规则：J→S1(DIP1)、K→S1(DIP2)、CP→GCLK1(PB-SW1)，Q→D2、$\overline{Q}$→D3。

2. CPLD 主从 JK 触发器的软硬件实操

（1）原理图电路设计。按照主从 JK 触发器的电路结构（如图 5-2-1 所示），用 Quartus Ⅱ 软件绘制主从 JK 触发器。

（2）波形仿真。

① 根据主从 JK 触发器的逻辑真值表设计输入波形，采用功能仿真实施仿真，验证电路设计是否符合要求。若不符合要求，修改设计，直至符合要求为止。

主从 JK 触发器的参考仿真波形如图 5-2-8 所示。

	Name	Value at 14.1 ns	0 ps	100.0 ns	200.0 ns	300.0 ns	400.0 ns	500.0 ns	600.0 ns	700.0 ns	800.0 ns	900.0 ns	1.0 u
0	J	A 1											
1	K	A 0											
2	CP	A 0											
3	Q	A 0											
4	/Q	A 1											

图 5-2-8 主从 JK 触发器仿真波形图

② 以 .jpg 或 .bmp 格式保存仿真波形文件。

（3）引脚分配与再编译。

① 根据主从 JK 触发器硬件电路引脚配置规则，查询 TEMI 数字逻辑设计能力

认证开发板硬件引脚与 CPLD 引脚之间的关系,给主从 JK 触发器分配目标 CPLD 引脚。

② 主从 JK 触发器引脚分配完成后,再重新编译。

(4) 配置下载电缆。

(5) 下载编程文件(.sof)。

(6) 硬件测试。按表 5-2-3,在 TEMI 数字逻辑设计能力认证开发板进行测试。

表 5-2-3　主从 JK 触发器测试表

输入:S1(SW-DIP8)、GCLK1			输出:LED 灯(低电平驱动)	
DIP1 (J)	DIP2 (K)	GCLK1(PB-SW1) (CP)	D2 (Q)	D3 ($\overline{Q}$)
0	0	↑		
0	1	↑		
1	0	↑		
1	1	↑		
0	0	↓		
0	1	↓		
1	0	↓		
1	1	↓		

注:测试表中的输出状态用 LED 灯的亮、灭表示。上升沿测试时,在 $CP=0$ 期间设置 J、K 信号;下降沿测试时,在 $CP=1$ 期间设置 J、K 信号。

(7) 检查测试结果。归纳硬件测试结果,判断测试结果是否符合设计要求。若不符合要求,找出问题所在,修改电路设计,重新测试,直至符合设计要求。

(8) 撰写实操小结。总结实操中的收获与不足,归纳实操中遇到的问题以及解决方法,总结实操中的不良现象与纠正措施。

知识延伸

1. 常用集成 JK 触发器

常用的集成 JK 触发器如表 5-2-4 所示。

2. 集成双下降沿 JK 触发器 74LS112

(1) 74LS112 的逻辑符号。

74LS112 集成了 2 个双下降沿 JK 触发器,它的逻辑符号如图 5-2-9 所示。

(2) 74LS112 的逻辑功能表。74LS112 的逻辑功能表见表 5-2-5。

表 5-2-4　常用集成 JK 触发器

名　称	型　号
与门输入下降沿单 JK 触发器	74102
与或门输入下降沿单 JK 触发器	74101
与门输入上升沿单 JK 触发器	7470、4095、4096
双下降沿 JK 触发器	74LS73、74LS107、74LS112、74LS113、74LS114
双上升沿 JK 触发器	74LS109、4027、14027

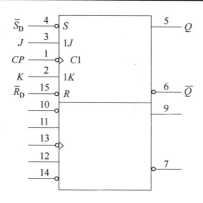

图 5-2-9　74LS112 的逻辑符号

表 5-2-5　74LS112 逻辑功能表

输　入					输　出		功　能
$\overline{R_D}$	$\overline{S_D}$	J	K	CP	Q^{n+1}	$\overline{Q^{n+1}}$	
0	1	×	×	×	0	1	异步置 0
1	0	×	×	×	1	0	异步置 1
1	1	0	0	↓	Q^n	$\overline{Q^n}$	保持
1	1	0	1	↓	0	1	置 0
1	1	1	0	↓	1	0	置 1
1	1	1	1	↓	$\overline{Q^n}$	Q^n	取反(或称为计数)
0	0	×	×	×	1	1	不允许

任务拓展

　　用 Quartus Ⅱ 软件仿真与 CPLD 测试 74LS112 芯片的逻辑功能。

任务 5.3　D 触发器

任务说明

　　D 触发器也是在同步 RS 触发器的基础上改进而来的,有同步 D 触发器和边沿 D 触发器。同步 D 触发器的工作原理基本与同步 RS 触发器相同,也存在空翻现象;边沿 D 触发器的电路结构较有特色,性能也比较完善。本任务重点学习边沿 D 触发器的电路结构、工作原理与逻辑功能描述。

 相关知识

1. 同步 D 触发器

1) 电路结构

同步 D 触发器的电路结构与逻辑符号如图 5-3-1 所示。同步 D 触发器是在同步 RS 触发器改进的,增加了 2 个非门 G_5、G_6,将输入信号 D 变成了两个互补信号分别送给同步 RS 触发器的 R、S 端。

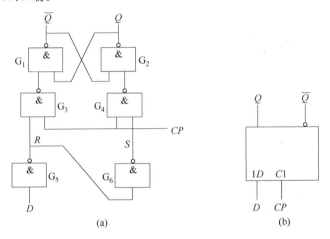

(a)　　　　　　　　　　(b)

图 5-3-1　同步 D 触发器电路结构与逻辑符号

2) 逻辑功能

(1) 特性方程。

同步 D 触发器的特性方程可由同步 RS 触发器推导出来,$R=\overline{D}$,$S=D$,即

$$Q^{n+1}=S+\overline{R}Q^n=D+\overline{\overline{D}}Q^n=D(1+Q^n)=D \quad (CP=1 \text{ 期间})$$

(2) 逻辑功能表。

由同步 D 触发器特性方程可知,在 $CP=1$ 期间,Q^{n+1} 始终和 D 输入一致,称为跟随功能,输出和输入是透明的;在 $CP=0$ 期间,触发器不接收输入信号,其输出状态保持不变,称为锁存功能。同步 D 触发器的逻辑功能表见表 5-3-1。

表 5-3-1　同步 D 触发器逻辑功能表

输入		输出	功　能	输入		输出	功　能
D	Q^n	Q^{n+1}		D	Q^n	Q^{n+1}	
0	0	0	输出状态与输入状态相同	1	0	1	输出状态与输入状态相同
0	1	0		1	1	1	

（3）状态转换图。

同步 D 触发器的状态转换图如图 5-3-2 所示。

（4）激励表。

同步 D 触发器的激励表见表 5-3-2。

表 5-3-2　同步 D 触发器激励表

$Q^n \rightarrow Q^{n+1}$	D	$Q^n \rightarrow Q^{n+1}$	D
0→0	0	1→0	0
0→1	1	1→1	1

（5）波形图。

同步 D 触发器的波形图如图 5-3-3 所示。

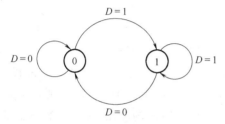

图 5-3-2　同步 D 触发器状态转换图

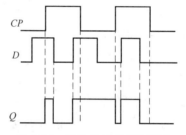

图 5-3-3　同步 D 触发器波形图

注意：实际应用中的 D 锁存器与同步 D 触发器电路结构类似。

2. 边沿 D 触发器

1）电路结构

为了克服同步 D 触发器中的空翻现象，边沿 D 触发器在同步 D 触发器的基础上进行改进，增加了三根反馈线 L_1、L_2 和 L_3，其中 G_5、G_6 改为二输入与非门，G_3 改为三输入与非门，G_4 输出引入 G_6 的输入，同时，G_4 输出又引入 G_3 输入，G_3 输出引入 G_5 的输入，如图 5-3-4 所示。

2）工作原理

（1）当 $D=1$ 时，工作原理如下。

在 $CP=0$ 时，G_3、G_4 被封锁，$Q_3=Q_4=1$，G_1、G_2 组成的基本 RS 触发器维持原来的状态不变。因 $D=1$，G_5 的输入为全 1，即 G_5 的输出 Q_5 为 0，它使 G_3、G_6 的输出为 1。当 CP 由 0 变为 1 时，G_4 输入全为 1，Q_4 为 0，继而，G_2 的输出 Q 翻转为 1，$\overline{Q}$ 翻转为 0，完成了使触发器翻转为 1 状态的工作过程。同时，一旦 Q_4 为 0，通过反馈线 L_1 封锁了 G_6 门，这时如果 D 信号由 1 变 0，只会影响 G_5 的输出，不会影响 G_6 的输出，维持了触发器的 1 状态，因此，称 L_1 线为置 1 维持线。同时，Q_4 通过反馈线 L_2 又封锁了 G_3 门，从而阻塞了置 0 通道，故称 L2 线为置 0 阻塞线。

（2）当 $D=0$ 时，工作原理如下。

图 5-3-4　边沿 D 触发器电路结构与逻辑符号

在 $CP=0$ 时，G_3、G_4 被封锁，$Q_3=Q_4=1$，G_1、G_2 组成的基本 RS 触发器维持原来的状态不变。因 $D=0$，G_5 的输出 Q_5 为 1，G_6 的输入为全 1，则 G_6 的输出 Q_6 为 0。当 CP 由 0 变为 1 时，因 G_3 的输入为全 1，则 G_3 的输出 Q_3 为 0，继而，G_1 的输出 $\overline{Q}$ 翻转为 1，Q 翻转为 0，完成了使触发器翻转为 0 状态的工作过程。同时，一旦 Q_3 为 0，通过反馈线 L_3 封锁了 G_5 门，这时无论 D 信号如何变化，也不会影响 G_5 的输出，维持了触发器的 0 状态，因此，称 L_3 线为置 0 维持线。

综上所述，边沿 D 触发器是利用了维持线、阻塞线，将触发器翻转时刻控制在 CP 上升沿到来的一瞬间，也只接收 CP 上升沿前一时刻 D 输入的信号。

3) 逻辑功能

边沿 D 触发器的特性方程、状态转换图、激励表与同步 D 触发器是一致的，但克服了同步 D 触发器的空翻现象。边沿 D 触发器的波形图如图 5-3-5 所示。

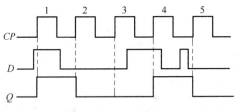

图 5-3-5　边沿 D 触发器波形图

任务实施

1. 任务要求

在 TEMI 数字逻辑设计能力认证开发板实现边沿 D 触发器电路功能。

原理图设计约束规则：只能采用基本 RS 触发器与基本逻辑门电路。

硬件电路引脚配置规则：$D{\rightarrow}$S1(DIP1)、$CP{\rightarrow}$GCLK1(PB-SW1)，$Q{\rightarrow}$D2、$\overline{Q}{\rightarrow}$D3。

2. CPLD 边沿 D 触发器的软硬件实操

（1）原理图电路设计。按照边沿 D 触发器的电路结构（如图 5-3-4 所示），用 Quartus Ⅱ软件绘制边沿 D 触发器。

（2）波形仿真。

① 根据边沿 D 触发器的逻辑真值表设计输入波形，采用功能仿真实施仿真，验证电路设计是否符合要求。若不符合要求，修改设计，直至符合要求为止。

边沿 D 触发器的参考仿真图如图 5-3-6 所示。

图 5-3-6 边沿 D 触发器仿真波形图

② 以 .jpg 或 .bmp 格式保存仿真波形文件。

（3）引脚分配与再编译。

① 根据边沿 D 触发器硬件电路引脚配置规则，查询 TEMI 数字逻辑设计能力认证开发板硬件引脚与 CPLD 引脚之间的关系，给边沿 D 触发器分配目标 CPLD 引脚。

② 边沿 D 触发器引脚分配完成后，再重新编译。

（4）配置下载电缆。

（5）下载编程文件（.sof）。

（6）硬件测试。按表 5-3-3，在 TEMI 数字逻辑设计能力认证开发板进行测试。

表 5-3-3 边沿 D 触发器测试表

输入：S1(SW-DIP8)、GCLK1		输出：LED 灯（低电平驱动）	
DIP1 （D）	GCLK1(PB-SW1) （CP）	D2 （Q）	D3 （$\overline{Q}$）
0	↑		
1	↑		
0	↓		
1	↓		

注：测试表中的输出状态用 LED 灯的亮、灭表示。上升沿测试时，在 $CP=0$ 期间设置 D 信号；下降沿测试时，在 $CP=1$ 期间设置 D 信号。

（7）检查测试结果。归纳硬件测试结果，判断测试结果是否符合设计要求。若不符合要求，找出问题所在，修改电路设计，重新测试，直至符合设计要求。

（8）撰写实操小结。总结实操中的收获与不足，归纳实操中遇到的问题以及解决方法,总结实操中的不良现象与纠正措施。

知识延伸

1. 常用集成 D 触发器

常用集成 D 触发器见表 5-3-4。

表 5-3-4　常用集成 D 触发器

名　称	型　号
双上升沿 D 触发器	74LS74、4013
四上升沿 D 触发器	74LS175、74LS379、40175、14175
六上升沿 D 触发器	74LS174、74LS378
八上升沿 D 触发器	74LS273、74LS574

2. 集成双上升沿 D 触发器 74LS74

(1) 74LS74 的逻辑符号。74LS74 的逻辑符号如图 5-3-7 所示。

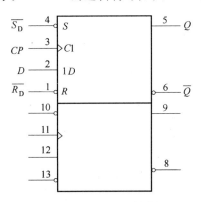

图 5-3-7　74LS74 逻辑符号

(2) 74LS74 的逻辑功能。74LS74 的逻辑功能见表 5-3-5。

表 5-3-5　74LS74 逻辑功能表

输　入				输　出		逻　辑　功　能
$\overline{R_D}$	$\overline{S_D}$	D	CP	Q^{n+1}	$\overline{Q^{n+1}}$	
0	1	×	×	0	1	异步置0
1	0	×	×	1	0	异步置1
1	1	0	↑	0	1	置0
1	1	1	↑	1	0	置1
0	0	×	×	1	1	不允许

任务拓展

用 Quartus Ⅱ 软件仿真与 CPLD 测试 74LS74 芯片的逻辑功能。

习题

1. 如习题 1 电路图所示,列出各边沿 D 触发器的状态方程,设 D 触发器的初始状态为 0,对应 CP 输入电压波形,画出各边沿 D 触发器 Q 的输出波形。

习题 1 图

2. 如习题 2 电路图所示,列出触发器的状态方程,设触发器的初态为 0,画出 Q 端的输出波形。

习题 2 图

3. 如习题 3 电路图所示,列出各边沿 JK 触发器的状态方程,设 JK 触发器的初始状态为 0,对应 CP 输入电压波形,画出各边沿 JK 触发器 Q 的输出波形。

4. 如习题 4 电路图所示,列出触发器的状态方程,设触发器的初态为 1,画出 Q 端的输出波形。

习题 3 图

习题 4 图

5. 在集成触发器 74LS112 和 74LS74 的逻辑符号中，都有 $\overline{S_D}$、$\overline{R_D}$ 控制输入端，试说明 $\overline{S_D}$、$\overline{R_D}$ 的作用；在正常工作时，$\overline{S_D}$、$\overline{R_D}$ 应处于什么状态？

6. 在集成触发器 74LS112 和 74LS74 的逻辑符号中，CP 输入端上的符号不一致，试说明各代表什么含义。

寄 存 器

在数字电路中,用来存放二进制数据的电路称为寄存器。寄存器由具有存储功能的触发器构成,存放 n 位二进制数据,就需要 n 个触发器构成。寄存器是数字系统的重要组成部分,简单来说,寄存器是数字系统的仓库。

按照功能的不同,可将寄存器分为数据寄存器(并行存储寄存器)与移位寄存器两大类。数据寄存器用来存放一组二进制数据,只要求触发器具有存储 0、1 的功能即可;移位寄存器中的数据要求在移位脉冲的作用下实现左移或右移,往往在移位寄存器中也配置了并行输入的功能,可以实现串入串出、并入并出、串入并出、并入串出等功能。

知识点

◇ 数据存储的概念;
◇ 串入串出的概念;
◇ 并入并出的概念;
◇ 串入并出的概念;
◇ 并入串出的概念。

技能点

◇ 数据寄存器与移位寄存器的电路分析与功能描述;
◇ 应用 Quartus Ⅱ 对数据寄存器与移位寄存器进行 CPLD 设计与测试。

任务 6.1　数据寄存器

 任务说明

本任务主要学习触发器记忆功能的应用,即存储二进制数据。

 相关知识

1. 时序逻辑电路的概念

含有触发器的逻辑电路,称为时序逻辑电路。时序逻辑电路在任何时刻的输出状态不仅取决于该时刻的输入状态,还取决于电路的原有状态。

一个时序逻辑电路往往不止一个触发器,根据触发器的 CP 脉冲是否一致,时序逻辑电路分为同步时序逻辑电路和异步时序逻辑电路。在同步时序逻辑电路中,各触发器的 CP 脉冲是同一个触发脉冲,满足状态更新条件的触发器在同一时刻翻转;而异步时序逻辑电路中只有部分触发器的时钟端与输入 CP 脉冲相连,其余触发器的触发输入信号由内部电路提供,具备状态更新条件的触发器在输入 CP 脉冲的作用下,其状态更新有先有后。

典型的时序逻辑电路有寄存器、计数器等。

2. 同步时序逻辑电路的分析

在同步时序逻辑电路中,由于所有触发器都由同一个时钟脉冲 CP 触发,它只控制触发器的翻转时刻,而对触发器的翻转状态无关,因此,在分析同步时序逻辑电路时,可以不考虑时钟条件。同步时序逻辑电路分析的步骤如下。

1) 写方程式

(1) 输出方程:时序逻辑电路的输出逻辑函数表达式。它通常为现态和输入信号的函数。

(2) 驱动方程:各触发器输入端的逻辑函数表达式。

(3) 状态转换方程:将驱动方程代入触发器的特性方程中,就得到该触发器的状态转换方程。它是触发器的次态与现态、输入之间的函数表达式。

2) 列状态转换真值表

将电路现态与输入的各种取值组合代入状态方程和输出方程中进行计算,求出相应的次态和输出,进而列出状态转换真值表。

3) 画出状态转换图

根据状态转换真值表画出状态转换图,便于分析同步时序逻辑电路的功能。

4) 判断电路的逻辑功能

根据状态转换真值表、状态转换图判断同步时序逻辑电路的功能。

3. 同步时序逻辑电路的分析举例

【例 6-1-1】 分析图 6-1-1 所示电路的逻辑功能。

图 6-1-1 例 6-1-1 电路图

解:(1) 写方程式。

① 输出方程:

$$Y = Q_2^n Q_0^n$$

② 驱动方程:

$$J_0 = 1, \quad J_1 = \overline{Q_2^n} Q_0^n, \quad J_2 = Q_1^n Q_0^n$$

$$K_0 = 1, \quad K_1 = Q_0^n, \quad K_2 = Q_0^n$$

③ 状态转换方程:

$$Q_0^{n+1} = J_0 \overline{Q_0^n} + \overline{K_0} Q_0^n = 1 \overline{Q_0^n} + \overline{1} Q_0^n = \overline{Q_0^n}$$

$$Q_1^{n+1} = J_1 \overline{Q_1^n} + \overline{K_1} Q_1^n = \overline{Q_2^n} Q_0^n \overline{Q_1^n} + \overline{Q_0^n} Q_1^n$$

$$Q_2^{n+1} = J_2 \overline{Q_2^n} + \overline{K_2} Q_2^n = Q_1^n Q_0^n \overline{Q_2^n} + \overline{Q_0^n} Q_2^n$$

(2) 列状态转换真值表。

根据表 6-1-1 所示的现态值代入输出方程和状态转换方程中,求出各触发器的次态输出值,填入表 6-1-1 中。

表 6-1-1　例 6-1-1 的状态转换表

现　态			次　态			输出
Q_2^n	Q_1^n	Q_0^n	Q_2^{n+1}	Q_1^{n+1}	Q_0^{n+1}	Y
0	0	0	0	0	1	0
0	0	1	0	1	0	0
0	1	0	0	1	1	0
0	1	1	1	0	0	0
1	0	0	1	0	1	0
1	0	1	0	0	0	1
1	1	0	1	1	1	0
1	1	1	0	1	0	0

(3) 画出状态转换图。状态转换图如图 6-1-2 所示。

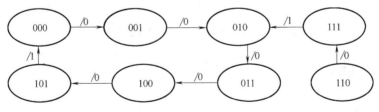

图 6-1-2　状态转换图

(4) 判断电路的逻辑功能。从表 6-1-1 和图 6-1-2 可看出,图 6-1-1 所示电路是一个同步模 6 计数器,或者说是六进制计数器。其中,Y 是六进制计数器的进位输出。此外,从图 6-1-2 可看出,该计数器的无效状态 110 和 111 能自动进入有效循环中,说明该计数器是可以自启动的。

4．数据寄存器

数据寄存器是用来存储一组二进制数据，如图 6-1-3 所示为 4 位二进制数据寄存器。无论寄存器中原来的数据是什么，只要在时钟脉冲 CP 上升沿到来之前，把需要寄存到数据寄存器的数据加到输入端 $D_0 \sim D_3$，CP 上升沿到来后，各触发器的输出就变成了相应输入端的数据，即完成了数据的寄存工作。

$$Q_3^{n+1} Q_2^{n+1} Q_1^{n+1} Q_0^{n+1} = D_3 D_2 D_1 D_0 (CP \uparrow)$$

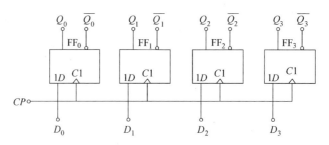

图 6-1-3　4 位数据寄存器

注意：当 D 触发器选用的是同步 D 触发器时，数据寄存器又称为数据锁存器。当 $CP = 1$ 期间，输出与输入一致，称为透明状态，当 CP 由 1 变为 0 时，输出锁存下降沿前一时刻的 D 输入值。

如图 6-1-4 所示为带有异步复位功能的 4 位数据寄存器。当 $\overline{CR} = 0$ 时，各触发器异步复位，输出为 0，即 $Q_3 Q_2 Q_1 Q_0 = 0000$。正常工作时，$\overline{CR}$ 应设置为 1，此时，$Q_3^{n+1} Q_2^{n+1} Q_1^{n+1} Q_0^{n+1} = D_3 D_2 D_1 D_0 (CP \uparrow)$。

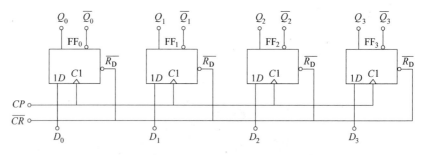

图 6-1-4　含异步复位功能的 4 位数据寄存器

 任务实施

1．任务要求

在 TEMI 数字逻辑设计能力认证开发板实现图 6-1-4 所示含异步复位功能的 4 位数据寄存器的电路功能。

原理图设计约束规则：可采用 D 或 JK 触发器与基本逻辑门电路。

硬件电路引脚配置规则：$\overline{CR} \rightarrow$ S1(DIP1)、$CP \rightarrow$ GCLK1(PB-SW1)、$D_0 \rightarrow$ S1(DIP2)、

$D_1 \rightarrow S1(DIP3)$、$D_2 \rightarrow S1(DIP4)$、$D_3 \rightarrow S1(DIP5)$，$Q_0 \rightarrow D2$、$Q_1 \rightarrow D3$、$Q_2 \rightarrow D4$、$Q_3 \rightarrow D5$。

2．CPLD 数据寄存器的软硬件实操

（1）原理图电路设计。按照 4 位数据寄存器的电路结构（如图 6-1-4 所示），用 Quartus Ⅱ 软件绘制 4 位数据寄存器。

（2）波形仿真。

① 根据数据寄存器的逻辑真值表设计输入波形，采用功能仿真实施仿真，验证电路设计是否符合要求。若不符合要求，修改设计，直至符合要求为止。

数据寄存器的参考仿真波形图如图 6-1-5 所示。

图 6-1-5　含异步复位功能的 4 位数据寄存器

② 以 .jpg 或 .bmp 格式保存仿真波形文件。

（3）引脚分配与再编译。

① 根据数据寄存器硬件电路引脚配置规则，查询 TEMI 数字逻辑设计能力认证开发板硬件引脚与 CPLD 引脚之间的关系，给数据寄存器分配目标 CPLD 引脚。

② 数据寄存器引脚分配完成后，再重新编译。

（4）配置下载电缆。

（5）下载编程文件（.sof）。

（6）硬件测试。按表 6-1-2，在 TEMI 数字逻辑设计能力认证开发板进行测试。

表 6-1-2　数据寄存器测试表

输入：S1(SW-DIP8)、GCLK1						输出：LED 灯（低电平驱动）			
$\overline{CR}$	CP	D_0	D_1	D_2	D_3	Q_0	Q_1	Q_2	Q_3
0	0	0	0	1	1				
0	1	1	0	1	0				
0	↓	1	0	1	1				
0	↑	0	1	1	0				
1	↓	0	0	1	1				

续表

输入:S1(SW-DIP8)、GCLK1						输出:LED灯(低电平驱动)			
$\overline{CR}$	CP	D_0	D_1	D_2	D_3	Q_0	Q_1	Q_2	Q_3
1	↓	1	0	1	0				
1	↑	0	1	1	0				
1	↑	1	0	1	0				

注:测试表中的输出状态用 LED 灯的亮、灭表示。上升沿测试时,在 $CP=0$ 期间设置 D_0、D_1、D_2、D_3 输入信号;下降沿测试时,在 $CP=1$ 期间设置 D_0、D_1、D_2、D_3 输入信号。

(7) 检查测试结果。归纳硬件测试结果,判断测试结果是否符合设计要求。若不符合要求,找出问题所在,修改电路设计,重新测试,直至测试符合设计要求。

(8) 撰写实操小结。

总结实操中的收获与不足,归纳实操中遇到的问题以及解决方法,总结实操中的不良现象与纠正措施。

知识延伸

1. 集成 8 位数据锁存器 74LS373

74LS373 是 8 位数据寄存器,具有三态输出,可用作总线。

(1) 74LS373 的逻辑结构图。74LS373 的逻辑结构图如图 6-1-6 所示。$\overline{OE}$ 为三态控制信号,低电平有效,LE 为锁存控制端,当 $LE=1$,输出等于输入,输出与输入是透明的,当 LE 由高电平变低电平时,输出锁存 LE 下降沿前一时刻的信号。

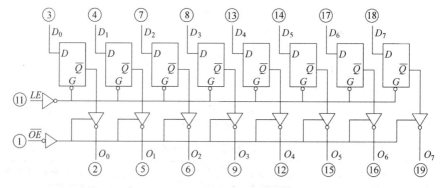

图 6-1-6　74LS373 逻辑结构图

(2) 74LS373 的逻辑功能。74LS373 的逻辑功能见表 6-1-3。

2. 集成 4 位数据寄存器 74LS175

74LS175 是具有异步置 0 功能的 4 位数据寄存器。$\overline{R}_\text{D}$ 是异步置 0 控制端。

(1) 74LS175 的引脚与逻辑结构图。74LS175 的引脚与逻辑结构图如图 6-1-7 所示。$\overline{R}_\text{D}$ 为异步置 0 控制端。

表 6-1-3　74LS373 逻辑功能表

输	入		输出	功 能 说 明
$\overline{OE}$	LE	$D_7 \sim D_0$	$O_7^{n+1} \sim O_0^{n+1}$	
1	×	×	高阻	高阻输出
0	1	$D_7 \sim D_0$	$D_7 \sim D_0$	输出与输入是透明的
0	↓	$D_7 \sim D_0$	$D_7 \sim D_0$	锁存 LE 下降沿前一时刻的输入状态
0	0	×	$O_7^n \sim O_0^n$	输出维持不变

图 6-1-7　74LS175 引脚与逻辑结构图

（2）74LS175 的逻辑功能。74LS175 的逻辑功能见表 6-1-4。

表 6-1-4　74LS175 逻辑功能表

输	入		输出	功 能 说 明
$\overline{R_D}$	CP	$D_3 \sim D_0$	$Q_3^{n+1} \sim Q_0^{n+1}$	
0	×	×	0	异步置 0
1	0	×	$Q_3^n \sim Q_0^n$	输出维持不变
1	↑	$D_3 \sim D_0$	$D_3 \sim D_0$	接收 CP 上升沿前一时刻的输入状态
1	1	×	$Q_3^n \sim Q_0^n$	输出维持不变

任务拓展

用 Quartus Ⅱ 软件仿真与 CPLD 测试 74LS175 芯片的逻辑功能。

任务 6.2　移位寄存器

 任务说明

在数字通信中,有并行通信和串行通信两种方式,需要有一种电路实现并行数据与串行数据间的相互转换,这种电路的基础就是移位功能。在本任务中主要学习移位寄存器的电路结构与工作原理,尤其是多功能的移位寄存器,并行存储与串行输入有机结合在一起,可灵活地实现串入串出、并入并出、串入并出、并入串出等功能。

相关知识

移位寄存器由若干个触发器串联构成。所谓移位是指在移位脉冲作用下,各触发器存放的数据向左或向右移动一位。从移动方向来分,可分为右移移位寄存器、左移移位寄存器、双向移位寄存器。

1. 右移移位寄存器

由 D 触发器构成的 4 位右移移位寄存器如图 6-2-1 所示。从电路中可看出,各触发器的状态方程为

$$Q_3^{n+1}=Q_2^n,\ Q_2^{n+1}=Q_1^n,\ Q_1^{n+1}=Q_0^n,\ Q_0^{n+1}=D_1$$

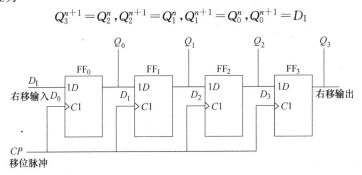

图 6-2-1　4 位右移移位寄存器

设串行输入数据 $D_1=1011$,移位寄存器的初始状态为 0000,根据 4 位右移移位寄存器的状态方程求出 4 位右移移位寄存器的状态转换真值表,见表 6-2-1,在 4 个移位脉冲的作用下,4 位输入数据全部移入寄存器中。

表 6-2-1　4 位右移移位寄存器状态转换真值表

输入	现 态				次 态			
D	Q_0^n	Q_1^n	Q_2^n	Q_3^n	Q_0^{n+1}	Q_1^{n+1}	Q_2^{n+1}	Q_3^{n+1}
1	0	0	0	0	1	0	0	0
0	1	0	0	0	0	1	0	0
1	0	1	0	0	1	0	1	0
1	1	0	1	0	1	1	0	1

2. 左移移位寄存器

4 位左移移位寄存器的逻辑电路图如图 6-2-2 所示。从图中可知，各触发器的状态方程为

$$Q_0^{n+1}=Q_1^n, Q_1^{n+1}=Q_2^n, \quad Q_2^{n+1}=Q_3^n, Q_3^{n+1}=D_{\bar{1}}$$

图 6-2-2　4 位左移移位寄存器

设串行输入数据 $D_1=1011$，移位寄存器的初始状态为 0000，根据 4 位左移移位寄存器的状态方程，求出 4 位左移移位寄存器的状态转换真值表，见表 6-2-2，在 4 个移位脉冲的作用下，4 位输入数据全部移入寄存器中。

表 6-2-2　4 位左移移位寄存器状态转换真值表

输入	现		态		次		态	
D	Q_0^n	Q_1^n	Q_2^n	Q_3^n	Q_0^{n+1}	Q_1^{n+1}	Q_2^{n+1}	Q_3^{n+1}
1	0	0	0	0	0	0	0	1
0	0	0	0	1	0	0	1	0
1	0	0	1	0	0	1	0	1
1	0	1	0	1	1	0	1	1

3. 双向移位寄存器

如图 6-2-3 所示逻辑电路为由 D 触发器构成的 4 位双向移位寄存器。根据图 6-2-3

图 6-2-3　双向移位寄存器

求出各触发器的状态方程：

$$Q_0^{n+1} = \overline{M}D_{SR} + MQ_1^n, \quad Q_1^{n+1} = \overline{M}Q_0^n + MQ_2^n$$

$$Q_2^{n+1} = \overline{M}Q_1^n + MQ_3^n, \quad Q_3^{n+1} = \overline{M}Q_2^n + MD_{SL}$$

（1）当 $M=0$ 时为右移寄存器，状态方程为

$$Q_3^{n+1} = Q_2^n, \quad Q_2^{n+1} = Q_1^n, \quad Q_1^{n+1} = Q_0^n, \quad Q_0^{n+1} = D_{SR}$$

（2）当 $M=1$ 时为左移寄存器，状态方程为

$$Q_0^{n+1} = Q_1^n, \quad Q_1^{n+1} = Q_2^n, \quad Q_2^{n+1} = Q_3^n, \quad Q_3^{n+1} = D_{SL}$$

 任务实施

1. 任务要求

在 TEMI 数字逻辑设计能力认证开发板实现图 6-2-1 所示的 4 位右移移位寄存器电路功能。

原理图设计约束规则：只能采用 D 触发器与基本逻辑门电路。

硬件电路引脚配置规则：$D_1 \to$ S1（DIP1）、$CP \to$ GCLK1（PB-SW1），$Q_0 \to$ D2、$Q_1 \to$ D3、$Q_2 \to$ D4、$Q_3 \to$ D5。

2. CPLD 4 位右移移位寄存器的软硬件实操

（1）原理图电路设计。按照 4 位右移移位寄存器的电路结构（如图 6-2-1 所示），用 Quartus Ⅱ 软件绘制 4 位右移移位寄存器。

（2）波形仿真。

① 根据 4 位右移移位寄存器的逻辑真值表设计输入波形，采用功能仿真实施仿真，验证电路设计是否符合要求。若不符合要求，修改设计，直至符合要求为止。

4 位右移移位寄存器的参考仿真波形图如图 6-2-4 所示。

图 6-2-4 4 位右移移位寄存器的仿真波形图

② 以 .jpg 或 .bmp 格式保存仿真波形文件。

（3）引脚分配与再编译。

① 根据 4 位右移移位寄存器硬件电路引脚配置规则，查询 TEMI 数字逻辑设计能力认证开发板硬件引脚与 CPLD 引脚之间的关系，给 4 位右移移位寄存器分配目标 CPLD 引脚。

② 4 位右移移位寄存器引脚分配完成后，重新编译。

（4）配置下载电缆。

（5）下载编程文件（.sof）。

（6）硬件测试。按表6-2-3，在 TEMI 数字逻辑设计能力认证开发板进行测试。

表 6-2-3　4 位右移移位寄存器测试表

输入：S1(SW-DIP8)、GCLK1		输出：LED 灯（低电平驱动）			
D_I	CP	Q_0	Q_1	Q_2	Q_3
0	0				
1	0				
1	↑				
0	↑				
1	↑				
1	↑				
0	↑				

注：测试表中的输出状态用 LED 灯的亮、灭表示。上升沿测试，在 $CP=0$ 期间设置 D_I 输入信号。

（7）检查测试结果。归纳硬件测试结果，判断测试结果是否符合设计要求。若不符合要求，找出问题所在，修改电路设计，重新测试，直至符合设计要求。

（8）撰写实操小结。总结实操中的收获与不足，归纳实操中遇到的问题以及解决方法，总结实操中的不良现象与纠正措施。

知识延伸

1. 集成双向移位寄存器 74LS194

74LS194 具有并行置数、左移、右移、保持 4 种功能。

（1）74LS194 的引脚图。74LS194 的引脚图如图 6-2-5 所示。$\overline{CR}$ 为异步置 0 端；M_1、M_0 为工作方式选择控制端；Q_0、Q_1、Q_2、Q_3 为数据输出端；D_0、D_1、D_2、D_3 为并行数据输

图 6-2-5　74LS194 引脚图

入端；D_{SL} 为串行左移数据输入端；D_{SR} 为串行右移数据输入端；CP 为时钟控制端。

（2）74LS194 的逻辑功能。74LS194 的逻辑功能见表 6-2-4。

表 6-2-4　74LS194 逻辑功能表

输　　入										输　　出				逻辑功能
$\overline{CR}$	M_1	M_0	CP	D_{SL}	D_{SR}	D_0	D_1	D_2	D_3	Q_0	Q_1	Q_2	Q_3	
0	×	×	×	×	×	×	×	×	×	0	0	0	0	异步置 0
1	×	×	0	×	×	×	×	×	×	保持				
1	1	1	↑	×	×	D_0	D_1	D_2	D_3	D_0	D_1	D_2	D_3	并行置数
1	0	1	↑	×	D_{SR}	×	×	×	×	D_{SR}	Q_0	Q_1	Q_2	串行右移
1	1	0	↑	D_{SL}	×	×	×	×	×	Q_1	Q_2	Q_3	D_{SL}	串行左移
1	×	×	×	×	×	×	×	×	×	保持				

2. 集成 8 位移位寄存器 74HC595

74HC595 是具有 8 位移位寄存器和一个存储寄存器，具有三态输出功能（即总线功能）和级联功能，是目前最常用的移位寄存器，用于实现并、串转换以及多位驱动。

（1）74HC595 的引脚图。74HC595 的引脚图如图 6-2-6 所示。SCK 为移位寄存器的时钟控制端；DS 为串行数据输入端，DS 数据在 SCK 的上升沿输入；Q_7' 为移位寄存器的串行输出端，用于连接下一级的 DS 实现级联，如 2 块 74HC595 就可以扩展为 16 位的移位寄存器；$\overline{SCLR}$ 为移位寄存器的异步清 0 端，当 $\overline{SCLR}=0$ 时，移位寄存器的状态为 0。存储寄存器也是并行 8 位的，它的输入就是 8 位移位寄存器的输出，具备三态的总线输出。RCK 为存储寄存器的时钟控制端，当 RCK 是上升沿时，存储寄存器锁存移位寄存器的状态。$\overline{OE}$ 为存储寄存器的三态输出控制端，当 $\overline{OE}=0$ 时，存储寄存器的数据输出到 $Q_1 \sim Q_7$ 引脚。

图 6-2-6　74HC595 引脚图

（2）74HC595 的逻辑功能。74HC595 的逻辑功能见表 6-2-5。

表 6-2-5　74HC595 逻辑功能表

输　　入					输　　出
DS	SCK	$\overline{SCLR}$	RCK	$\overline{OE}$	（$Q_0 \sim Q_7$）
×	×	×	×	1	$Q_0 \sim Q_7$ 为高阻输出
×	×	×	×	0	存储寄存器值输出到 $Q_0 \sim Q_7$ 引脚
×	×	0	×	×	移位寄存器清零
D	↑	H	×	×	D 移入 Q_0，其余都右移 1 位
×	×	×	↑	×	存储寄存器锁存移位寄存器中的状态值

任务拓展

用 QuartusⅡ软件仿真与 CPLD 测试 74LS194 芯片的逻辑功能。

习题

1. 不论是数据寄存器，还是移位寄存器，触发器的状态方程都应满足什么要求？

2. 试分析 74LS373 中 $\overline{OE}$ 控制端的作用，当 $LE=1$ 时，输出与输入之间的关系是什么？

3. 试分析 74HC595 中 RCK、SCK 输入端的作用是什么？

4. 叙述 74HC595 从 DS 端串行输入 11010011 数据，再一次性从 Q_0、Q_1、Q_2、Q_3、Q_4、Q_5、Q_6、Q_7 输出 11010011 的操作流程。

5. 74HC595 的功能表中，当 $\overline{OE}=1$ 时，74HC595 的输出状态为高阻，请问高阻状态是一种什么状态？在实际应用中有什么意义？

6. 如何用两片 74HC595 实现 16 位的移位寄存器？画出 16 位移位寄存器的逻辑电路图。

同步计数器

用于统计输入时钟 CP 个数的电路称为计数器,它主要由触发器组成,是时序逻辑电路中最基本的应用单元。

按计数进制,分为二进制计数器、十进制计数器和 N 进制计数器。

按计数的增减,分为加法计数器和减法计数器。

按计数器中各触发器的翻转时刻是否同步,分为同步计数器和异步计数器。

在本项目中重点学习同步计数器的设计。

知识点

◇ 同步计数器的设计方法;

◇ 同步二进制加法计数器电路的连接规律;

◇ 同步二进制减法计数器电路的连接规律;

◇ 集成二进制计数器实现任意进制计数器的方法。

技能点

◇ 同步计数器的设计;

◇ 应用集成同步二进制或十进制计数器,实现任意进制(N)计数器;

◇ 应用 Quartus Ⅱ 对模 6 同步加法计数器、模 5 同步减法计数器进行 CPLD 设计与测试。

任务 7.1　同步加法计数器

任务说明

本任务主要通过同步加法计数器设计的学习,延伸到通用二进制加法计数器的电路连接规律,再延伸到应用集成通用二进制加法计数器实现任意进制加法计数器的设计,最终达到学会同步任意进制加法计数器的设计。

相关知识

1. 同步计数器的概念

同步计数器是指各触发器输出的改变由同一个脉冲控制,所有触发器输出状态的改变均由 CP 时钟同步,即各触发器的触发脉冲为同一个 CP 脉冲。

同步计数器按计数变化的方向可分为同步加法计数器与同步减法计数器。

2. 同步计数器的设计方法

同步计数器的设计步骤可归纳如下。

(1)根据同步计数器的状态数(称为模数)确定触发器的个数。

(2)选择触发器的类型。

(3)画出同步计数器的状态转换图或列出状态转换关系真值表。

(4)根据同步计数器的状态转换真值表,画出各触发器的次态与初态关系的卡诺图(将所有无效状态按任意项(无关项)处理),求出各触发器的状态转换方程。

(5)将同步计数器的无效状态项一一代入各触发器的状态转换方程中,检验各无效状态能否进入有效循环中,若能,说明该计数器能自启动,就按当前的状态转换方程求解各触发器输入端的驱动方程;若不能,将不能进入有效循环的无效状态强制进入有效状态,重新列出状态转换真值表,并重新求解各触发器的状态转换方程。

(6)根据各触发器的状态转换方程与各自的特征方程进行对比,求出各触发器输入端的驱动方程(函数)。

(7)根据各触发器输入信号的驱动方程,画出该计数器的电路图。

3. 模6同步加法计数器的设计

(1)确定触发器的个数:因计数器的状态数为6,大于 2^2、小于 2^3,因此,应选择3个触发器。

(2)选择触发器的类型:选择JK触发器。

(3)根据模6加法计数器的技术规则,画出模6加法计数器的状态转换图,如图7-1-1所示。

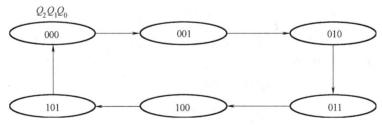

图 7-1-1 模6加法计数器的状态转换图

(4)根据模6加法计数器的状态转换,列出模6加法计数器状态转换真值表,见表 7-1-1。

(5)画卡诺图,求解各触发器的状态转换方程。Q_2^{n+1}、Q_1^{n+1}、Q_0^{n+1} 的卡诺图与化简如图 7-1-2~图 7-1-4 所示。

表 7-1-1　模 6 加法计数器状态转换的真值表

Q^n			Q^{n+1}		
Q_2^n	Q_1^n	Q_0^n	Q_2^{n+1}	Q_1^{n+1}	Q_0^{n+1}
0	0	0	0	0	1
0	0	1	0	1	0
0	1	0	0	1	1
0	1	1	1	0	0
1	0	0	1	0	1
1	0	1	0	0	0

注：为简化同步计数器的电路结构，对于无效项，在表中可不列出。在卡诺图中直接把无效项做任意项处理即可。

图 7-1-2　Q_2 的卡诺图与化简

图 7-1-3　Q_1 的卡诺图与化简

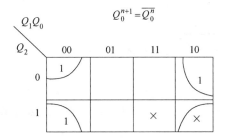

图 7-1-4　Q_0 的卡诺图与化简

（6）检验无效状态能否进入有效状态，模 6 加法计数器有 2 个无效状态：110 和 111。

当 $Q_2 Q_1 Q_0 = 110$ 时，有

$$Q_2^{n+1} = Q_1^n Q_0^n + \overline{Q_0^n} Q_2^n = 1 \cdot 0 + \overline{0} \cdot 1 = 1$$

$$Q_1^{n+1} = Q_1^n \overline{Q_0^n} + \overline{Q_2^n}\, \overline{Q_1^n} Q_0^n = 1 \cdot \overline{0} + \overline{1} \cdot \overline{1} \cdot 0 = 1$$

$$Q_0^{n+1} = \overline{Q_0^n} = \overline{0} = 1$$

当 $Q_2 Q_1 Q_0 = 111$ 时，有

$$Q_2^{n+1} = Q_1^n Q_0^n + \overline{Q_0^n} Q_2^n = 1 \cdot 1 + \overline{1} \cdot 1 = 1$$

$$Q_1^{n+1} = Q_1^n \overline{Q_0^n} + \overline{Q_2^n}\, \overline{Q_1^n} Q_0^n = 1 \cdot \overline{1} + \overline{1} \cdot \overline{1} \cdot 1 = 0$$

$$Q_0^{n+1} = \overline{Q_0^n} = \overline{1} = 0$$

从上可知，当 $Q_2Q_1Q_0 = 110$ 时，它的次态是 111，而当 $Q_2Q_1Q_0 = 111$ 时，它的次态是 100，说明按此状态转换方程设计的计数器能自启动。下面按此状态转换方程继续求解各触发器输入信号的驱动方程。

（7）求解各触发器输入信号的驱动方程。将各触发器的状态转换方程与其特征方程进行对比，求解各触发器输入信号的驱动方程。

① 求解 J_2、K_2。

因为

$$Q_2^{n+1} = Q_1^n Q_0^n + \overline{Q_0^n} Q_2^n = Q_1^n Q_0^n (Q_2^n + \overline{Q_2^n}) + \overline{Q_0^n} Q_2^n$$
$$= Q_1^n Q_0^n Q_2^n + Q_1^n Q_0^n \overline{Q_2^n} + \overline{Q_0^n} Q_2^n = Q_1^n Q_0^n \overline{Q_2^n} + (Q_1^n Q_0^n + \overline{Q_0^n}) Q_2^n$$
$$= J_2 \overline{Q_2^n} + \overline{K_2} Q_2^n$$

所以

$$J_2 = Q_1^n Q_0^n = Q_1 Q_0$$

$$K_2 = \overline{(Q_1^n Q_0^n + \overline{Q_0^n})} = \overline{Q_1^n Q_0^n} \cdot Q_0^n = (\overline{Q_1^n} + \overline{Q_0^n}) \cdot Q_0^n = \overline{Q_1^n} \cdot Q_0^n = \overline{Q_1} Q_0$$

② 求解 J_1、K_1。

因为

$$Q_1^{n+1} = Q_1^n \overline{Q_0^n} + \overline{Q_2^n} \overline{Q_1^n} Q_0^n = \overline{Q_2^n} Q_0^n \overline{Q_1^n} + \overline{Q_0^n} Q_1^n$$
$$= J_1 \overline{Q_1^n} + \overline{K_1} Q_1^n$$

所以

$$J_1 = \overline{Q_2^n} Q_0^n = \overline{Q_2} Q_0, \quad K_1 = \overline{\overline{Q_0^n}} = Q_0^n = Q_0$$

③ 求解 J_0、K_0。

因为

$$Q_1^{n+1} = \overline{Q_0^n} = J_0 \overline{Q_0^n} + \overline{K_0} Q_0^n$$

所以

$$J_0 = 1, \quad K_0 = 1$$

（8）根据各触发器的驱动方程画出模6加法计数器的电路图，如图 7-1-5 所示。

图 7-1-5 模6加法计数器电路图

注意：当用 JK 触发器设计计数器时，在触发器的状态转换方程化简时，并非化简越简单，电路结构就越简单。如 Q_2^{n+1} 的化简中，如只考虑 m_4、m_6 画圈化简，其状态转换方程为

$$Q_2^{n+1} = Q_1^n Q_0^n \overline{Q_2^n} + \overline{Q_0^n} Q_2^n = J_2 \overline{Q_2^n} + \overline{K_2} Q_2^n$$

从上可看出，这时的 J_2 没变，但 $K_2 = Q_0^n = Q_0$，比上面电路更简单了。因此，当采用 JK 触发器设计时，每一个化简项都保留本变量项。

4. 同步二进制加法计数器

同步二进制计数器是指计数器的模是 2^N，N 是触发的个数。由于同步二进制计数器没有无效状态，所以它的电路结构很有规律，同步二进制加法计数器的驱动方程和进位

位的输出方程如下：

$$\begin{cases} J_0 = K_0 = 1 \\ J_1 = K_1 = Q_0^n = Q_0 \\ J_2 = K_2 = Q_1^n Q_0^n = Q_1 Q_0 \\ \qquad \vdots \\ J_{N-1} = K_{N-1} = Q_{N-2}^n Q_{N-3}^n \cdots Q_1^n Q_0^n = Q_{N-2} \cdot Q_{N-3} \cdots Q_1 Q_0 \\ C = Q_{N-1}^n Q_{N-2}^n Q_{N-3}^n \cdots Q_1^n Q_0^n = Q_{N-1} Q_{N-2} Q_{N-3} \cdots Q_1 Q_0 \end{cases}$$

3 位二进制同步加法计数器的电路图如图 7-1-6 所示。

图 7-1-6 3位二进制同步加法计数器电路图

 任务实施

1. 任务要求

在 TEMI 数字逻辑设计能力认证开发板实现图 7-1-5 所示模 6 同步加法计数器电路功能。

原理图设计约束规则：可采用 D 或 JK 触发器与基本逻辑门电路。

硬件电路引脚配置规则：$CP \rightarrow GCLK2(PB\text{-}SW2)$，$Q_0 \rightarrow D2$、$Q_1 \rightarrow D3$、$Q_2 \rightarrow D4$。

2. CPLD 模 6 同步加法计数器的软硬件实操

（1）原理图电路设计。按照模 6 同步加法计数器的电路结构（如图 7-1-5 所示），用 Quartus II 软件绘制模 6 同步加法计数器。

（2）波形仿真。

① 根据模 6 同步加法计数器的逻辑真值表设计输入波形，采用功能仿真实施仿真，验证电路设计是否符合要求。若不符合要求，修改设计，直至符合要求为止。

模 6 同步加法计数器的参考波形仿真图如图 7-1-7 所示。

	Name	Value at 14.1 ns	0 ps	200.0 ns	400.0 ns	600.0 ns	800.0 ns	1.0 us
0	CP	A 0						
1	Q2	A 0						
2	Q1	A 0						
3	Q0	A 0						

图 7-1-7 模 6 同步加法计数器的波形仿真图

注意：本计数器是采用上升沿触发。

② 以 .jpg 或 .bmp 格式保存仿真波形文件。

（3）引脚分配与再编译。

① 根据模 6 加法计数器硬件电路引脚配置规则，查询 TEMI 数字逻辑设计能力认证开发板硬件引脚与 CPLD 引脚之间的关系，给模 6 加法计数器分配目标 CPLD 引脚。

② 模 6 加法计数器引脚分配完成后，再重新编译。

（4）配置下载电缆。

（5）下载编程文件（.sof）。

（6）硬件测试。

① 按表 7-1-2，在 TEMI 数字逻辑设计能力认证开发板进行测试。

表 7-1-2　模 6 同步加法计数器测试表

序号	输　入	输出：LED 灯（低电平驱动）		
	GCLK2(PB-SW2) （CP）	D4 （Q_2）	D3 （Q_1）	D2 （Q_0）
0	0			
1	↑			
2	↑			
3	↑			
4	↑			
5	↑			
6	↑			
7	↑			

注：测试表中的输出状态用 LED 灯的亮、灭表示。

② 将 GCLK2 从 PB-SW2 改为 10Hz，观察模 6 同步加法计数器的输出，并记录。

（7）检查测试结果。归纳硬件测试结果，判断测试结果是否符合设计要求。若不符合要求，找出问题所在，修改电路设计，重新测试，直至符合设计要求。

（8）撰写实操小结。总结实操中的收获与不足，归纳实操中遇到的问题以及解决方法，总结实操中的不良现象与纠正措施。

知识延伸

1. 集成 4 位二进制同步加法计数器 74LS161

（1）74LS161 的引脚图。74LS161 的引脚图如图 7-1-8 所示。$\overline{C_R}$ 为异步清 0 端，低电平有效；$\overline{LD}$ 为同步置数端，低电平有效；E_T、E_P 为使能端，E_T、E_P 同为高电平时，计数器才能正常计数；CP 为计数脉冲输入端，上升沿触发；D_0、D_1、D_2、D_3 为并行数据输入端；Q_0、Q_1、Q_2、Q_3 为数据输出端；C_O 为进位输出端，$C_O = Q_0 Q_1 Q_2 Q_3$。

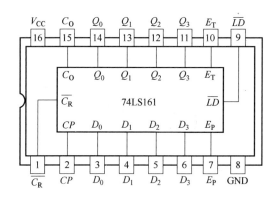

图 7-1-8　74LS161 引脚图

（2）74LS161 的逻辑功能。74LS161 的逻辑功能见表 7-1-3。

表 7-1-3　74LS161 逻辑功能

输　入									输　出				逻辑功能
$\overline{C_R}$	$\overline{LD}$	E_T	E_P	CP	D_0	D_1	D_2	D_3	Q_0	Q_1	Q_2	Q_3	
0	×	×	×	×	×	×	×	×	0	0	0	0	异步置 0
1	0	×	×	↑	D_0	D_1	D_2	D_3	D_0	D_1	D_2	D_3	同步置数
1	1	0	×	×	×	×	×	×	Q_0	Q_1	Q_2	Q_3	保持不变
1	1	×	0										
1	1	1	1	↑	×	×	×	×	计数				4 位二进制 加法计数

2．集成十进制同步加法计数器 CD4518

（1）CD4518 的引脚图。CD4518 的引脚图如图 7-1-9 所示，CD4518 内含 2 个功能完全相同的十进制加法计数器。每个计数器有 2 个时钟输入端 CP 和 EN，若采用时钟的上升沿触发，则时钟由 CP 端输入，同时 EN 设置为高电平；若采用时钟的下降沿触发，则时钟从 EN 端输入，同时 CP 设置为低电平。CR 为异步清 0 端，高电平有效。

图 7-1-9　CD4518 引脚图

（2）CD4518 的逻辑功能。CD4518 的逻辑功能见表 7-1-4。

表 7-1-4 CD4518 逻辑功能

输	入		输	出			逻 辑 功 能
CR	CP	EN	Q_0	Q_1	Q_2	Q_3	
1	×	×	0	0	0	0	异步置 0
0	↑	1	加计数				上升沿触发计数
0	0	↓	加计数				下降沿触发计数
0	↑	0	不计数				输出状态保持不变
0	1	↓					
0	↓	×					
0	×	↑					

(3) CD4518 的状态转换图。CD4518 的状态转换图如图 7-1-10 所示。

图 7-1-10 CD4518 的状态转换图

3. 应用集成计数器实现 N 进制计数器

在集成计数器电路中,主要有二进制计数器和十进制计数器,但在实际应用中常常需要使用其他进制计数,如十二进制、二十四进制、六十进制等计数器。设集成计数器的模称为 M,要实现计数器的模称为 N,通常有小容量法($N<M$)和大容量法($N>M$)两种。

1) $N<M$ 的情况

有两种方法:异步置 0 法与同步置数法(当并行输入数据为 0 时,也称为同步置 0 法)。

(1) 利用异步置 0 法,用 74LS161 构成十二进制计数器。

十二进制计数器有十二个状态,从 0000 到 1011,当计数到 1100 时产生一个异步置 0 信号(低电平)加到 74LS161 的异步置 0 端($\overline{C_R}$),强迫计数器从 1100 状态回到 0000 状态,因此 1100 状态是个瞬间状态,1100 状态和 0000 状态是同一个计数周期。如何在 1100 状态产生一个异步置 0 信号(低电平)呢?根据 1100 状态可知,Q_3、Q_2 同时为 1 是前面 12 个正常计数状态所不具备的,因此就用 Q_3、Q_2 经过一个与非门来实现。异步置 0 法十二进制计数器的状态转换图如图 7-1-11 所示,异步置 0 法构成的十二进制计数器电路如图 7-1-12 所示。

(2) 利用同步置数法,用 74LS161 构成十二进制计数器。

当同步置数 $\overline{LD}$ 信号为 0,并不会马上将 D_0、D_1、D_2、D_3 数据输入 Q_0、Q_1、Q_2、Q_3 中,而是在 CP 作用下,才能把 D_0、D_1、D_2、D_3 数据输入 Q_0、Q_1、Q_2、Q_3 中,因此,产生同步置数信号的状态在正常的计数器状态中。当要实现十二进制计数器时,就要利用十二进制

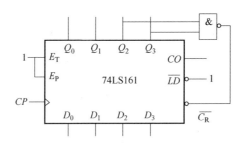

$Q_3Q_2Q_1Q_0$

0000 → 0001 → 0010 → 0011 → 0100 → 0101 → 0110

1100 (过渡) ← 1011 ← 1010 ← 1001 ← 1000 ← 0111

图 7-1-11　异步置 0 法十二进制计数器的状态转换图

图 7-1-12　异步置 0 法构成的十二进制计数器电路

计数器的最高状态 (1011) 产生同步置数信号，将 Q_3、Q_1、Q_0 经一个三输入与非门产生，同时，将并行输入数据 D_0、D_1、D_2、D_3 全部置 0，即用 74LS161 实现了十二进制计数器。同步置数法十二进制计数器的状态转换图如图 7-1-13 所示，同步置数法构成的十二进制计数器电路如图 7-1-14 所示。

$Q_3Q_2Q_1Q_0$

0000 → 0001 → 0010 → 0011 → 0100 → 0101 → 0110

1011 ← 1010 ← 1001 ← 1000 ← 0111

图 7-1-13　同步置数法十二进制计数器的状态转换图

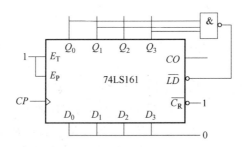

图 7-1-14　同步置数法构成的十二进制计数器电路

2）$N > M$ 的情况

当 $N > M$ 时，必须用多片 M 进制计数器组合起来，再利用异步置 0 法或同步置数法构成 N 进制计数器。多片 M 进制计数器组合的方法有两种：①同步法，即多片 M 进制计数器都采用同一个 CP 脉冲，低位的进位输出接高位计数使能端；②异步法，即低位的进位输出作为高位的计数脉冲。

如 $N < M \times M$ 时，先用 2 片 M 进制计数器利用"同步法"或"异步法"实现"$M \times M$"进制计数器，再利用"$N < M$"（$N < M \times M$）的方法实现任意进制（N）计数器。

试用一片 CD4518 构成二十四进制计数器:CD4518 内置 2 个独立的十进制计数器,首先将 2 个十进制计数器串联起来,第一级的最高位 Q_3 输出与第二级的计数脉冲输入端相接,构成 10×10(100)进制计数器,当计数到 24(00100100)时,第一级的 Q_2 与第二级的 Q_1 经一个二输入与非门产生的一个异步置 0 信号,来控制第一级、第二级十进制计数器的异步置 0 端(CR),强迫双计数器从 00100100 状态回到 00000000 状态,从而构成二十四进制计数器。用一片 CD4518 构成二十四进制计数器的电路如图 7-1-15 所示。

图 7-1-15   CD4518 构成的二十四进制计数器

任务拓展

用 74LS161、74LS00 芯片完成十进制计数器(模 10 计数器)的设计,用 Quartus Ⅱ 软件仿真与 CPLD 进行测试。

任务 7.2   同步减法计数器

任务说明

本任务主要学习同步减法计数器的基本设计方法,进而掌握同步二进制减法计数器电路的连接规律。

相关知识

同步减法计数器的设计与同步加法计数器的设计方法一致,更广泛地讲,同步周期性变化的状态机的设计都是一样的。

1. 同步模 5 减法计数器的设计

(1)确定触发器的个数:因计数器的状态数为 5,大于 2^2、小于 2^3,因此,应选择 3 个触发器。

(2)选择触发器的类型:选择 JK 触发器。

(3)根据模 5 减法计数器的技术规则,画出模 5 减法计数器的状态转换图,如图 7-2-1 所示。

(4)根据模 5 减法计数器的状态转换,列出模 5 减法计数器状态转换真值表,见表 7-2-1。

图 7-2-1　模 5 减法计数器的状态转换图

表 7-2-1　模 5 减法计数器状态转换真值表

Q^n			Q^{n+1}		
Q_2^n	Q_1^n	Q_0^n	Q_2^{n+1}	Q_1^{n+1}	Q_0^{n+1}
0	0	0	1	0	0
1	0	0	0	1	1
0	1	1	0	1	0
0	1	0	0	0	1
0	0	1	0	0	0

注：为简化同步计数器的电路结构，对于无效项，在表中可不列出。在卡诺图中直接把无效项做任意项处理即可。

（5）画卡诺图，求解各触发器的状态转换方程。

Q_2^{n+1}、Q_1^{n+1}、Q_0^{n+1} 的卡诺图与化简如图 7-2-2～图 7-2-4 所示。

图 7-2-2　Q_2^{n+1} 的卡诺图与化简

图 7-2-3　Q_1^{n+1} 的卡诺图与化简

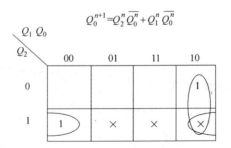

图 7-2-4　Q_0^{n+1} 的卡诺图与化简

（6）检验无效状态能否进入有效状态，模 5 减法计数器有 3 个无效状态：101、110 和 111。

当 $Q_2Q_1Q_0 = 101$ 时,有

$$Q_2^{n+1} = \overline{Q_2^n}\ \overline{Q_1^n}\ \overline{Q_0^n} = \overline{1} \cdot \overline{0} \cdot \overline{1} = 0$$

$$Q_1^{n+1} = Q_2^n\ \overline{Q_1^n} + Q_1^n Q_0^n = 1 \cdot \overline{0} + 0 \cdot 1 = 1$$

$$Q_0^{n+1} = Q_2^n\ \overline{Q_0^n} + Q_1^n\ \overline{Q_0^n} = 1 \cdot \overline{1} + 0 \cdot \overline{1} = 0$$

当 $Q_2Q_1Q_0 = 110$ 时,有

$$Q_2^{n+1} = \overline{Q_2^n}\ \overline{Q_1^n}\ \overline{Q_0^n} = \overline{1} \cdot \overline{1} \cdot \overline{0} = 0$$

$$Q_1^{n+1} = Q_2^n\ \overline{Q_1^n} + Q_1^n Q_0^n = 1 \cdot \overline{1} + 1 \cdot 0 = 0$$

$$Q_0^{n+1} = Q_2^n\ \overline{Q_0^n} + Q_1^n\ \overline{Q_0^n} = 1 \cdot \overline{0} + 1 \cdot \overline{0} = 1$$

当 $Q_2Q_1Q_0 = 111$ 时,有

$$Q_2^{n+1} = \overline{Q_2^n}\ \overline{Q_1^n}\ \overline{Q_0^n} = \overline{1} \cdot \overline{1} \cdot \overline{1} = 0$$

$$Q_1^{n+1} = Q_2^n\ \overline{Q_1^n} + Q_1^n Q_0^n = 1 \cdot \overline{1} + 1 \cdot 1 = 1$$

$$Q_0^{n+1} = Q_2^n\ \overline{Q_0^n} + Q_1^n\ \overline{Q_0^n} = 1 \cdot \overline{1} + 1 \cdot \overline{1} = 0$$

从上可知,当 $Q_2Q_1Q_0 = 101$ 时,它的次态是 010,当 $Q_2Q_1Q_0 = 110$ 时,它的次态是 001,当 $Q_2Q_1Q_0 = 111$ 时,它的次态是 010,无效状态的次态都在模 5 计数器的有效循环中,说明按此状态转换方程设计的计数器能自启动。下面就按此状态转换方程继续求解各触发器输入信号的驱动方程。

(7) 求解各触发器输入信号的驱动方程。将各触发器的状态转换方程与其特征方程进行对比,求解各触发器输入信号的驱动方程。

① 求解 J_2、K_2。

因为 $\qquad\qquad Q_2^{n+1} = \overline{Q_2^n}\ \overline{Q_1^n}\ \overline{Q_0^n} = J_2\ \overline{Q_2^n} + \overline{K_2}Q_2^n$

所以 $\qquad\qquad J_2 = \overline{Q_1^n}\ \overline{Q_0^n} = \overline{Q_1}\ \overline{Q_0}, \quad K_2 = 1$

② 求解 J_1、K_1。

因为 $\qquad\qquad Q_1^{n+1} = Q_2^n\ \overline{Q_1^n} + Q_1^n Q_0^n = J_1\ \overline{Q_1^n} + \overline{K_1}Q_1^n$

所以 $\qquad\qquad J_1 = Q_2^n = Q_2, \quad K_1 = \overline{Q_0^n} = \overline{Q_0}$

③ 求解 J_0、K_0。

因为 $\quad Q_0^{n+1} = Q_2^n\ \overline{Q_0^n} + Q_1^n\ \overline{Q_0^n} = (Q_2^n + Q_1^n)\overline{Q_0^n} = J_0\ \overline{Q_0^n} + \overline{K_0}Q_0^n$

所以 $\qquad\qquad J_0 = Q_2^n + Q_1^n = Q_2 + Q_1, \quad K_0 = 1$

(8) 根据各触发器的驱动方程画出模 5 减法计数器的电路图,如图 7-2-5 所示。

图 7-2-5　模 5 减法计数器电路图

2. 二进制同步减法计数器

二进制同步减法计数器同二进制同步加法计数器一样，它的电路结构也是很有规律的，二进制同步减法计数器的驱动方程和借位位的输出方程如下：

$$\begin{cases} J_0 = K_0 = 1 \\ J_1 = K_1 = \overline{Q_0^n} = \overline{Q_0} \\ J_2 = K_2 = \overline{Q_1^n}\ \overline{Q_0^n} = Q_1 Q_0 \\ \quad\quad \vdots \\ J_{N-1} = K_{N-1} = \overline{Q_{N-2}^n}\ \overline{Q_{N-3}^n} \cdots \overline{Q_1^n}\ \overline{Q_0^n} = Q_{N-2} Q_{N-3} \cdots Q_1 Q_0 \\ B = \overline{Q_{N-1}^n}\ \overline{Q_{N-2}^n}\ \overline{Q_{N-3}^n} \cdots \overline{Q_1^n}\ \overline{Q_0^n} = Q_{N-1} Q_{N-2} Q_{N-3} \cdots Q_1 Q_0 \end{cases}$$

3 位二进制同步减法计数器的电路图如图 7-2-6 所示。

图 7-2-6　3 位二进制减法计数器电路图

 任务实施

1. 任务要求

在 TEMI 数字逻辑设计能力认证开发板实现图 7-2-5 所示模 5 同步减法计数器电路功能。

原理图设计约束规则：可采用 D 或 JK 触发器与基本逻辑门电路。

硬件电路引脚配置规则：$CP \rightarrow$ GCLK2（PB-SW2），$Q_0 \rightarrow$ D2、$Q_1 \rightarrow$ D3、$Q_2 \rightarrow$ D4。

2. CPLD 模 5 同步减法计数器的软硬件实操

（1）原理图电路设计。按照模 5 同步减法计数器的电路结构（如图 7-2-5 所示），用 Quartus Ⅱ 软件绘制模 5 同步减法计数器。

（2）波形仿真。

① 根据模 5 同步减法计数器的逻辑真值表设计输入波形，采用功能仿真实施仿真，验证电路设计是否符合要求。若不符合要求，修改设计，直至符合要求为止。

模 5 同步减法计数器的参考仿真波形图如图 7-2-7 所示。

注意：本仿真波形是上升沿触发的模 5 同步减法计数器获得的。

② 以 .jpg 或 .bmp 格式保存仿真波形文件。

（3）引脚分配与再编译。

图 7-2-7 模 5 同步减法计数器的参考仿真波形图

① 根据模 5 减法计数器硬件电路引脚配置规则,查询 TEMI 数字逻辑设计能力认证开发板硬件引脚与 CPLD 引脚之间的关系,给模 5 减法计数器分配目标 CPLD 引脚。

② 模 5 同步减法计数器引脚分配完成后,重新编译。

(4) 配置下载电缆。

(5) 下载编程文件(. sof)。

(6) 硬件测试。

① 按表 7-2-2,在 TEMI 数字逻辑设计能力认证开发板进行测试。

表 7-2-2 模 5 同步减法计数器测试表

序号	输入	输出:LED 灯(低电平驱动)		
	GCLK2(PB-SW2) (CP)	D4 (Q_2)	D3 (Q_1)	D2 (Q_0)
0	0			
1	↑			
2	↑			
3	↑			
4	↑			
5	↑			
6	↑			

注:测试表中的输出状态用 LED 灯的亮、灭表示。

② 将 GCLK2 从 PB-SW2 改为 10Hz,观察模 5 减法计数器的输出,并记录。

(7) 检查测试结果。归纳硬件测试结果,判断测试结果是否符合设计要求。若不符合要求,找出问题所在,修改电路设计,重新测试,直至符合设计要求。

(8) 撰写实操小结。总结实操中的收获与不足,归纳实操中遇到的问题以及解决方法,总结实操中的不良现象与纠正措施。

知识延伸

1. 集成 4 位二进制同步可逆计数器 74LS191

74LS191 具有可逆计数器、异步并行置数功能、保持功能。

（1）74LS191 的引脚图。74LS191 的引脚图如图 7-2-8 所示。$\overline{LD}$ 为异步并行置数控制端,低电平有效;D_0、D_1、D_2、D_3 为并行数据输入端;$\overline{CT}$ 为计数使能端,低电平有效;$\overline{U}/D$ 为加减计数选择控制端,低电平为加计数,高电平为减计数;CP 为计数脉冲输入端;Q_0、Q_1、Q_2、Q_3 为计数器输出端;CO/BO 为进位/借位输出端,$\overline{RC}$ 为多级计数器级联输出端（串行时钟输出端）;$\overline{RC} = \overline{CP} \cdot CO/BO \cdot \overline{\overline{CT}}$,当 $\overline{CT} = 0$,$CO/BO = 1$ 时,$\overline{RC} = CP$。

图 7-2-8　74LS191 引脚图

（2）74LS191 的逻辑功能。74LS191 的逻辑功能见表 7-2-3。

表 7-2-3　74LS191 逻辑功能表

输　　入								输　　出				说　　明
$\overline{LD}$	$\overline{CT}$	$\overline{U}/D$	CP	D_0	D_1	D_2	D_3	Q_0	Q_1	Q_2	Q_3	
0	×	×	×	D_0	D_1	D_2	D_3	D_0	D_1	D_2	D_3	异步并行置数
1	0	0	↑	×	×	×	×	加计数				$CO/BO = Q_0 Q_1 Q_2 Q_3$
1	0	1	↑	×	×	×	×	减计数				$CO/BO = \overline{Q_0}\, \overline{Q_1}\, \overline{Q_2}\, \overline{Q_3}$
1	1	×	×	×	×	×	×	保持				输出维持不变

2. 集成十进制同步可逆计数器 74LS192

74LS192 具有可逆计数、异步置 0、异步置数与保持功能。

（1）74LS192 的引脚图。74LS192 的引脚图如图 7-2-9 所示。CR 为异步置 0 端,高电平有效;$\overline{LD}$ 为异步并行置数控制端,低电平有效;D_0、D_1、D_2、D_3 为并行数据输入端;CP_U 为加计数时钟输入端;CP_D 为减计数时钟输入端;Q_0、Q_1、Q_2、Q_3 为计数器输出端;$\overline{CO}$ 为进位输出端;$\overline{BO}$ 为借位输出端。

图 7-2-9　74LS192 引脚图

（2）74LS192 的逻辑功能。74LS192 的逻辑功能见表 7-2-4。

表 7-2-4　74LS192 逻辑功能表

输　　入								输　　出				说　　明
CR	$\overline{LD}$	CP_U	CP_D	D_0	D_1	D_2	D_3	Q_0	Q_1	Q_2	Q_3	
1	×	×	×	×	×	×	×	0	0	0	0	异步置 0
0	0	×	×	D_0	D_1	D_2	D_3	D_0	D_1	D_2	D_3	异步置数
0	1	↑	1	×	×	×	×	加计数				
0	1	1	↑	×	×	×	×	减计数				
0	1	1	1	×	×	×	×	保持				

3．集成异步置数可逆二进制/十进制计数器 CC4029

（1）CC4029 的引脚图。CC4029 的引脚图如图 7-2-10 所示，JAM1～JAM4 为异步预置数输入端；Q_1～Q_4 为计数器的输出端；CLK 为计数器时钟输入端，上升沿触发；$\overline{CI}$ 为片选段或进位输入端，低电平有效；$B/\overline{D}$ 为二进制、十进制计数选择控制端，低电平为十进制计数，高电平为二进制计数；$U/\overline{D}$ 为加法计数、减法计数选择控制端，高电平为加法计数，低电平为减法计数；PSE 为异步置数控制端，高电平有效；$\overline{CO}$ 为进位输出端，当二进制加法计数时，$Q_4 Q_3 Q_2 Q_1$ 为 1111 时，输出低电平，其他状态为高电平；当十进制加法计数时，$Q_4 Q_3 Q_2 Q_1$ 为 1001 时，输出低电平，其他状态为高电平，用于实现级联，与高位芯片的 $\overline{CI}$ 相连。

图 7-2-10　CC4029 IC 的引脚图

（2）CC4029 的逻辑功能。CC4029 的逻辑功能表见表 7-2-5。

表 7-2-5　CC4029 逻辑功能表

输　　入									输　　出				说　　明
PSE	$\overline{CI}$	$B/\overline{D}$	$U/\overline{D}$	JAM1	JAM2	JAM3	JAM4	CLK	Q_1	Q_2	Q_3	Q_4	
1	×	×	×	D_1	D_2	D_3	D_4	×	D_1	D_2	D_3	D_4	异步置数
0	0	0	0	×	×	×	×	↑	十进制减法计数				
0	0	0	1	×	×	×	×	↑	十进制加法计数				
0	0	1	0	×	×	×	×	↑	二进制减法计数				
0	0	1	1	×	×	×	×	↑	二进制加法计数				
0	1	×	×	×	×	×	×	×	保持				

（3）用 2 片 CC4029 设计一个模 12 BCD 码加法计数器。

模 12 BCD 码计数器的状态转换图如图 7-2-11 所示。

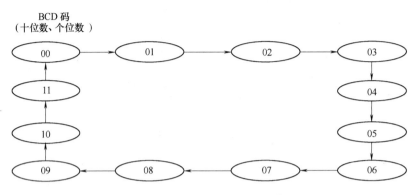

图 7-2-11　模 12 BCD 码计数器的状态转换图

模 12 BCD 码计数器需要用到 2 片 CC4029。CC4029 是可控的二进制、十进制计数器，因此，首先 CC4029 应工作在十进制计数模式，用 2 片 CC4029 级联扩展为模 100 计数器，级联方法可用同步法或异步法。同步法级联时，低位计数器的进位输出端 $\overline{CO}$ 接高位计数器的计数片选段 $\overline{CI}$；异步法级联时，高位计数器的计数片选段 $\overline{CI}$ 固定接有效电平，低位计数器的进位输出端 $\overline{CO}$ 接高位计数器的计数脉冲输入端。采用异步置数法，当 BCD 码计数器计数到 12 状态（00010010）时产生一个异步复位信号，使高、低位计数器同时置 0。同步法级联的模 12 BCD 码计数器与异步法模 12 BCD 码计数器的电路图如图 7-2-12 与图 7-2-13 所示。

图 7-2-12　同步法级联的模 12 BCD 码计数器

图 7-2-13 异步法级联的模 12 BCD 码计数器

 任务拓展

用 74LS191、74LS00 等芯片完成十进制减法计数器（模 10 计数器）的设计，用 Quartus Ⅱ 软件仿真与 CPLD 进行测试。

习题

1. 叙述同步二进制加法计数器电路的连接规律。
2. 叙述同步二进制减法计数器电路的连接规律。
3. 若用 74LS191 实现加法计数，如何操作？
4. 若用 74LS191 实现减法计数，如何操作？
5. 分析习题 5 电路图所示电路逻辑功能。

习题 5 图

6. 分析习题 6 电路图所示电路逻辑功能。

习题 6 图

7. 用 74LS161 设计一个十进制计数器。

8. 用 2 片 74LS161 设计一个六十进制计数(00～59)。

9. 用 1 片 CC4518 设计一个六十进制计数器(00～59)。

10. 用 74LS161 设计一个模 6 计数器,计数器的工作状态:1000→1001→1010→1011→1100→1101→1000。

11. 用 CC4029 与 CC4081 集成电路芯片,设计一个模 24 BCD 码计数器,并用 7447 BCD 码显示译码芯片,驱动共阳极数码管显示模 24 BCD 码计数器的值。

12. 某个状态机的状态转换图如习题 12 图所示,试用同步计数器的设计方法,并选用 JK 触发器设计其电路。

习题 12 图

异步计数器

知识点

◇ 异步计数器的概念；

◇ 异步二进制加法计数器电路的连接规律；

◇ 异步二进制减法计数器电路的连接规律；

◇ 应用异步置 0 功能，利用异步二进制计数器实现任意进制计数器的方法。

技能点

◇ 根据异步二进制计数器的电路规律，设计 N 位二进制计数器电路；

◇ 应用异步置 0 功能，设计非二进制计数器；

◇ 应用 Quartus Ⅱ 对异步模 6 加法计数器、异步模 6 减法计数器进行 CPLD 设计与测试。

任务 8.1　异步加法计数器

任务说明

本任务主要学习异步二进制加法计数器电路的连接，然后在异步二进制加法计数器电路的基础上，应用异步置 0 法实现非二进制加法计数器。

相关知识

异步计数器是指构成计数器各触发器的触发脉冲（CP）采用不同的计数脉冲。一般情况下，其中一个触发器采用外部的计数脉冲，其他触发器的触发脉冲由计数器电路内部产生。

异步计数器的设计方法比较简单，但由于异步计数器的时延影响较大，一般仅适用于计数位数较少的计数器。异步计数器的设计步骤归纳如下。

（1）先将计数器设计为二进制计数器：将每个触发器设计成 1 位二进制计数器，然后根据计数规律以及触发器的类型，依次将低位的 Q 输出，或 $\overline{Q}$ 输出与高位的触发脉冲输入端相接。

注意：加法计数时，低位输出为负跃变时，要求高一位计数翻转；减法计数时，低位输出为正跃变时，要求高一位计数翻转。

（2）利用异步复位法实现任意进制的计数器。

1. 二进制异步加法计数器的设计

首先将触发器设计为 1 位二进制计数器，触发器的状态方程为 $Q^{n+1}=\overline{Q^n}$，每来一个脉冲，触发器就翻转一次。若采用 JK 触发器，则将 J、K 输入端并在一起，并接高电平；若采用 D 触发器，则将 D 与 $\overline{Q}$ 相接。

图 8-1-1 所示为由 JK 触发器构成的 3 位异步加法计数器，图中 JK 触发器的 J、K 都接高电平。计数脉冲 CP 接在低位触发器 FF_0 的时钟端，高位触发器的时钟端与相邻低位触发器的输出端 Q 相连。当低位触发器输出负跃变信号时，高位触发器的状态翻转。

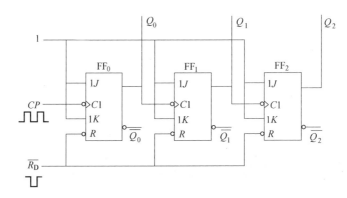

图 8-1-1　3 位异步加法计数器

1）工作原理

计数前，在计数器的 $\overline{R_D}$ 置 0 端加一个负脉冲使各触发器处在 0 状态。在正常计数过程中，$\overline{R_D}$ 端应维持为高电平。

当输入第 1 个计数脉冲 CP 时，第一位触发器 FF_0 由 0 翻转为 1，Q_0 端输出正跃变，FF_1 不翻转，保持状态 0 不变，同样，FF_2 也不翻转，这时计数器的状态为 $Q_2Q_1Q_0=001$。

当输入第 2 个计数脉冲 CP 时，第一位触发器 FF_0 由 1 翻转为 0，Q_0 端输出负跃变，FF_1 由 0 翻转为 1，Q_1 输出正跃变，FF_2 不翻转，保持状态 0 不变，这时计数器的状态为 $Q_2Q_1Q_0=010$。

依照同样的计数规律，当低位触发器输出负跃变信号时，高位触发器的状态翻转。第 3 个 CP 脉冲时，$Q_2Q_1Q_0=011$；第 4 个 CP 脉冲时，$Q_2Q_1Q_0=100$；第 5 个 CP 脉冲时，$Q_2Q_1Q_0=101$；第 6 个 CP 脉冲时，$Q_2Q_1Q_0=110$；第 7 个 CP 脉冲时，$Q_2Q_1Q_0=111$；第 8 个 CP 脉冲时，$Q_2Q_1Q_0=000$，计数器又回到了初始状态。从第 9 个脉冲开始，又进入一个新的计数循环。综上分析，图 8-1-1 计数器是一个模 8 加法计数器。

2）计数器波形

根据上述分析，可画出 3 位异步加法计数器的波形图，如图 8-1-2 所示。

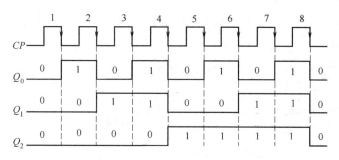

图 8-1-2　3位异步加法计数器波形图

3）N 位二进制异步加法计数器

从图 8-1-1 可知，二进制异步加法计数器的电路结构是很有规律的，当在 FF_2 的增加一级计数器电路 FF_3，同时将 FF_2 的 Q_2 与 FF_3 的时钟输入端相接，就构成了 4 位二进制异步加法计数器。以此类推，可扩展为 5 位、6 位、……的二进制异步加法计数器。

N 位二进制异步加法计数器的连接规律如下。

（1）若是下降沿触发：$CP_0 = CP$（计数时钟），$CP_i = Q_{i-1}$（i 代表触发器的位置，i 为 $1 \sim N-1$）；

（2）若是上升沿触发：$CP_0 = CP$（计数时钟），$CP_i = \overline{Q_{i-1}}$（$i$ 代表触发器的位置，i 为 $1 \sim N-1$）。

2. 模 6 异步加法计数器

当模数位于 $N-1$ 位与 N 位二进制计数器之间时，可以在 N 位二进制计数器基础上进行设计，即采用异步置 0 法，让模数值对应的状态值产生一个异步置 0 信号，使这个状态强行回到全 0 状态，进入下一个计数状态。

（1）确定触发器的数目与触发器的类型：因 $2^2 < 6 < 2^3$，所以选择 3 个 JK 触发器。

（2）确定计数范围：$000 \sim 101$。

（3）在 3 位二进制异步加法计数器的基础上进行设计，当计数器计数到 $Q_2 Q_1 Q_0 = 110$ 时产生一个异步置 0 信号，使计数器从 $Q_2 Q_1 Q_0 = 110$ 状态强迫回到 $Q_2 Q_1 Q_0 = 000$ 的状态，这样，$Q_2 Q_1 Q_0 = 110$ 的状态是一个瞬时状态，与 $Q_2 Q_1 Q_0 = 000$ 的状态是在同一个 CP 脉冲周期内。从 $Q_2 Q_1 Q_0 = 110$ 状态中可看出，将 Q_2 与 Q_1 接到一个二输入与非门的输入端，并将与非门的输出接到各触发器的异步置 0 端，此时的计数器即为模 6 异步加法计数器，如图 8-1-3 所示。

图 8-1-3　模 6 异步加法计数器

（4）波形图。模 6 异步加法计数器的波形图如图 8-1-4 所示,其中 110 状态是一个过渡状态,瞬间就消失了。

图 8-1-4　模 6 异步加法计数器波形图

 任务实施

1. 任务要求

在 TEMI 数字逻辑设计能力认证开发板实现图 8-1-3 所示模 6 异步加法计数器电路功能。

原理图设计约束规则:可采用 D 或 JK 触发器与基本逻辑门电路。

硬件电路引脚配置规则:$CP \rightarrow$ GCLK2(PB-SW2),$Q_0 \rightarrow$ D2、$Q_1 \rightarrow$ D3、$Q_2 \rightarrow$ D4。

2. CPLD 模 6 异步加法计数器的软硬件实操

（1）原理图电路设计。按照模 6 异步加法计数器的电路结构(如图 8-1-3 所示),用 Quartus Ⅱ 软件绘制模 6 异步加法计数器。

（2）波形仿真。

① 根据模 6 异步加法计数器的逻辑真值表设计输入波形,采用功能仿真实施仿真,验证电路设计是否符合要求。若不符合要求,修改设计,直至符合要求为止。

模 6 异步加法计数器的参考仿真图如图 8-1-5 所示。

图 8-1-5　模 6 异步加法计数器的仿真图

② 以 .jpg 或 .bmp 格式保存仿真波形文件。

（3）引脚分配与再编译。

① 根据模 6 异步加法计数器硬件电路引脚配置规则,查询 TEMI 数字逻辑设计能力认证开发板硬件引脚与 CPLD 引脚之间的关系,给模 6 异步加法计数器分配目标 CPLD 引脚。

② 模 6 异步加法计数器引脚分配完成后,重新编译。

（4）配置下载电缆。

（5）下载编程文件(.sof)。

（6）硬件测试。

① 按表 8-1-1，在 TEMI 数字逻辑设计能力认证开发板进行测试。

表 8-1-1　模 6 异步加法计数器测试表

序号	输入	输出：LED 灯（低电平驱动）		
	GCLK2(PB-SW2) （CP）	D4 （Q_2）	D3 （Q_1）	D2 （Q_0）
0	0			
1	↓			
2	↓			
3	↓			
4	↓			
5	↓			
6	↓			
7	↓			

注：测试表中的输出状态用 LED 灯的亮、灭表示。

② 将 GCLK2 从 PB-SW2 改为 10 Hz，观察模 6 异步加法计数器的输出，并记录。

（7）检查测试结果。归纳硬件测试结果，判断测试结果是否符合设计要求。若不符合要求，找出问题所在，修改电路设计，重新测试，直至符合设计要求。

（8）撰写实操小结。总结实操中的收获与不足，归纳实操中遇到的问题以及解决方法，总结实操中的不良现象与纠正措施。

知识延伸

1. 常用的集成异步加法计数器

集成二进制异步加法计数器：74LS293（4 位）、CC4024（7 位）、CC4040（12 位）、CC4060（14 位）。

集成十进制异步加法计数器：74LS290。

2. 集成 4 位二进制异步加法计数器 74LS293

74LS293 是二-八-十六进制异步加法计数器，可分成两个独立的二进制计数器和八进制计数器，具有异步置 0 功能。

（1）74LS293 的逻辑电路与引脚图。74LS293 的逻辑电路图和引脚图如图 8-1-6 所示。R_A、R_B 为异步置 0 控制端；CP_A 为二进制计数器的计数时钟输入端；CP_B 为八进制计数器的计数时钟输入端；Q_0、Q_1、Q_2、Q_3 为计数器的输出端。当 Q_0 与 CP_B 相连时，就是一个十六进制计数器。

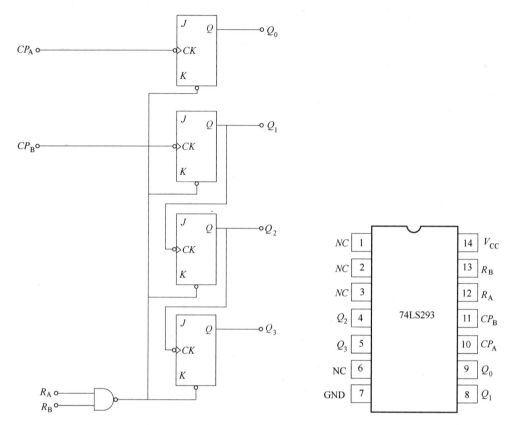

图 8-1-6　74LS293 逻辑电路图和引脚图

（2）74LS293 的逻辑功能。74LS293 的逻辑功能见表 8-1-2。

表 8-1-2　74LS293 逻辑功能表

输　　入				输　　出				说　　明
R_A	R_B	CP_A	CP_B	Q_3	Q_2	Q_1	Q_0	
1	1	×	×	0	0	0	0	异步置 0
$R_A R_B = 0$		↓	0	二进制计数				Q_0
		0	↓	八进制计数				Q_3、Q_2、Q_1
		↓	Q_0	十六进制计数				Q_0 与 CP_B 相接

3. 集成十进制异步加法计数器 74LS290

74LS290 是二-五-十进制异步加法计数器，可分成两个独立的二进制计数器和五进制计数器，具有异步置 0 和异步置 9 功能。

（1）74LS290 的逻辑电路与引脚图。74LS290 的逻辑电路与引脚图如图 8-1-7 所示。

R_{0A}、R_{0B} 为异步置 0 控制端；S_{9A}、S_{9B} 为异步置 9 控制端；CP_0 为二进制计数器的计数时钟输入端；CP_1 为五进制计数器的计数时钟输入端；Q_0、Q_1、Q_2、Q_3 为计数器的输出端。当 Q_0 与 CP_1 相连时，就是一个十进制计数器。

(a)　　　　　　　　　　(b)

图 8-1-7　74LS290 逻辑电路图

（2）74LS290 的逻辑功能。74LS290 的逻辑功能见表 8-1-3。

表 8-1-3　74LS290 逻辑功能表

输　　入						输　　出				说　　明
R_{0A}	R_{0B}	S_{9A}	S_{9B}	CP_0	CP_1	Q_3	Q_2	Q_1	Q_0	
1	1	0	×	×	×	0	0	0	0	异步置 0
1	1	×	0	×	×	0	0	0	0	
0	×	1	1	×	×	1	0	0	1	异步置 9
×	0	1	1	×	×	1	0	0	1	
$R_{0A}R_{0B}=0$ $S_{9A}S_{9B}=0$				↓	0	二进制计数（Q_0）				
				0	↓	五进制计数（Q_3、Q_2、Q_1）				
				↓	Q_0	8421 码十进制计数				Q_0 与 CP_1 相连
				Q_3	↓	5421 码十进制计数				Q_3 与 CP_0 相连

任务拓展

用 74290、7400 等芯片完成模 8 加法计数器的设计，用 Quartus Ⅱ 软件仿真与 CPLD 进行测试。

任务 8.2　异步减法计数器

任务说明

本任务主要学习异步二进制减法计数器电路的连接，然后在异步二进制减法计数器电路的基础上,应用异步置 0 法实现非二进制减法计数器。

 相关知识

1. 异步二进制减法计数器

减法计数时,要求低位计数器输出正跃变信号时,高位触发器的状态翻转。

图 8-2-1 所示为由 JK 触发器构成的异步 3 位加法计数器,图中,JK 触发器的 J、K 都接高电平。计数脉冲 CP 接在低位触发器 FF$_0$ 的时钟端,高位触发器的时钟端与相邻低位触发器的输出端 $\overline{Q}$ 相连。当低位触发器输出正跃变信号时,$\overline{Q}$ 输出的是负跃变信号,高位触发器的状态翻转。

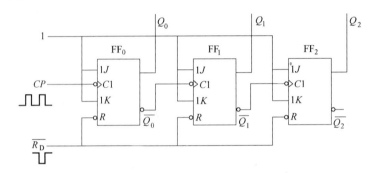

图 8-2-1　3 位异步减法计数器

1) 工作原理

计数前,在计数器的 $\overline{R_D}$ 置 0 端加一个负脉冲使各触发器处在 0 状态。在正常计数过程中,$\overline{R_D}$ 端应维持为高电平。

当输入第 1 个计数脉冲 CP 时,第一位触发器 FF$_0$ 由 0 翻转为 1,$\overline{Q_0}$ 端输出负跃变,FF$_1$ 由 0 翻转为 1,$\overline{Q_1}$ 端输出负跃变,FF$_2$ 由 0 翻转为 1,这时计数器的状态为 $Q_2Q_1Q_0=111$。

当输入第 2 个计数脉冲 CP 时,第一位触发器 FF$_0$ 由 1 翻转为 0,$\overline{Q_0}$ 端输出正跃变,FF$_1$ 不翻转,FF$_2$ 也不翻转,这时计数器的状态为 $Q_2Q_1Q_0=110$。

依照同样的计数规律,当低位触发器 $\overline{Q}$ 输出负跃变信号时,高位触发器的状态翻转。第 3 个 CP 脉冲时,$Q_2Q_1Q_0=101$;第 4 个 CP 脉冲时,$Q_2Q_1Q_0=100$;第 5 个 CP 脉冲时,$Q_2Q_1Q_0=011$;第 6 个 CP 脉冲时,$Q_2Q_1Q_0=010$;第 7 个 CP 脉冲时,$Q_2Q_1Q_0=001$;第 8 个 CP 脉冲时,$Q_2Q_1Q_0=000$,计数器又回到了初始状态。从第 9 个脉冲开始,又进入一个新的计数循环。

2) 计数器波形

根据上述分析,可画出 3 位异步减法计数器的波形图,如图 8-2-2 所示。

3) N 位二进制异步减法计数器

从图 8-2-1 可知,二进制异步加法计数器的电路结构是很有规律的,当在 FF$_2$ 的 $\overline{Q_2}$ 增加一级计数器电路 FF$_3$,同时将 FF$_2$ 的 $\overline{Q_2}$ 与 FF$_3$ 的时钟输入端相接,这样就构成了 4 位二进制异步减法计数器。以此类推,可扩展为 5 位、6 位、……的二进制异步减法计数器。

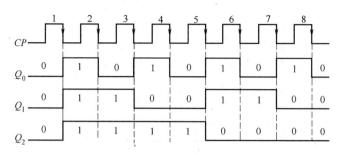

图 8-2-2　3位异步减法计数器波形图

N 位二进制异步减法计数器的连接规律如下。

（1）若是上升沿触发：$CP_0 = CP$（计数时钟），$CP_i = Q_{i-1}$（i 代表触发器的位置，i 为 $1 \sim N-1$）。

（2）若是下降沿触发：$CP_0 = CP$（计数时钟），$CP_i = \overline{Q_{i-1}}$（$i$ 代表触发器的位置，i 为 $1 \sim N-1$）。

2. 异步模6减法计数器

当模数位于 $N-1$ 位与 N 位二进制计数器之间时，可以在 N 位二进制计数器基础上进行设计，即采用异步置0、置1法。正常减法是：当减法减到全0状态，再减1时，计数器的状态是全1，此时让全1状态的输出产生一个置0（置1）信号，强迫计数器转到减法计数器的最高状态值。

（1）确定触发器的数目与触发器的类型：因 $2^2 < 6 < 2^3$，所以选择3个JK触发器。

（2）计数状态是：$000 \rightarrow 101 \rightarrow 100 \rightarrow 011 \rightarrow 010 \rightarrow 001 \rightarrow 000$。

（3）在3位二进制异步减法计数器的基础上进行设计。当计数器计数到 $Q_2 Q_1 Q_0 = 000$ 再计数时，$Q_2 Q_1 Q_0 = 111$，产生一个异步置0（置1）信号，使计数器从 $Q_2 Q_1 Q_0 = 111$ 状态强迫转到 $Q_2 Q_1 Q_0 = 101$ 的状态，这样，$Q_2 Q_1 Q_0 = 111$ 的状态是一个瞬时状态，与 $Q_2 Q_1 Q_0 = 101$ 的状态是在同一个 CP 脉冲周期内。从 $Q_2 Q_1 Q_0 = 111$ 状态中可看出，将 Q_2、Q_1 与 Q_0 接到一个三输入与非门的输入端，并将与非门的输出分别接到 FF_2、FF_0 触发器的异步置1端和 FF_1 的异步置0端，此时的计数器即为模6异步减法计数器，如图 8-2-3 所示。

图 8-2-3　模6异步减法计数器

（4）波形图。模6异步减法计数器的波形图如图 8-2-4 所示，其中 111 状态为过渡状态，瞬间就消失。

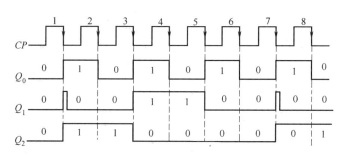

图 8-2-4　模 6 异步减法计数器波形图

 任务实施

1. 任务要求

在 TEMI 数字逻辑设计能力认证开发板实现图 8-2-3 模 6 所示异步减法计数器电路功能。

原理图设计约束规则：可采用 D 或 JK 触发器与基本逻辑门电路。

硬件电路引脚配置规则：$CP \rightarrow$ GCLK2（PB-SW2），$Q_0 \rightarrow$ D2、$Q_1 \rightarrow$ D3、$Q_2 \rightarrow$ D4。

2. CPLD 模 6 异步减法计数器的软硬件实操

（1）原理图电路设计。按照模 6 异步减法计数器的电路结构（如图 8-2-3 所示），用 Quartu Ⅱ 软件绘制模 6 异步减法计数器。

（2）波形仿真。

① 根据模 6 异步减法计数器的逻辑真值表设计输入波形，采用功能仿真实施仿真，验证电路设计是否符合要求。若不符合要求，修改设计，直至符合要求为止。

模 6 异步减法计数器的参考仿真电路图如图 8-2-5 所示。

图 8-2-5　模 6 异步减法计数器的仿真波形图

② 以 .jpg 或 .bmp 格式保存仿真波形文件。

（3）引脚分配与再编译。

① 根据模 6 异步减法计数器硬件电路引脚配置规则，查询 TEMI 数字逻辑设计能力认证开发板硬件引脚与 CPLD 引脚之间的关系，给模 6 异步减法计数器分配目标 CPLD 引脚。

② 模 6 异步减法计数器引脚分配完成后，重新编译。

（4）配置下载电缆。

（5）下载编程文件（.sof）。

（6）硬件测试。

① 按表 8-2-1，在 TEMI 数字逻辑设计能力认证开发板进行测试。

表 8-2-1　模 6 异步减法计数器测试表

序号	输　　入	输出:LED 灯(低电平驱动)		
	GCLK2(PB-SW2) (CP)	D4 (Q_2)	D3 (Q_1)	D2 (Q_0)
0	0			
1	↓			
2	↓			
3	↓			
4	↓			
5	↓			
6	↓			
7	↓			

注:测试表中的输出状态用 LED 灯的亮、灭表示。

② 将 GCLK2 从 PB-SW2 改为 10Hz,观察模 6 异步减法计数器的输出,并记录。

(7) 检查测试结果。归纳硬件测试结果,判断测试结果是否符合设计要求。若不符合要求,找出问题所在,修改电路设计,重新测试,直至符合设计要求。

(8) 撰写实操小结。总结实操中的收获与不足,归纳实操中遇到的问题以及解决方法,总结实操中的不良现象与纠正措施。

任务拓展

用 D 触发器设计异步模 6 减法计数器,用 Quartus Ⅱ软件仿真与 CPLD 进行测试。

习题

1. 用 JK 触发器设计一个异步十进制加法计数器。

2. 用 D 触发器设计一个异步十进制减法计数器。

3. 归纳用 JK 触发器设计异步二进制加法计数器电路的连接规律。

4. 归纳用 JK 触发器设计异步二进制减法计数器电路的连接规律。

5. 归纳用 D 触发器设计异步二进制加法计数器电路的连接规律。

6. 归纳用 JK 触发器设计异步二进制减法计数器电路的连接规律。

7. 用 74LS293 设计一个模 11 加法计数器。

8. 用 74LS290 设计一个按 5421 码的十进制计数器。

9. 查询 CC4060 异步计数器资料,找出它的引脚图以及逻辑功能表。

10. 利用 CC4060 异步计数器设计秒信号输出电路。

环形计数器

环形计数器是一种特殊的计数器,可以说是移位寄存器的一种应用。将移位寄存器的首尾相接,最后一级的 Q 输出与第一级的输入相接,就构成环形计数器;若将移位寄存器最后一级的 $\overline{Q}$ 输出与第一级的输入相接,就构成扭环形计数器。

知识点

◇ 模 4 环形计数器的电路结构、电路状态;

◇ 模 8 扭环形计数器的电路结构、电路状态;

◇ 模 7 扭环形计数器的电路结构、电路状态。

技能点

◇ 模 4 环形计数器、模 7 扭环形计数器的电路分析;

◇ 应用 Quartus Ⅱ 对模 4 环形计数器、模 7 扭环形计数器进行 CPLD 设计与测试。

任务 9.1　模 4 环形计数器

 任务说明

本任务主要学习模 4 环形计数器的电路结构、工作状态以及初始状态的设置。

 相关知识

环形计数器是移位寄存器的应用,它由一串触发器配合基本逻辑门在时钟脉冲控制下使数据在环内传递。首先,触发器的状态方程必须满足输出等于输入的要求,D 触发器本身就满足输出等于输入的功能要求,所以,通常用 D 触发器构成环形计数器。若用 JK 触发来制作,用 J 作输入端,K 接 J 的非输出,此时,JK 触发器也满足输出等于输入的要求,如图 9-1-1 所示。

1. 模 4 环形计数器真值表(或称功能表)

模 4 环形计数器的真值表见表 9-1-1。

2. 模 4 环形计数器的电路图

(1) 由 D 触发器构成模 4 环形计数器。

图 9-1-1 由 JK 触发器构成输出等于输入功能的电路图

表 9-1-1 模 4 环形计数器的真值表

CP	START	Q_3	Q_2	Q_1	Q_0
×	0	0	0	0	1
1	1	0	0	1	0
2	1	0	1	0	0
3	1	1	0	0	0
4	1	0	0	0	1

由 D 触发器构成的模 4 环形计数器如图 9-1-2 所示。

图 9-1-2 D 触发器构成的模 4 环形计数器

（2）由 JK 触发器构成模 4 环形计数器。

由 JK 触发器构成的模 4 环形计数器如图 9-1-3 所示。

3. 模 4 环形计数器的波形图

模 4 环形计数器的波形图如图 9-1-4 所示。

 任务实施

1. 任务要求

在 TEMI 数字逻辑设计能力认证开发板实现图 9-1-2 所示，或图 9-1-3 所示的模 4 环形计数器电路功能。

图 9-1-3　JK 触发器构成的模 4 环形计数器

图 9-1-4　模 4 环形计数器波形图

原理图设计约束规则：可采用 D 或 JK 触发器与基本逻辑门电路。

硬件电路引脚配置规则：$START \rightarrow S1(DIP1)$、$CP \rightarrow GCLK2(PB-SW2)$，$Q_0 \rightarrow D2$、$Q_1 \rightarrow D3$、$Q_2 \rightarrow D4$、$Q_3 \rightarrow D5$。

2. CPLD 模 4 环形计数器的软硬件实操

（1）原理图电路设计。按照模 4 环形计数器的电路结构（图 9-1-2 或图 9-1-3），用 Quartus Ⅱ 软件绘制模 4 环形计数器。

（2）波形仿真。

① 根据模 4 环形计数器的逻辑真值表设计输入波形，采用功能仿真实施仿真，验证电路设计是否符合要求。若不符合要求，修改设计，直至符合要求为止。

模 4 环形计数器的参考仿真波形图如图 9-1-5 所示。

图 9-1-5　模 4 环形计数器的仿真波形图

② 以 .jpg 或 .bmp 格式保存仿真波形文件。

（3）引脚分配与再编译。

① 根据模 4 环形计数器硬件电路引脚配置规则，查询 TEMI 数字逻辑设计能力认证开发板硬件引脚与 CPLD 引脚之间的关系，给模 4 环形计数器分配目标 CPLD 引脚。

② 模 4 环形计数器引脚分配完成后，重新编译。

（4）配置下载电缆。

（5）下载编程文件（. sof）。

（6）硬件测试。

① 按表 9-1-2，在 TEMI 数字逻辑设计能力认证开发板进行测试。

表 9-1-2　模 4 环形计数器测试表

序号	输入：S1(SW-DIP8)、GCLK2		输出：LED 灯（低电平驱动）			
	DIP1 (START)	GCLK2(PB-SW2) (CP)	D5 (Q_3)	D4 (Q_2)	D3 (Q_1)	D2 (Q_0)
0	0	0				
		1				
1	1	↑				
2	1	↑				
3	1	↑				
4	1	↑				
5	1	↑				

注：测试表中的输出状态用 LED 灯的亮、灭表示。

② 将 GCLK2 从 PB-SW2 改为 10 Hz，观察模 4 环形计数器的输出，并记录。

（7）检查测试结果。分析、归纳硬件测试结果，判断测试结果是否符合设计要求。若不符合要求，找出问题所在，修改电路设计，重新测试，直至符合设计要求。

（8）撰写实操小结。总结实操中的收获与不足，归纳实操中遇到的问题以及解决方法，总结实操中的不良现象与纠正措施

任务拓展

用 JK 触发器设计模 6 环形计数器，用 Quartus Ⅱ 软件仿真与 CPLD 进行测试。

任务9. 2　模 7 扭环形计数器

任务说明

本任务主要学习模 8 扭环形计数器、模 7 扭环形计数器的电路结构以及工作状态。

相关知识

若将环形计数器的"最后一级触发器的 Q 输出与第一级的输入相连接"改为"最后一级触发器的 $\overline{Q}$ 输出与第一级的输入相连接",计数器的状态＝2×触发器的个数(N),称为模 $2N$ 扭环形计数器;若环形计数器的"最后一级触发器的 Q 输出与第一级的输入相连接"改为"最后一级触发器的 $\overline{Q}$ 输出与第一级的 Q 输入端相连接",且再前一级触发器的 Q 输出与第一级的 J 输入端相连接,计数器的状态＝2×触发器的个数(N)－1,称为模($2N$－1)扭环形计数器。

1. 模 8 扭环形计数器

(1)模 8 扭环形计数器的真值表(或称功能表)。模 8 扭环形计数器的真值表见表 9-2-1。

表 9-2-1　模 8 扭环形计数器真值表

CP	Q_3	Q_2	Q_1	Q_0
0	0	0	0	0
1	0	0	0	1
2	0	0	1	1
3	0	1	1	1
4	1	1	1	1
5	1	1	1	0
6	1	1	0	0
7	1	0	0	0
8	0	0	0	0

(2)模 8 扭环形计数器的电路图。由 JK 触发器构成的模 8 扭环形计数器如图 9-2-1 所示。

图 9-2-1　由 JK 触发器构成的模 8 扭环形计数器

2. 模 7 扭环形计数器

(1)模 7 扭环形计数器的真值表(或称功能表)。模 7 扭环形计数器的真值表见表 9-2-2。

表 9-2-2　模 7 扭环形计数器真值表

CP	Q_3	Q_2	Q_1	Q_0
0	0	0	0	0
1	0	0	0	1
2	0	0	1	1
3	0	1	1	1
4	1	1	1	0
5	1	1	0	0
6	1	0	0	0
7	0	0	0	0

（2）模 7 扭环形计数器的电路图。由 JK 触发器构成的模 7 扭环形计数器如图 9-2-2 所示。

图 9-2-2　由 JK 触发器构成的模 7 扭环形计数器

（3）模 7 扭环形计数器的波形图。模 7 扭环形计数器的波形图如图 9-2-3 所示。

图 9-2-3　模 7 扭环形计数器波形图

任务实施

1. 任务要求

在 TEMI 数字逻辑设计能力认证开发板实现图 9-2-2 所示由 JK 触发器构成的模 7 扭环形计数器电路功能。

原理图设计约束规则：可采用 D 或 JK 触发器与基本逻辑门电路。

硬件电路引脚配置规则：$CP \rightarrow$ GCLK2（PB-SW2），$Q_0 \rightarrow$ D2、$Q_1 \rightarrow$ D3、$Q_2 \rightarrow$

$D4、Q_3 \rightarrow D5$。

2. CPLD 模 7 扭环形计数器的软硬件实操

（1）原理图电路设计。按照模 7 扭环形计数器的电路结构（如图 9-2-2 所示），用 QuartusⅡ软件绘制模 7 扭环计数器。

（2）波形仿真。

① 根据模 7 扭环形计数器的逻辑真值表设计输入波形，采用功能仿真实施仿真，验证电路设计是否符合要求。若不符合要求，修改设计，直至符合要求为止。

模 7 扭环形计数器的参考仿真波形图如图 9-2-4 所示。

图 9-2-4　模 7 扭环形计数器的仿真波形图

② 以 .jpg 或 .bmp 格式保存仿真波形文件。

（3）引脚分配与再编译。

① 根据模 7 扭环形计数器硬件电路引脚配置规则，查询 TEMI 数字逻辑设计能力认证开发板硬件引脚与 CPLD 引脚之间的关系，给模 7 扭环形计数器分配目标 CPLD 引脚。

② 模 7 扭环形计数器引脚分配完成后，重新编译。

（4）配置下载电缆。

（5）下载编程文件（.sof）。

（6）硬件测试。

① 按表 9-2-3，在 TEMI 数字逻辑设计能力认证开发板进行测试。

表 9-2-3　模 7 扭环形计数器测试表

序号	输入：GCLK2	输出：LED 灯（低电平驱动）			
	GCLK2(PB-SW2) （CP）	D5 （Q_3）	D4 （Q_2）	D3 （Q_1）	D2 （Q_0）
0	0				
	1				
1	↑				
2	↑				
3	↑				
4	↑				

续表

序号	输入：GCLK2	输出：LED 灯（低电平驱动）			
	GCLK2(PB-SW2) (CP)	D5 (Q_3)	D4 (Q_2)	D3 (Q_1)	D2 (Q_0)
5	↑				
6	↑				
7	↑				
8	↑				

注：测试表中的输出状态用 LED 灯的亮、灭表示。

② 将 GCLK2 从 PB-SW2 改为 10Hz，观察模 7 扭环形计数器的输出，并记录。

（7）检查测试结果。分析、归纳硬件测试结果，判断测试结果是否符合设计要求。若不符合要求，找出问题所在，修改电路设计，重新测试，直至符合设计要求。

（8）撰写实操小结。总结实操中的收获与不足，归纳实操中遇到的问题以及解决方法，总结实操中的不良现象与纠正措施。

任务拓展

用 JK 触发器设计模 9 扭环形计数器，用 Quartus Ⅱ 软件仿真与 CPLD 进行测试。

习题

1. 用 D 触发器设计模 4 环形计数器。
2. 用 D 触发器设计模 8 扭环形计数器。
3. 用 D 触发器设计模 7 扭环形计数器。
4. 用 JK 触发器设计模 10 扭环形计数器。
5. 用 JK 触发器设计模 6 环形计数器。

项目 **10**

数字逻辑系统综合设计

任务 10.1　跑马灯控制器

10.1.1　跑马灯控制器的功能与设计要求

1. 跑马灯控制器的模块配置图

跑马灯控制器的电路模块配置图如图 10-1-1 所示,由 3 部分组成:右边的 CPLD (EPM7064)及 8 个 LED 组成的主电路,10Hz 时钟脉冲产生电路和左右移动控制开关电路。

图 10-1-1　跑马灯控制器的电路模块配置图

2. 跑马灯控制器的功能描述

跑马灯控制器需要实现的功能:由指拨开关 DIP8(编号为 S7 最右边的开关)作为控制 8 个 LED 移动方向的跑马灯控制开关,当指拨开关 DIP8 在 ON 的位置时,LED 会由 D2 往 D9 方向进行依次点亮的跑马灯移动动作;当指拨开关 DIP8 在 OFF 的位置时, LED 会由 D9 往 D2 方向进行依次点亮的跑马灯移动动作,即反方向移动。在这一过程中,同一时间只能点亮一个 LED,点亮的时间间隔为 800ms。

3. 跑马灯控制器的 CPLD 参考电路图与设计要求

1) CPLD 参考电路图

根据跑马灯控制器的功能描述,图 10-1-2 为跑马灯控制器的系统方块图,图 10-1-3

为跑马灯控制器的系统模块电路图。

图 10-1-2 跑马灯控制器的系统方块图

图 10-1-3 跑马灯控制器的系统模块电路图

2) 设计要求

根据 CPLD 参考电路图,说明需要自行设计的电路与功能仿真。

根据对跑马灯控制器电路功能的分析,本任务的设计要求如下。

(1) 由于每个 LED 点亮的时间间隔为 800ms,也即每个 LED 依次轮流维持发光的时间为 800ms,根据硬件设计能力认证板上的资源,使用 10Hz 的时钟脉冲作为输入信号,需要设计一个 8 分频的电路产生 800ms 控制 LED 的间隔显示。

(2) 使用一个开关(指拨开关 DIP8)控制 8 个 LED(D2~D9)进行向左或向右的跑马灯显示,因此,需要设计一个可控加、减的模 8 计数电路,加、减信号由指拨开关 DIP8 控制。

(3) 需要一个 3-8 解码电路,把模 8 计数器的 8 个状态转换为对应的 8 个 LED 的"亮""灭"状态。

4. 需要的电路

综合上述的分析,在本任务中需要的电路如下所述。

1) 需自行设计的电路

(1) 8 分频电路——div8 电路(图 10-1-4)

实现 8 分频电路有多种方法,下面的芯片均可实现,后面将采用 74169 实现 8 分频电路。

图 10-1-4　8 分频电路参考芯片

（2）模 8 加、减计数器电路——uddv8 电路（图 10-1-5）

模 8 加、减计数器电路采用 74169 实现。

2）已知电路——3-8 解码电路（图 10-1-6）

3-8 解码电路采用 74138 实现。

图 10-1-5　模 8 加、减计数电路参考芯片

图 10-1-6　3-8 译码器

10.1.2　跑马灯控制器的逻辑电路设计

1．8 分频计数器电路的设计与功能仿真

1）绘制 8 分频电路原理图

（1）创建工程文件。首先创建一个用于存放工程文件的文件夹，如 F:\project10\work1\div8。打开 Quartus Ⅱ软件，创建工程，过程如下。

① 单击 File→New Project Wizard 打开新建工程引导对话框，在对话框中分别输入如图 10-1-7 所示的信息。在第一张视图中，输入工程文件的路径 F:\project10\work1\div8 与工程名称 div8。在第三张视图中，输入所使用 CPLD 芯片的类别（MAX7000S）与型号（EPM7064SLC44-10）。

② 单击 File→New 创建设计文件，在 Design File 中选择 Block Design/Schematic File，即原理图设计模式（.bdf），单击 OK。

③ 原理图文件的名称与工程文件名相同，单击 File→Save As，保存文件，如图 10-1-8 所示。

（2）完成原理图绘制，步骤如下。

① 在元件库中调入 input、output、74169、VCC 与 GND 等元件，按照图 10-1-9，绘制

图 10-1-7 创建工程引导图

图 10-1-8 原理图编辑窗口

div8 完整电路图。

② 绘制完成后,先保存,再单击 Processing→Start Compilation 进行原理图编译,若编译结果有错,需要修正错误,并重新编译,直到编译结果无错为止。

2) 8 分频电路波形功能仿真

(1) 建立仿真波形文件。

单击 File→New→Vector Waveform File 创建仿真波形文件(.vwf)。

(2) 添加仿真波形的输入/输出引脚。

单击 View→Utility Windows→Node Finder→Filter→All,再单击 List,屏幕 Node Found 区域会列出工程设计中所有的输入/输出引脚,选择需要的输入/输出引脚到 Selected Nodes 区域,单击 OK,添加的输入/输出引脚显示在波形编辑窗口中,如图 10-1-10 所示。

(3) 设置波形仿真环境。

图 10-1-9　div8 完整电路图

图 10-1-10　输入/输出引脚显示与波形仿真环境

① 选择 Edit→End Time,设定为 $1\mu s$。

② 选择 Edit→Grid Side,设定为 30ns。

③ 选择 View→Fit in Window,Time Range 范围自动显示为 0ps～$1.0\mu s$。

(4) 编辑输入/输出信号。

① 拖动选取预设定信号 CLK-IN,单击左边工具栏的波形编辑按钮 Clock,设定输入信号,CLK-IN 信号周期设定为 60ns,并保存编辑的输入信号,文件保存的路径和名称为 F:\project10\work1\div8\div8.vwf。

② 编辑好输入信号后,单击 Processing→Start Simulation 进行功能仿真,仿真结果如图 10-1-11 所示,符合 8 分频的设计要求。若仿真结果不符合设计要求,则需要修改原理图,编译后再仿真,直到仿真结果符合设计要求。

3) 封装成 div8 IC 元件

8 分频电路——div8 是跑马灯控制器电路中的一个组成部分,对于整个控制电路来说,div8 是一个子电路或子模块。为了绘图的方便和电路的美观整洁,需要把 div8 电路封装成 IC 元件,能够被调用。方法如下:将工作视图切换至 div8.bdf 环境下,单击 File→Create/Update→Create Symbol Files For Current File,在 div8.bdf 环境下双击,可查看到 div8 的封装元件,如图 10-1-12 所示。

图 10-1-11 div8 波形仿真结果

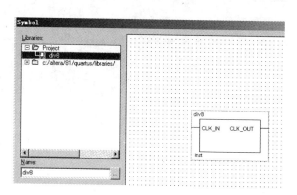

图 10-1-12 div8 IC 封装元件

2. 模 8 加、减计数器电路的设计与功能仿真

1）绘制模 8 加、减计数器电路原理图

（1）创建工程文件。

打开 Quartus Ⅱ软件，创建工程文件，过程如下。

① 单击 File→New Project Wizard 打开新建工程引导对话框，在对话框中分别输入如图 10-1-13 所示的信息。在第一张视图中，输入工程文件的路径 F:\project10\work1\uddv8 与工程名称 uddv8。在第三张视图中，输入所使用 CPLD 芯片的类别（MAX7000S）与型号（EPM7064SLC44-10）。

② 单击 File→New 创建设计文件，在 Design File 中选择 Block Design/Schematic File，即原理图设计模式（.bdf），单击 OK。

③ 原理图文件的名称与工程文件名相同，单击 File→Save As，保存文件，如图 10-1-14 所示。

（2）完成原理图绘制，步骤如下。

① 在元件库中调入 input、output、not、74169、VCC 与 GND 等元件，按照图 10-1-15 绘制 uddv8 完整电路图。

② 绘制完成后，先保存，再单击 Processing→Start Compilation 进行原理图编译，若编译结果有错，需要修正错误，并重新编译，直到编译结果无错为止。

2）模 8 加、减计数电路波形功能仿真

（1）建立仿真波形文件。

图 10-1-13 创建工程引导图

图 10-1-14 原理图编辑窗口

图 10-1-15 uddv8 完整电路图

单击 File→New→Vector Waveform File 创建仿真波形文件(. vwf)。

（2）添加仿真波形的输入/输出引脚。

单击 View→Utility Windows→Node Finder→Filter→All,再单击 List,屏幕 Node Found 区域会列出工程设计中所有的输入/输出引脚,选择需要的输入/输出引脚到 Selected Nodes 区域,单击 OK,添加的输入/输出引脚显示在波形编辑窗口中, 如图 10-1-16 所示。

图 10-1-16　输入/输出引脚显示与波形仿真环境

（3）设置波形仿真环境。

① 选择 Edit→End Time,设定为 $1\mu s$。

② 选择 Edit→Grid Side,设定为 30ns。

③ 选择 View→Fit in Window,Time Range 范围自动显示为 0ps～$1.0\mu s$。

（4）编辑输入/输出信号。

① 拖动选取预设定信号 D/U 与 CLK,单击左边工具栏的波形编辑按钮 0 与 1 以及 Clock 设定输入信号,CLK 信号周期设定为 60ns,并保存编辑的输入信号,文件保存的路径和名称为 F:\project10\work1\uddv8\uddv8.vwf。

② 编辑好输入信号后,单击 Processing→Start Simulation 进行功能仿真,仿真结果 如图 10-1-17 所示。若仿真结果不符合设计要求,则需要修改原理图,编译后再仿真,直 到仿真结果符合设计要求。

图 10-1-17　uddv8 波形仿真结果

3）封装成 uddv8 IC 元件

将工作视图切换至 uddv8.bdf 环境下,单击 File→Create/Update→Create Symbol Files For Current File,在 uddv8.bdf 环境下双击,可查看到 uddv8 的封装元件, 如图 10-1-18 所示。

图 10-1-18　uddv8 IC 封装元件

3. 跑马灯控制器的设计与功能仿真

1）绘制跑马灯控制器电路原理图

（1）创建工程文件。打开 QuartusⅡ软件，创建工程文件，过程如下。

① 单击 File→New Project Wizard 打开新建工程引导对话框，在对话框中分别输入如图 10-1-19 所示的信息。在第一张视图中，输入工程文件的路径 F:\project10\work1 与工程名称 pmd。在第三张视图中输入所使用 CPLD 芯片的类别（MAX7000S）与型号（EPM7064SLC44-10）。

图 10-1-19　创建工程引导图

② 单击 File→New 创建设计文件，在 Design File 中选择 Block Design/Schematic File，即原理图设计模式（.bdf），单击 OK。

③ 原理图文件的名称与工程文件名相同,单击 File→Save As 保存文件,如图10-1-20 所示。

图 10-1-20　原理图编辑窗口

(2) 完成原理图绘制,步骤如下。

① 在元件库中调入 input、output、VCC、GND、74138、div8 与 uddv8 元件,按照图 10-1-21 绘制跑马灯控制器完整电路图。在调用 div8 与 uddv8 元件时,需要先将 div8 工程文件中的 div8.bdf 和 div8.bsf 以及 uddv8 工程文件中的 uddv8.bdf 和 uddv8.bsf 总共 4 个文件复制到 pmd 工程所在的文件夹 work1 中,然后才可以进行封装元件的调用。若不能正确复制,则不能调用这些封装元件。注意图 10-1-21 中的 CLK 信号是用于仿真测试的中间信号,在实际电路中 CLK 信号是不需要输出的。

图 10-1-21　跑马灯控制器完整电路图

② 绘制完成后,先保存,再单击 Processing→Start Compilation 进行原理图编译,若编译结果有错,需要修正错误,并重新编译,直到编译结果无错为止。

2) 跑马灯控制器电路波形功能仿真

(1) 建立仿真波形文件。

单击 File→New→Vector Waveform File 创建仿真波形文件(.vwf)。

(2) 添加仿真波形的输入/输出引脚。

单击 View→Utility Windows→Node Finder→Filter→All,再单击 List,屏幕 Node Found 区域会列出工程设计中所有的输入/输出引脚,选择需要的输入/输出引脚到 Selected Nodes 区

域,单击 OK,添加的输入/输出引脚显示在波形编辑窗口中,如图 10-1-22 所示。

图 10-1-22　输入/输出引脚显示与波形仿真环境

(3) 设置波形仿真环境。

① 选择 Edit→End Time,设定为 $1\mu s$。

② 选择 Edit→Grid Side,设定为 30ns。

③ 选择 View→Fit in Window,Time Range 范围自动显示为 0ps～$1.0\mu s$。

(4) 编辑输入/输出信号。

① 拖动选取预设定信号 DIP8 与 GCLK1,单击左边工具栏的波形编辑按钮 0 与 1 以及 Clock 设定输入信号,GCLK1 信号周期设定为 10ns,并保存编辑的输入信号,文件保存的路径和名称为 F:\project10\work1\pmd.vwf。

② 编辑好输入信号后,单击 Processing→Start Simulation 进行功能仿真,仿真结果如图 10-1-23 所示。

图 10-1-23　pmd 波形仿真结果

③ 对照跑马灯控制器的功能要求,验证仿真波形图。图中 CLK 是 8 分频后的时钟信号,输出符合要求,说明逻辑设计正确;否则,需要修改设计,并仿真,直到正确为止。

10.1.3　跑马灯控制器 CPLD 电路的引脚分配、编译与程序下载

1. CPLD 元件的引脚配置

建立一个跑马灯控制器(如图 10-1-1 所示)组合逻辑电路,硬件电路的引脚配置规则

如下。

输入：GCLK1→P43、DIP8→P14。

输出：Q1→P21、Q2→P24、Q3→P25、Q4→P26、Q5→P27、Q6→P28、Q7→P29、Q8→P31。

引脚配置的方法如下。

（1）单击 Assignments → Pins，检查 CPLD 元件型号是否为 MAS7000S、EPM7064SLC44-10，再将鼠标移到 All pins 视窗，选择每一端点（GCLK1、DIP8、Q1、Q2、Q3、Q4、Q5、Q6、Q7、Q8），再在其后的 Location 栏选择每个端点所对应的 CPLD 芯片上的引脚，如图 10-1-24 所示。CLK 是测试信号，在实际电路中没有输出，所以不需要进行引脚配置。

图 10-1-24　CPLD 元件引脚配置窗口

（2）引脚配置完成后，需要再次编译电路以存储这些引脚的锁定信息。

2. 程序下载

在程序下载前，首先要对硬件开发板上相关的信号进行设置。指拨开关 S2 上的 CPLD-EN、CPLD-OE、LEDs-EN 都要处在 ON 状态，这样才能进行下载，且 LED 处于可用状态。然后单击 Tools→ Programmer，打开编程配置下载窗口，先单击 Hardware Setup 配置下载电缆，选择 USB-Blaster，下载线配置完成后，在 Mode 下拉列表中选择 JTAG，选中下载文件 pmd. pof 右侧第一个小方框（Program/Configure），打开目标板电源，再单击 Start 按钮，进行程序下载，当完成下载后，如图 10-1-25 所示。

10.1.4　跑马灯控制器 CPLD 电路的硬件测试

程序下载完成后，先关掉开发板上的电源，把编号 JP2 排针上的短路夹置于 10Hz 处，这样 10Hz 的时钟信号就与 GCLK1 连接上了。

按表 10-1-1，在 TEMI 数字逻辑设计能力认证开发板进行测试。

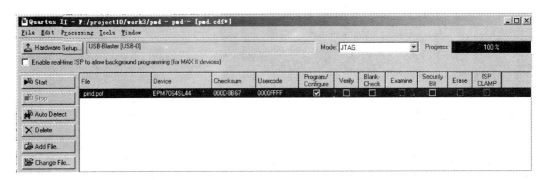

图 10-1-25　程序下载完成窗口

表 10-1-1　跑马灯控制器 CPLD 电路硬件测试表

输入：GCLK1、DIP8		输出：LED 灯（低电平驱动）															
		理　论　值								实　测　状　态							
GCLK1	DIP8	Q1 (D2)	Q2 (D3)	Q3 (D4)	Q4 (D5)	Q5 (D6)	Q6 (D7)	Q7 (D8)	Q8 (D9)	Q1 (D2)	Q2 (D3)	Q3 (D4)	Q4 (D5)	Q5 (D6)	Q6 (D7)	Q7 (D8)	Q8 (D9)
↑	0	0															
↑	0		0														
↑	0			0													
↑	0				0												
↑	0					0											
↑	0						0										
↑	0							0									
↑	0								0								
↑	1								0								
↑	1							0									
↑	1						0										
↑	1					0											
↑	1				0												
↑	1			0													
↑	1		0														
↑	1	0															

注：↑代表时钟脉冲。

　　查看跑马灯控制器的硬件测试结果是否与理论值相符，即测试结果是否符合实际的功能要求。若不符合要求，找出问题所在，修改电路设计，重新测试，直到测试符合设计要求。

10.1.5　任务思考与总结

　　跑马灯控制器设计的关键在于 8 分频电路和模 8 可控加、减计数器的实现,文中给出的设计方案只是其中一种实现方法,可以考虑用其他芯片,如 7490、7493、74190 等,来实现 8 分频电路和模 8 加、减计数电路。

任务 10.2　电子骰子控制器

10.2.1　电子骰子控制器的功能与设计要求

1. 电子骰子控制器的模块配置图

　　电子骰子控制器的电路模块配置图如图 10-2-1 所示,由 5 个部分组成:右边的 CPLD
(EPM7064)及 7 个 LED 组成的电子骰子显示电路、左边的 1kHz 时钟脉冲产生电路、
CLK-PB1 按钮开关电路和发声电路。

图 10-2-1　电子骰子控制器的电路模块配置图

2. 电子骰子控制器的功能描述

电子骰子控制器需要实现的功能如下。

　　(1) 骰子的触发由按键开关 CLK-PB1(编号 S8)控制,按住 CLK-PB1 按键时,CLK-
PB1 产生的 1kHz 时钟脉冲输入 CLPD 的输入端 P43;放开 CLK-PB1 按键时,CLPD 的
输入端 P43 则没有输入信号。

　　(2) 按住 CLK-PB1 按键时,由 D10～D16 组成的电子骰子以每隔 100ms 的时间显示
1～6 的点数。

　　(3) 按住 CLK-PB1 按键时,蜂鸣器(由 CPLD P20 控制)产生 500Hz 的声音,放开
CLK-PB1 按键停止发声。

　　(4) CPLD 输出控制引脚与电子骰子 7 个 LED 之间的关系:P36 同步控制 D10 和
D11;P37 同步控制 D12 和 D13;P39 控制 D14;P40 同步控制 D15 和 D16。

　　(5) 电子骰子的点数 1～6 的显示如图 10-2-2 所示。根据上述输出控制引脚与电子
骰子 7 个 LED 之间的关系可知,1 点由 P39 控制;2 点由 P36 控制;3 点由 P39 与 P36 控
制;4 点由 P36 与 P37 控制;5 点由 P36、P37 与 P39 控制;6 点由 P36、P37 与 P40 控制。

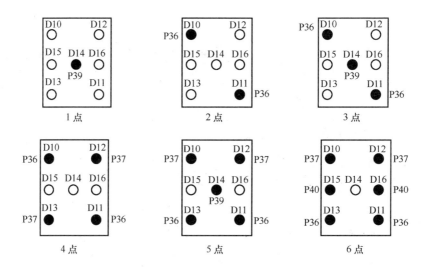

图 10-2-2　1~6 点数的输出显示

3. 电子骰子控制器的 CPLD 参考电路图与设计要求

1) CPLD 参考电路图

根据电子骰子控制器的功能描述,图 10-2-3 为电子骰子控制器的系统方块图。

图 10-2-3　电子骰子控制器的系统方块图

2) 设计要求

根据 CPLD 参考电路图,说明需要自行设计的电路与功能仿真。

由电子骰子控制器电路功能的可知,输入信号以 1kHz 频率控制电子骰子的输出显示,当按住 CLK-PB1 按键时,电子骰子以每隔 100ms 的时间显示 1~6 的点数,同时在蜂鸣器上产生 500Hz 的声音。因此,由 f(频率)$=1/T$(时间),可以计算出所需要的分频器电路设计。本任务的设计要求如下。

(1) 已知 $T=100$ms,由 f(频率)$=1/T$(时间)$=1/0.1=10$Hz,由于按住 CLK-PB1 按键产生的是 1kHz 的时钟脉冲信号,需要进行分频才能获得 10Hz 时钟脉冲信号,所以需要设计一个 100 分频电路($\div 100$ 电路)。

(2) 要显示 1~6 的点数,需要将 10Hz 时钟脉冲信号分成 6 种状态,因此需要设计一个模 6 计数器(或称之为 6 分频电路,即 $\div 6$ 电路)。

(3) 蜂鸣器上的 500Hz 声音,也是由 1kHz 信号电路经分频产生的,所以需要一个

2 分频电路,即÷2 电路。

（4）需要设计一个解码电路——骰子解码电路,把 1～6 这 6 种点数状态与 CLPD 输出控制端对应起来。

4.需要的电路

综合上述分析,在本设计任务中需要的电路如下所述。

1）已知的电路——6 分频电路、2 分频电路

分频电路也即计数电路,因此设计÷6 与÷2 的分频电路即是设计模 6 和模 2 计数器电路。芯片 7492 是一个模 12 的计数器,它内部有两个相对独立的模 6 和模 2 计数器,串接在一起就是模 12 计数器,不串接就是两个相对独立的模 6 和模 2 计数器。芯片 7492 的功能恰好可以满足功能要求,设计电路可参考图 10-2-4(a)。

2）需自行设计的电路

（1）100 分频电路

设计原理:采用芯片 74192 可以组建模 10 计数器,两个 74192 串接即可组成模 100 计数器,即÷100 电路。设计电路可参考图 10-2-4(b)。

(a)　　　　　　　　　　　(b)

图 10-2-4　÷6 与 ÷2、÷100 的分频电路

（2）电子骰子解码电路（图 10-2-6）

图 10-2-5 为骰子解码电路的方块图。由 7492 的真值表（见表 10-2-1）分析可知,QD、QC、QB 总共有（0、1、2、4、5、6）6 种状态,刚好可以与骰子的 6 个点数相对应,表 10-2-2 为低电平驱动的骰子解码电路的真值表。当输入 $X_2X_1X_0=000$ 时,解码骰子的点数为 1,因此输出端 Q_3（P39）$=0$（低电平驱动）;当输入 $X_2X_1X_0=001$ 时,解码骰子的点数为 2,因此输出端 Q_1（P36）$=0$;当输入 $X_2X_1X_0=010$ 时,解码骰子的点数为 3,因此输出端 Q_3（P39）与 Q_1（P36）$=00$;以此类推。

图 10-2-5　骰子解码电路方块图

表 10-2-1　7492 真值表

状态	计数脉冲	输　　出			
		QD	QC	QB	QA
0	0 1	L L	L L	L L	L H
1	2 3	L L	L L	H H	L H
2	4 5	L L	H H	L L	L H
4	6 7	H H	L L	L L	L H
5	8 9	H H	L L	H H	L H
6	10 11	H H	H H	L L	L H

注：3、7 为任意项，在进行化简时可作任意项处理。

表 10-2-2　低电平驱动的骰子解码电路真值表

输　　入			输　　出				骰子点数
X_2	X_1	X_0	Q_4	Q_3	Q_2	Q_1	
0	0	0	1	0	1	1	1
0	0	1	1	1	1	0	2
0	1	0	1	0	1	0	3
1	0	0	1	1	0	0	4
1	0	1	1	0	0	0	5
1	1	0	0	1	0	0	6

根据骰子解码电路的真值表 10-2-2，用卡诺图进行化简，得到输出信号 Q_4、Q_3、Q_2、Q_1 与输入 X_2、X_1、X_0 之间的逻辑函数关系。再由逻辑函数画出逻辑电路图，如图 10-2-6 所示。

$$Q_1 = \overline{X_2\,X_1\,X_0}, \quad Q_2 = \overline{X_2}$$

$$Q_3 = \overline{X_2}\,X_0 + X_2\,\overline{X_0} = X_2 \oplus X_0, \quad Q_4 = \overline{X_2\,X_1\,\overline{X_0}} = \overline{X_2} + \overline{X_1} + X_0$$

10.2.2　电子骰子控制器的逻辑电路设计

图 10-2-7 为电子骰子控制器系统模块完整电路图，由图可知需要建立两个模块化电路 div100 与骰子解码电路(dice)的封装 IC 元件。

图 10-2-6　骰子解码电路的逻辑电路图

图 10-2-7　电子骰子控制器系统模块电路图

1. 100 分频计数器电路的设计与功能仿真

1）绘制 100 分频电路原理图

（1）创建工程文件。首先创建一个用于存放工程文件的文件夹 div100，存储路径为 F:\project10\work2\div100。打开 Quartus Ⅱ 软件，创建工程，过程如下。

① 单击 File→New Project Wizard 打开新建工程引导对话框，在对话框中分别输入如图 10-2-8 所示的信息。在第一张视图中，输入工程文件的路径 F:\project10\work2\div100 与工程名称 div100。在第三张视图中，输入所使用的 CPLD 芯片的类别（MAX7000S）与型号（EPM7064SLC44-10）。

② 单击 File→New 创建设计文件，在 Design File 中选择 Block Design/Schematic File，即原理图设计模式（.bdf），单击 OK。

③ 原理图文件的名称与工程文件名相同，单击 File→Save As，保存文件，如图 10-2-9 所示。

（2）完成原理图绘制，步骤如下。

① 按照图 10-2-10，绘制 div100 完整电路图。

② 绘制完成后，先保存，再单击 Processing→Start Compilation 进行原理图编译，若编译结果有错，需要修正错误，并重新编译，直到编译结果无错为止。

图 10-2-8　创建工程引导图

图 10-2-9　原理图编辑窗口

2）100 分频电路波形功能仿真

（1）建立仿真波形文件。

单击 File→New→Vector Waveform File 创建仿真波形文件（.vwf）。

（2）添加仿真波形的输入/输出引脚。

单击 View→Utility Windows→Node Finder→Filter→All，再单击 List，屏幕 Node Found 区域会列出工程设计中所有的输入/输出引脚，选择需要的输入/输出引脚到 Selected Nodes 区域，单击 OK，添加的输入/输出引脚显示在波形编辑窗口中，如图 10-2-11 所示。

图 10-2-10　div100 完整电路图

图 10-2-11　输入/输出引脚显示与波形仿真环境

（3）设置波形仿真环境。

① 选择 Edit→End Time，设定为 $2.2\mu s$。

② 选择 Edit→Grid Side，设定为 10ns。

③ Time Range 范围设定为 $2.2\mu s$。

（4）编辑输入/输出信号。

① 拖动选取预设定信号 CLK-IN，单击左边工具栏的波形编辑按钮 Clock，设定输入信号，CLK-IN 周期设定为 20ns，并保存编辑的输入信号，文件保存的路径和名称为 F:\project10\work2\div100\div100.vwf。

② 编辑好输入信号后，单击 Processing→Start Simulation 进行功能仿真，仿真结果如图 10-2-12 所示，符合 100 分频的设计要求。若仿真结果不符合设计要求，则需要修改原理图，编译后再仿真，直到仿真结果符合设计要求。

图 10-2-12　div100 波形仿真结果

3）封装成 div100 IC 元件

将工作视图切换至 div100.bdf 环境下，单击 File→Create/Update→Create Symbol

Files For Current File,在 div100. bdf 环境下,双击,可查看到 div100 的封装元件,如图 10-2-13 所示。

图 10-2-13 div100 IC 封装元件

2. 骰子解码电路的设计与功能仿真

1) 骰子解码电路原理图绘制

(1) 创建工程文件。打开 Quartus Ⅱ 软件,创建工程文件,过程如下。

① 单击 File→New Project Wizard 打开新建工程引导对话框,在对话框中分别输入如图 10-2-14 所示的信息。在第一张视图中,输入工程文件的路径 F:\project10\work2\dice 与工程名称 dice。在第三张视图中,输入所使用的 CPLD 芯片的类别(MAX7000S)与型号(EPM7064SLC44-10)。

② 单击 File→New 创建设计文件,在 Design File 中选择 Block Design/Schematic File,即原理图设计模式(. bdf),单击 OK。

③ 原理图文件的名称与工程文件名相同,单击 File→Save As,保存文件,如图 10-2-15 所示。

(2) 完成原理图绘制,步骤如下。

① 按照图 10-2-16,绘制 dice 完整电路图。

② 绘制完成后,先保存,再单击 Processing→Start Compilation 进行原理图编译,若编译结果有错,需要修正错误,并重新编译,直到编译结果无错为止。

2) 骰子解码电路波形功能仿真

(1) 建立仿真波形文件。

单击 File→New→Vector Waveform File 创建仿真波形文件(. vwf)。

(2) 添加仿真波形的输入/输出引脚。

单击 View→Utility Windows→Node Finder→Filter→All,再单击 List,屏幕 Node Found 区域会列出工程设计中所有的输入/输出引脚,选择需要的输入/输出引脚到 Selected Nodes 区域,单击 OK,添加的输入/输出引脚显示在波形编辑窗口中,如图 10-2-17 所示。

(3) 设置波形仿真环境。

① 选择 Edit→End Time,设定为 $1\mu s$。

图 10-2-14 创建工程引导图

图 10-2-15 原理图编辑窗口

② 选择 Edit→Grid Side,设定为 100ns。

③ Time Range 范围设定为 1.0μs。

(4) 编辑输入/输出信号。

① 拖动选取预设定信号 X2、X1、X0,单击左边工具栏的波形编辑按钮 0 与 1 来设定输入信号,如图 10-2-17 所示,使 X2、X1、X0 的取值覆盖 6 种状态。保存编辑的输入信号,文件保存的路径和名称为 F:\project10\work3\dice \dice. vwf。

② 编辑好输入信号后,单击 Processing→Start Simulation 进行功能仿真,仿真结果如图 10-2-18 所示。若仿真结果不符合设计要求,则需要修改原理图,编译后再仿真,直到仿真结果符合设计要求。

3) 封装成 dice IC 元件

将工作视图切换至 dice. bdf 环境下,单击 File→Create/Update→Create Symbol Files For

图 10-2-16 dice 完整电路图

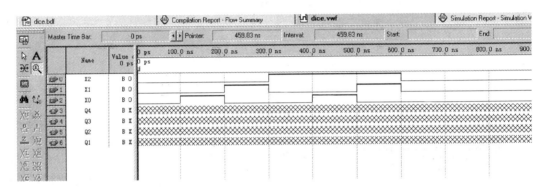

图 10-2-17 输入/输出引脚显示与波形仿真环境

图 10-2-18 dice 波形仿真结果

Current File,在 dice. bdf 环境下双击,可查看到 dice 的封装元件,如图 10-2-19 所示。

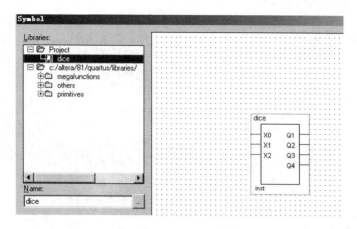

图 10-2-19 dice IC 封装元件

3. 电子骰子控制器的设计与功能仿真

1) 绘制电子骰子控制器电路原理图

(1) 创建工程文件。打开 Quartus Ⅱ 软件,创建工程文件,过程如下。

① 单击 File→New Project Wizard 打开新建工程引导对话框,在对话框中分别输入如图 10-2-20 所示的信息。在第一张视图中,输入工程文件的路径 F:\project10\work2 与工程名称 dsz。在第三张视图中,输入所使用的 CPLD 芯片的类别(MAX7000S)与型号(EPM7064SLC44-10)。

② 单击 File→New 创建设计文件,在 Design File 中选择 Block Design/Schematic File,即原理图设计模式(.bdf),单击 OK。

③ 原理图文件的名称与工程文件名相同,单击 File→Save As,保存文件,如图 10-2-21 所示。

(2) 完成原理图绘制,步骤如下。

① 按照图 10-2-22 绘制电子骰子控制器完整电路图。在调用 div100 与 dice 元件时,需要先将 div100 工程文件中的 div100.bdf 和 div100.bsf 以及 dice 工程文件中的 dice.bdf 和 dice.bsf 总共 4 个文件复制到 dsz 工程所在的文件夹 work3 中,然后才可以进行封装元件的调用。若不能正确复制,则不能调用这些封装元件。注意图 10-2-22 中的 4 个输出信号:CLK_OUT、X2、X1、X0 是用于仿真测试的中间信号,在实际电路中这些信号是不需要输出的,即不需要进行引脚配置。后面将利用 CLK、CLK_OUT、X2、X1、X0 以及 BZ 等信号,通过波形仿真来验证 7492 构成的 6 分频电路(÷6 电路)以及 2 分频电路(÷2 电路)是否正确。

② 绘制完成后,先保存,再单击 Processing→Start Compilation 进行原理图编译,若编译结果有错,需要修正错误,并重新编译,直到编译结果无错为止。

2) 电子骰子控制器电路波形功能仿真

(1) 建立仿真波形文件。

单击 File→New→Vector Waveform File 创建仿真波形文件(.vwf)。

图 10-2-20　创建工程引导图

图 10-2-21　原理图编辑窗口

图 10-2-22　电子骰子控制器完整电路图

（2）添加仿真波形的输入/输出引脚。

单击 View→Utility Windows→Node Finder→Filter→All，再单击 List，屏幕 Node Found 区域会列出工程设计中所有的输入/输出引脚，选择需要的输入/输出引脚到 Selected Nodes 区域，单击 OK，添加的输入/输出引脚显示在波形编辑窗口中，如图 10-2-23 所示。

图 10-2-23　输入/输出引脚显示与波形仿真环境

（3）设置波形仿真环境。

① 选择 Edit→End Time，设定为 20μs。

② 选择 Edit→Grid Side，设定为 10ns。

③ Time Range 范围设置为 20μs。

（4）编辑输入/输出信号。

① 拖动选取预设定信号 CLK，单击左边工具栏的波形编辑按钮 Clock 设定输入信号，CLK 信号周期设定 10ns，保存编辑的输入信号如图 10-2-23 所示，文件保存的路径和名称为 F:\project10\work2\dsz. vwf。

② 编辑号输入信号后，单击 Processing→Start Simulation 进行功能仿真，对于波形仿真结果，将从不同的角度给出一些视图，如图 10-2-24～图 10-2-26 所示。

图 10-2-24　dsz 波形仿真结果 1

③ 对照电子骰子控制器的功能要求，验证仿真波形图。图 10-2-24 所示的仿真结果显示了 BZ 与 CLK 信号之间是 2 分频的关系，符合设计要求。从图 10-2-24 和图 10-2-25

图 10-2-25　dsz 波形仿真结果 2

图 10-2-26　dsz 波形仿真结果 3

可以看出 CLK 与 CLK_OUT 信号之间是 100 分频的关系，符合设计要求。图 10-2-26 的 Grid Side 重新设定为 1000ns，这样显示效果更方便于信号的分析。从图 10-2-26 可以看出 CLK_OUT 信号作为 7492 的输入时钟信号，可以得出满足要求的 6 个状态，即 X2、X1、X0 的状态为 000、001、010、100、101、110；并且输出控制端(Q4、Q3、Q2、Q1)的状态也符合骰子解码电路真值表。

以上分析过程说明整体逻辑设计正确，否则，需要修改设计并仿真，直到仿真验证正确为止。

10.2.3　电子骰子控制器 CPLD 电路的引脚分配、编译与程序下载

1. CPLD 元件的引脚配置

建立一个电子骰子控制器(如图 10-2-1 所示)的逻辑电路，硬件电路的引脚配置规则如下。

输入：CLK→P43。

输出：Q1→P36、Q2→P37、Q3→P39、Q4→P40、BZ→P20。

引脚配置的方法如下。

(1) 单击 Assignments → Pins，检查 CPLD 元件型号是否为 MAS7000S、EPM7064SLC44-10，再将鼠标移到 All pins 视窗，选择每一端点(CLK、Q1、Q2、Q3、Q4、BZ)，再在其后的 Location 栏，选择每个端点所对应的 CPLD 芯片上的引脚，如图 10-2-27

所示。用于测试的信号 CLK_OUT、X2、X1、X0 等不需要进行引脚配置。

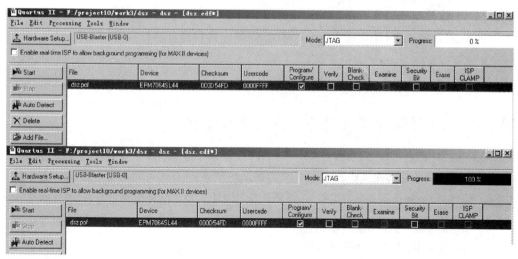

图 10-2-27 CPLD 元件引脚配置窗口

（2）引脚配置完成后，需要再次编译电路以存储这些引脚的锁定信息。

2. 程序下载

在程序下载前，首先要对硬件开发板上相关的信号进行设置。指拨开关 S2 上的 CPLD-EN、CPLD-OE、LEDs-EN 都要处在 ON 状态，这样才能进行下载，且 LED 处于可用状态。然后单击 Tools→Programmer，打开编程配置下载窗口，先单击 Hardware Setup 配置下载电缆，选择 USB-Blaster，下载线配置完成后，在 Mode 下拉列表中选择 JTAG，选中下载文件 dsz. pof 右侧第一个小方框（Program/Configure），打开目标板电源，在再单击 Start 按钮，进行程序下载，当完成下载后，如图 10-2-28 所示。

图 10-2-28 程序下载完成窗口

10.2.4　电子骰子控制器 CPLD 电路的硬件测试

程序下载完成后,先关掉开发板上的电源,把编号 JP2 排针上的短路夹置于最右边的 CLK-PB1 处,这样编号为 S8 的按键开关 CLK-PB1 才能控制 1kHz 信号的通断。

按表 10-2-3,在 TEMI 数字逻辑设计能力认证开发板进行测试。

表 10-2-3　电子骰子控制器 CPLD 电路硬件测试表

输入: S8(CLK-PB1)	输出:电子骰子 LED 灯组(低电平驱动)				点数
	实 测 状 态				
	Q1(P36)	Q2(P37)	Q3(P39)	Q4(P40)	
每次按下 S8 后, 再随机释放					

查看电子骰子控制器的硬件测试结果,看是否符合实际的功能要求。若不符合要求,找出问题所在,修改电路设计,重新测试,直到符合设计要求。

10.2.5　任务思考与总结

电子骰子控制器设计的关键在于几种不同分频电路和骰子解码电路的实现。请考虑采用 74190 设计 100 分频电路;对于 6 分频电路,还有哪些芯片可以实现? 对于骰子解码电路,可以尝试采用 VHDL 或 Verilog HDL 等硬件编程语言编程实现。

任务 10.3　二位 BCD 码计数器

10.3.1　二位 BCD 码计数器电路的功能与设计要求

电路中使用的各种按键,在按键按下和释放时,会不可避免地产生抖动,这种抖动若不处理,会给电路带来干扰和误操作,从而影响电路的运行结果,因此需要对按键进行去抖动处理。为了能直观地观察到按键去抖动的效果,下面用设计一个二位计数器电路进行说明。

1. 二位计数器电路的模块配置图

二位计数器电路的模块配置图如图 10-3-1 所示,由 5 个部分组成:中间的 CPLD(EPM7064)主体、两个七段数码管、100Hz 时钟脉冲产生电路、PB4-SW4 按钮开关电路

图 10-3-1 二位计数器电路模块配置图

和 CLR Jumper 重置开关电路。

2. 二位计数器的功能描述

二位计数器需要实现的功能如下。

(1) 电路的初始状态是两个共阳极七段数码管显示 00 的数字。

(2) 由按键开关 PB-SW4(编号 S6)控制二位计数电路。每按一下 PB-SW4 按键时,两个七段数码管显示的数字就会自动加 1,计数到数字 99 时,再按一下 PB-SW4 按键数字回到 00。

(3) 两个七段数码管的控制采取轮流点亮的方式,扫描时间间隔为 20ms。

(4) 正常工作时 CLR Jumper(编号 JP4)必须置于开发板上标志 VCC 处,若将 CLR Jumper 置于 GND 时,两个七段数码管的数字会立刻归零,只显示 00。

3. 二位计数器的 CPLD 参考电路图与设计要求

1) CPLD 参考电路图

根据二位计数器的功能描述,图 10-3-2 为二位计数器的系统方块图。

2) 设计要求

本任务的设计要求如下。

(1) 由二位计数器的电路功能可知,输入时钟信号使用 100Hz,要求两个七段数码管采用轮流点亮的方式,时间间隔为 20ms,由 f(频率)$=1/T$(时间),计算出 $f=50$Hz,因此需要设计一个 $\div 2$ 电路。

(2) 使用按键开关 PB-SW4 控制计数功能,每按一下 PB-SW4 时,两个七段数码管的数字就要自动加 1。为防止按键误动作,需要设计一个按键去抖动电路。按键去抖动电路需要对按键信号进行采样,采样的时间间隔设置为 40ms(即 $f=25$Hz)(采样时间设置要合理,否则也会影响去抖动电路的效果)。因输入时钟信号使用 100Hz,所以这里还需要设计一个 $\div 4$ 电路。

(3) 计数到数字 99,此时再来一个计数脉冲,数字又回到 00,因此需要设计一个模 100 的计数电路。

图 10-3-2　二位计数器的系统方块图

（4）使用一组七段数码管解码电路,让两个七段数码管正确显示计数数字。

4. 需要的电路

综合上述的分析,在本设计任务中需要设计的电路如下所述。

1）已知电路

（1）÷2 与 ÷4 电路。

根据功能要求,正常工作时 CLR Jumper 必须置于 VCC 处,若将 CLR Jumper 置于 GND 时,两个七段数码管的数字回归 0。因此选用具有低电平清除功能的 JK 触发器与芯片 7473（内含两个 JK 触发器）,图 10-3-3 为 ÷2 与 ÷4 的电路图。

图 10-3-3　÷2 与 ÷4 的电路图

为了使两个七段数码管的控制采取轮流点亮的方式,在 JK 触发器的输出端 Q 加了一个 not 反相器,以产生 COM1 与 COM2 控制信号。COM2 控制数码管"个位"的显示, COM1 控制数码管"十位"的显示。由 JK 触发器的真值表 10-3-1 得知,当有触发信号 CLK 输入且 JK=11 时,输出取反。所以 JK 触发器的输出 Q 端信号的频率是输入信号 CLK 的一半,即实现频率 ÷2 功能。此外,在此电路中,清零信号 CLR 输入端额外加一个 not 反相器,以产生一个 RST 高电平有效的清零信号。如此设计是因为在模 100 计数电路设计中所使用的 7490 芯片的清零引脚 CLRA 与 CLRB 为高电平有效,以符合设计要求,即 CLR Jumper＝VCC(1)时,CLRA＝CLRB＝0,正常计数;CLR Jumper＝GND(0)

时,CLRA=CLRB=1,清零。

表 10-3-1　JK 触发器真值表

输　　　入			输　　　出
CLRN	J	K	Q
0	×	×	0
1	0	0	QN
1	0	1	0
1	1	0	1
1	1	1	$\overline{QN}$

（2）七段数码管解码电路。

图 10-3-4 为七段数码管解码电路图。由 COM1 和 COM2 控制信号决定是个位数字还是十位数字的 BCD 码输出,再经由 7447 芯片(共阳极)将 BCD 码转化成七段显示码。根据功能要求,两个七段数码管的控制方式采取轮流点亮,因此使用一个 74244 缓冲器芯片,74244 芯片内部共有两个四位三态缓冲器,使用时可分别以 1G 和 2G 作为它们的选通工作信号。当 1G 或 2G 为低电平时,其对应输出端 Y 和输入端 A 状态相同;当 1G 或 2G 为高电平时,其对应输出呈高阻态。所以当 1G 和 2G 分别接 COM1 和 COM2 控制信号时,就可以实现对两个七段数码管的轮流点亮。芯片 7447 是共阳极的七段数码管解码器,为使其正常工作,将 LTN、RBN、BIN 引脚接 VCC。

图 10-3-4　七段数码管解码电路图

2）需自行设计的电路

（1）按键去抖动电路——dbn。

图 10-3-5 为按键去抖动电路图(封装元件:dbn)。在电路图中,先以两个 D 触发器存储二次按键的取样值,再经由 AND、OR 与 JK 触发器构成的比较电路,滤除机械开关产生的抖动信号。

（2）模 100 计数器电路——cnt100。

图 10-3-6 为模 100 计数器电路图。采用两个 7490 芯片串接组成的模 100 计数电路。

图 10-3-5 按键去抖动电路

图 10-3-6 模 100 计数器电路图

10.3.2 二位计数器的逻辑电路设计

图 10-3-7 为二位计数器系统模块完整电路图,由图可知,需要建立两个模块化电路 dbn 与 cnt100 电路的封装 IC 元件。

1. dbn 电路的设计与功能仿真

1) 绘制 dbn 电路原理图

(1) 创建工程文件。首先创建一个用于存放工程文件的文件夹 dbn,存储路径为 F:\ project10\work3\dbn。打开 Quartus Ⅱ 软件,创建工程,过程如下。

① 单击 File→New Project Wizard→打开新建工程引导对话框,在对话框中分别输入如图 10-3-8 所示的信息。在第一张视图中输入工程文件的路径 F:\project10\work3\dbn 与工程名称 dbn。在第三张视图中输入所使用 CPLD 芯片的类别(MAX7000S)与型号(EPM7064SLC44-10)。

② 单击 File→New 创建设计文件,在 Design File 中选择 Block Design/Schematic File,即原理图设计模式(.bdf),单击 OK。

③ 原理图文件的名称与工程文件名相同,单击 File→Save As,保存文件,如图 10-3-9 所示。

图 10-3-7 二位计数器系统电路图

（2）完成原理图绘制，步骤如下。

① 按照图 10-3-10，绘制 dbn 完整电路图。

② 绘制完成后，先保存，再单击 Processing→Start Compilation 进行原理图编译，若编译结果有错，需要修正错误，并重新编译，直到编译结果无错为止。

2）dbn 电路波形功能仿真

（1）建立仿真波形文件。

单击 File→New→Vector Waveform File 创建仿真波形文件（.vwf）。

（2）添加仿真波形的输入/输出引脚。

单击 View→Utility Windows→Node Finder→Filter→All，再单击 List，屏幕 Node Found 区域会列出工程设计中所有的输入/输出引脚，选择需要的输入/输出引脚到 Selected Nodes 区域，单击 OK，添加的输入/输出引脚显示在波形编辑窗口中，如图 10-3-11 所示。

（3）设置波形仿真环境。

① 选择 Edit→End Time，设定为 500ms。

图 10-3-8　创建工程引导图　　　　　　图 10-3-9　原理图编辑窗口

图 10-3-10　dbn 完整电路图

图 10-3-11　输入/输出引脚显示与波形仿真环境

② 选择 Edit→Grid Side,设定为 10ms。

③ Time Range 范围设定为 500ms。

(4) 编辑输入/输出信号。

① 拖动选取预设定信号 CLRN、CLK 与 SW-I,单击左边工具栏的波形编辑按钮 0 与 1 以及 Clock,来设定输入信号,CLK 周期设定为 40ms,SW-I 为按键输入信号,用波形编辑按钮进行按键有抖动信号的模拟设置,保存编辑的输入信号,如图 10-3-12 所示。文件保存的路径和名称为:F:\project10\work3\dbn\dbn.vwf。

图 10-3-12　编辑并保存输入信号

② 编辑好输入信号后，单击 Processing→Start Simulation 进行功能仿真，仿真结果如图 10-3-13 所示，符合设计要求。若仿真结果不符合设计要求，则需要修改原理图，编译后再仿真，直到仿真结果符合设计要求。

图 10-3-13　dbn 波形仿真结果

3) 封装成 dbn IC 元件

将工作视图切换至 dbn.bdf 环境下，单击 File→Create/Update→Create Symbol Files For Current File，在 dbn.bdf 环境下，双击，可查看到 dbn 的封装元件，如图 10-3-14 所示。

图 10-3-14　dbn IC 封装元件

2. cnt100 电路的设计与功能仿真

1) cnt100 电路原理图绘制

(1) 创建工程文件。打开 Quartus Ⅱ 软件，创建工程文件，过程如下。

① 单击 File→New Project Wizard→打开新建工程引导对话框,在对话框中分别输入如图 10-3-15 所示的信息。在第一张视图中,输入工程文件的路径 F:\project10\work3\cnt100 与工程名称 cnt100。在第三张视图中,输入所使用 CPLD 芯片的类别(MAX7000S)与型号(EPM7064SLC44-10)。

② 单击 File→New 创建设计文件,在 Design File 中选择 Block Design/Schematic File,即原理图设计模式(.bdf),单击 OK。

③ 原理图文件的名称与工程文件名相同,单击 File→Save As,保存文件,如图 10-3-16 所示。

图 10-3-15　创建工程引导图

图 10-3-16　原理图编辑窗口

(2) 完成原理图绘制,步骤如下。

① 按照图 10-3-17,绘制 cnt100 完整电路图。

② 绘制完成后,先保存,再单击 Processing→Start Compilation 进行原理图编译,若编译结果有错,需要修正错误,并重新编译,直到编译结果无错为止。

图 10-3-17　cnt100 完整电路图

2）cnt100 电路波形功能仿真

（1）建立仿真波形文件。

单击 File→New→Vector Waveform File 创建仿真波形文件(.vwf)。

（2）添加仿真波形的输入/输出引脚。

单击 View→Utility Windows→Node Finder→Filter→All，再单击 List，屏幕 Node Found 区域会列出工程设计中所有的输入/输出引脚，选择需要的输入/输出引脚到 Selected Nodes 区域，单击 OK，添加的输入/输出引脚显示在波形编辑窗口中，如图 10-3-18 所示。

图 10-3-18　输入/输出引脚显示与波形仿真环境

（3）设置波形仿真环境。

① 选择 Edit→End Time，设定为 2.2μs。

② 选择 Edit→Grid Side，设定为 10ns。

③ Time Range 范围设定为 2.2μs。

（4）编辑输入/输出信号。

① 拖动选取预设定信号 CLK、RST，单击左边工具栏的波形编辑按钮 0 与 1，设定输入信号，CLK 信号周期设定为 20ns。保存编辑的输入信号，文件保存的路径和名称为 F:\project10\work3\cnt100\cnt100.vwf。

② 编辑好输入信号后，单击 Processing→Start Simulation 进行功能仿真，仿真结果如图 10-3-19 所示。若仿真结果不符合设计要求，则需要修改原理图，编译后再仿真，直到仿真结果符合设计要求。

图 10-3-19　cnt100 波形仿真结果

3）封装成 cnt100 IC 元件

将工作视图切换至 cnt100.bdf 环境下，单击 File→Create/Update→Create Symbol Files For Current File，在 cnt100.bdf 环境下，双击，可查看到 cnt100 的封装元件，如图 10-3-20 所示。

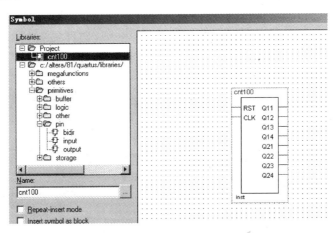

图 10-3-20　cnt100 IC 封装元件

3.二位计数器的设计与功能仿真

1）绘制二位计数器电路原理图

（1）创建工程文件。打开 Quartus Ⅱ软件，创建工程文件，过程如下。

① 单击 File→New Project Wizard→打开新建工程引导对话框，在对话框中分别输入如图 10-3-21 所示的信息。在第一张视图中，输入工程文件的路径 F:\project10\work3 与工程名称 2wcnt。在第三张视图中，输入所使用 CPLD 芯片的类别（MAX7000S）与型号（EPM7064SLC44-10）。

② 单击 File→New 创建设计文件，在 Design File 中选择 Block Design/Schematic File，即原理图设计模式（.bdf），单击 OK。

③ 原理图文件的名称与工程文件名相同，单击 File→Save As，保存文件，如图 10-3-22 所示。

（2）完成原理图绘制，步骤如下。

图 10-3-21　创建工程引导图

图 10-3-22　原理图编辑窗口

① 按照图 10-3-23,绘制二位计数器完整电路图。在调用 dbn 与 cnt100 元件时,需要先将 dbn 工程文件中的 dbn. bdf 和 dbn. bsf 以及 cnt100 工程文件中的 cnt100. bdf 和 cnt100. bsf 总共 4 个文件复制到 2wcnt 工程所在的文件夹 work3 中,然后才可以进行封装元件的调用。若不能正确复制,则不能调用这些封装元件。注意,图 10-3-23 中的 5 个输出信号:BN-CLK、Q11、Q12、Q13、Q14 是用于仿真测试的中间信号,在实际电路中这些信号是不需要输出的,即不需要进行引脚配置。

② 绘制完成后,先保存,再单击 Processing→Start Compilation 进行原理图编译,若编译结果有错,需要修正错误,并重新编译,直到编译结果无错为止。

2) 二位计数器电路波形功能仿真

(1) 建立仿真波形文件。

单击 File→New→Vector Waveform File 创建仿真波形文件(. vwf)。

(2) 添加仿真波形的输入/输出引脚。

单击 View→Utility Windows→Node Finder→Filter→All,再单击 List,屏幕 Node Found 区域会列出工程设计中所有的输入/输出引脚,选择需要的输入/输出引脚到 Selected Nodes 区域,单击 OK,添加的输入/输出引脚显示在波形编辑窗口中,如图 10-3-24 所示。注意,图

图 10-3-23　二位计数器完整电路图

图 10-3-24　输入/输出引脚显示与波形仿真环境

中并没有把接到七段数码管上的引脚 Q1~Q7 引入仿真的界面里,而是用到了中间的信号 Q11~Q14,因为在观察仿真结果时,Q1~Q7 的信号状态不易于观看到数字的值,采用 Q11~Q14(各位数字)比较容易观看按键计数数值,因为在设置模拟按键信号 SW-IN 时,只设置几个有效的信号,所以计数值只观察个位数字就可以了。

(3) 设置波形仿真环境。

① 选择 Edit→End Time,设定为 500ms。

② 选择 Edit→Grid Side,设定为 5ms。

③ Time Range 范围自动显示为 500ms。

(4) 编辑输入/输出信号。

① 拖动选取预设定信号 CLR、CLK 与 SW-IN,单击左边工具栏的波形编辑按钮 0 与

1 以及 Clock,设定输入信号,CLK 信号周期设置为 1ms,SW-IN 为按键输入信号,用波形编辑按钮进行按键有抖动信号的模拟设置,保存编辑的输入信号如图 10-3-25 所示,文件保存的路径和名称为 F:\project10\work3\2wcnt. vwf。

图 10-3-25 2wcnt 输入信号波形设置

图 10-3-26 2wcnt 波形仿真结果

② 编辑好输入信号后,单击 Processing→Start Simulation 进行功能仿真,对于波形仿真结果,见图 10-3-26 所示。

③ 对照二位计数器的功能要求,验证仿真波形图。观察图 10-3-26 所示的仿真结果显示 SW-IN 有 4 个按键信号,个位数字 Q11～Q14 能够对按键信号进行准确计数。

以上分析过程说明整体逻辑设计正确,否则,需要修改设计,并仿真,直到仿真验证正确为止。

10.3.3 二位计数器 CPLD 电路的引脚分配、编译与程序下载

1. CPLD 元件的引脚配置

建立一个二位计数器的逻辑电路如图 10-3-1 所示,硬件电路的引脚配置规则如下。

输入:CLK→P43、CLR→P01、SW-IN→P19。

输出:Q1→P21、Q2→P24、Q3→P25、Q4→P26、Q5→P27、Q6→P28、Q7→P29、COM1→P34、COM2→P33。

引脚配置的方法如下。

(1) 单击 Assignments → Pins,检查 CPLD 元件型号是否为 MAS7000S、

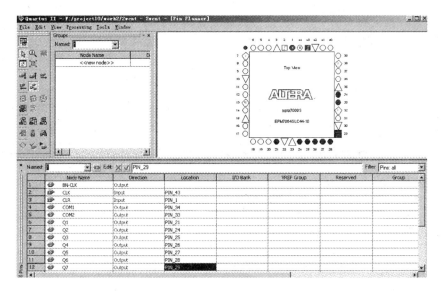

图 10-3-27　CPLD 元件引脚配置窗口

EPM7064SLC44-10,再将鼠标移到 All pins 视窗,选择每一端点,在再其后的 Location 栏,选择每个端点所对应的 CPLD 芯片上的引脚,如图 10-3-27 所示。用于测试的信号 BN-CLK、Q11、Q12、Q13、Q14 等不需要进行引脚配置。

(2) 引脚配置完成后,需要再次编译电路以存储这些引脚的锁定信息。

2. 程序下载

在程序下载前,首先要对硬件开发板上相关的信号进行设置。指拨开关 S2 上的 CPLD-EN、CPLD-OE、7SEG-EN 都要处在 ON 状态,这样才能进行下载,且数码管处于可用状态。然后单击 Tools→Programmer,打开编程配置下载窗口,先单击 Hardware Setup 配置下载电缆,选择 USB-Blaster,下载线配置完成后,在 Mode 下拉列表中选择 JTAG,选中下载文件 2wcnt. pof 右侧第一个小方框(Program/Configure),打开目标板电源,再单击 Start 按钮,进行程序下载,当完成下载后,如图 10-3-28 所示。

图 10-3-28　程序下载完成窗口

10.3.4　二位计数器 CPLD 电路的硬件测试

程序下载完成后,先关掉开发板上的电源,把编号 JP2 排针上的短路夹置于 100Hz

处,这样输入时钟信号就接到了 P43 引脚上。

按表 10-3-2,在 TEMI 数字逻辑设计能力认证开发板进行测试。

表 10-3-2 二位计数器 CPLD 电路硬件测试表

输入： S6(PB-SW4)	输出：两个 7 段数码管	
	实测状态	
	十位	个位
每按一次 S6		

查看二位计数器的硬件测试结果,测试结果是否符合实际的功能要求。若不符合要求,找出问题所在,修改电路设计,重新测试,直到测试符合设计要求。

10.3.5 任务思考与总结

二位计数器设计的关键在于按键去抖动电路的实现,掌握 D 触发器和 JK 触发器的各种应用。熟悉各种常用的 74 系列芯片,用这些芯片构建各种不同的计数器。了解常用的数据缓冲器和数码管解码芯片的使用。

任务 10.4 交通灯控制电路

10.4.1 交通灯控制电路的功能与设计要求

1. 交通灯控制电路的模块配置图

交通灯控制电路的模块配置图如图 10-4-1 所示,由 4 个部分组成:中间的 CPLD 主体、D9～D2 LED 灯组、10Hz 时钟脉冲产生电路、PB-SW3 按钮开关电路。

2. 交通灯控制电路的功能描述

交通灯控制电路需要实现的功能如下所述。

电路上共有两组交通信号灯,分别为直向信号灯:红灯 R1(编号 D9)、黄灯 Y1(编号 D8)、绿灯 G1(编号 D7);横向信号灯:红灯 R2(编号 D4)、黄灯 Y2(编号 D3)、绿灯 G2(编号 D2)。交通信号灯的控制时序如下。

时序一:0～5s 期间,直向红灯 R1 与横向绿灯 G2 点亮,其他信号灯全部熄灭。

时序二:5～7s 期间,直向红灯 R1 点亮,横向绿灯 G2 必须闪烁 4 次(一亮一灭算一次),其他信号灯全部熄灭。

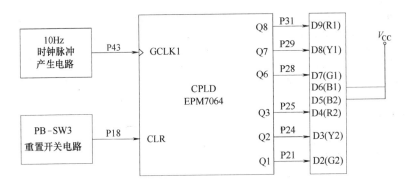

图 10-4-1 交通灯控制电路模块配置图

时序三:7～8s 期间,直向红灯 R1 点亮,横向黄灯 Y2 点亮,其他信号灯全部熄灭。

时序四:8～13s 期间,横向红灯 R2 与直向绿灯 G1 点亮,其他信号灯全部熄灭。

时序五:13～15s 期间,横向红灯 R2 点亮,直向绿灯 G1 必须闪烁 4 次(一亮一灭算一次),其他信号灯全部熄灭。

时序六:15～16s 期间,横向红灯 R2 点亮,直向黄灯 Y1 点亮,其他信号灯全部熄灭。

这六个时序反复循环动作,当按下 PB-SW3(编号 S5)按键时,交通信号灯立刻重置回到时序一的状态。此外为了避免干扰产生误动作,请将编号 D5 和 D6 两个 LED 的控制引脚连接到 VCC 上。

3. 交通灯控制电路的 CPLD 参考电路图与设计要求

1) CPLD 参考电路图

根据交通灯控制电路的功能描述,图 10-4-2 为交通灯控制电路的系统方块图。

图 10-4-2 交通灯控制电路的系统方块图

2) 设计要求

本任务的设计要求如下。

(1) 由交通灯控制电路的电路功能可知,输入时钟信号使用 10Hz,要求当一组交通信号的绿灯要变黄灯时,绿灯在 2s 内要闪烁 4 次,即频率 $F=2$Hz。因此需要一个 $\div 5$ 电路。

(2) 使用输入时钟信号 10Hz 以 16 秒为一个控制单元(S0～S15 状态,每个状态时间为 1s)来控制两组交通信号灯。因此需要一个 $\div 10$ 电路以产生 1Hz(1s)的时钟脉冲信号,还需要一个 $\div 16$ 电路(模 16 计数器)以产生 S0～S15 状态。

(3) 需设计一个 4-16 的解码电路,把交通信号灯的六种时序(S0～S15 状态)与两组 LED 灯的亮、灭状态对应起来,具体见表 10-4-1 交通灯控制时序的功能分析真值表。

表 10-4-1 交通灯控制时序的功能分析真值表

状态	时序	R1	Y1	G1	R2	Y2	G2
S0		0	1	1	1	1	0
S1		0	1	1	1	1	0
S2	一	0	1	1	1	1	0
S3		0	1	1	1	1	0
S4		0	1	1	1	1	0
S5	二	0	1	1	1	1	*
S6		0	1	1	1	1	*
S7	三	0	1	1	1	0	1
S8		1	1	0	0	1	1
S9		1	1	0	0	1	1
S10	四	1	1	0	0	1	1
S11		1	1	0	0	1	1
S12		1	1	0	0	1	1
S13	五	1	1	*	0	1	1
S14		1	1	*	0	1	1
S15	六	1	0	1	0	1	1

4. 需要的电路

综合上述的分析,在本设计任务中需要设计的电路如下所述。

1) 已知电路

(1) 交通灯控制器模块电路设计

依据交通灯控制时序的功能分析真值表 10-4-1,可以得出两组交通灯与 16 个状态 S0~S15 之间的逻辑关系。电路经化简后可表示为(取"0"项,因为"0"LED 亮,"1"不亮):

$$R1 = S0\ S1\ S2\ S3\ S4\ S5\ S6\ S7$$
$$R2 = S8\ S9\ S10\ S11\ S12\ S13\ S14\ S15$$
$$Y1 = S15$$
$$Y2 = S7$$
$$G1 = S8\ S9\ S10\ S11\ S12\ T13\ T14(T\ 表示闪烁)$$
$$G2 = S0\ S1\ S2\ S3\ S4\ T5\ T6$$

由逻辑函数表达式,可得 6 个交通信号灯输出电路如图 10-4-3 所示。

(2) ÷10 电路

图 10-4-4 为 10 分频电路图,采用 7490 芯片。

图 10-4-3　6 个交通信号灯输出电路图

2）需自行设计的电路

（1）÷5 与÷16 电路——div5-16。

图 10-4-5 为 div5-16 电路图，使用 7490 芯片构成÷5 电路，使用 7493 芯片构成÷16 电路。

（2）4-16 解码电路——decd4-16。

图 10-4-6 为使用 74154 芯片构成的 4-16 解码电路图。此电路的输入信号是由 div5-16 模块中模 16 计数器（即÷16 电路）产生的四位二进制信号；输出信号则是产生 16 种状态（S0～S15）的信号值（低电平输出）。

图 10-4-4　÷10 电路图

图 10-4-5　div5-16 电路图

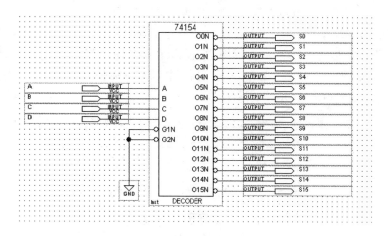

图 10-4-6 decd4-16 电路图

10.4.2 交通灯控制电路的逻辑电路设计

图 10-4-7 为交通灯控制电路系统模块完整电路图,由图可知需要建立两个模块化 div5-16 与 decd4-16 电路的封装 IC 元件。

图 10-4-7 交通灯控制电路系统电路图

1. div5-16 电路的设计与功能仿真

1)绘制 div5-16 电路原理图

(1)创建工程文件。

首先创建一个用于存放工程文件的文件夹 div5-16,存储路径为 F:\project10\

work4\div5-16。打开 QuartusⅡ软件,创建工程,过程如下。

① 单击 File→New Project Wizards 打开新建工程引导对话框,在对话框中分别输入如图 10-4-8 所示的信息。在第一张视图中,输入工程文件的路径 F:\project10\work4\div5-16 与工程名称 div5-16。在第三张视图中,输入所使用的 CPLD 芯片的类别(MAX7000S)与型号(EPM7064SLC44-10)。

图 10-4-8　创建工程引导图

② 单击 File→New,创建设计文件,在 Design File 中选择 Block Design/Schematic File,即原理图设计模式(.bdf),单击 OK。

③ 原理图文件的名称与工程文件名相同,单击 File→Save As,保存文件,如图 10-4-9 所示。

图 10-4-9　原理图编辑窗口

(2) 完成原理图绘制,步骤如下。

① 按照图 10-4-10,绘制 div5-16 完整电路图。

② 绘制完成后,先保存,再单击 Processing→Start Compilation 进行原理图编译,若编译结果有错,需要修正错误,并重新编译,直到编译结果无错为止。

2) div5-16 电路波形功能仿真

(1) 建立仿真波形文件。

单击 File→New→Vector Waveform File,创建仿真波形文件(.vwf)。

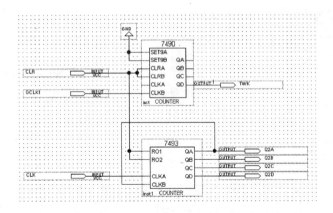

图 10-4-10　div5-16 完整电路图

（2）添加仿真波形的输入/输出引脚。

单击 View→Utility Windows→Node Finder→Filter→All，再单击 List，屏幕 Node Found 区域会列出工程设计中所有的输入/输出引脚，选择需要的输入/输出引脚到 Selected Nodes 区域，单击 OK，添加的输入/输出引脚显示在波形编辑窗口中，如图 10-4-11 所示。

图 10-4-11　输入/输出引脚显示与波形仿真环境

（3）设置波形仿真环境。

① 选择 Edit→End Time，设定为 3.5μs。

② 选择 Edit→Grid Side，设定为 20ns。

③ Time Range 范围设定为 3.5μs。

（4）编辑输入/输出信号。

① 拖动选取预设定信号 CLR、CLK 与 GCLK1，单击左边工具栏的波形编辑按钮 0 与 1 以及 Clock 来设定输入信号，CLK 周期设定为 200ns，GCLK1 周期设定为 20ns，用波形编辑按钮进行按键有抖动信号的模拟设置，保存编辑的输入信号，如图 10-4-12 所示。文件保存的路径和名称为 F:\project10\work4\div5-16\div5-16.vwf。

② 编辑好输入信号后，单击 Processing→Start Simulation 进行功能仿真，仿真结果如图 10-4-13 所示。TWK 信号是对 GCLK1 信号的 5 分频（因在输入波形设置时 CLK 信号周期为 200ns，由图可见 TWK 信号为 CLK 信号的 2 分频，即周期为 100ns，所以是对输入信号 GCLK1 周期为 20ns 的 5 分频）；输出信号 Q2D、Q2C、Q2B、Q2A 也实现了对信

图 10-4-12　编辑并保存输入信号

图 10-4-13　div5-16 波形仿真结果

号 CLK 进行的模 16 计数,设计符合要求。若仿真结果不符合设计要求,则需要修改原理图,编译后再仿真,直到仿真结果符合设计要求。

3) 封装成 div5-16 IC 元件

将工作视图切换至 div5-16. bdf 环境下,单击 File→Create/Update→Create Symbol Files For Current File,在 div5-16. bdf 环境下,双击,可查看到 div5-16 的封装元件,如图 10-4-14 所示。

图 10-4-14　div5-16 IC 封装元件

2. decd4-16 电路的设计与功能仿真

1) decd4-16 电路原理图绘制

(1) 创建工程文件。打开 Quartus Ⅱ 软件,创建工程文件,过程如下。

① 单击 File→New Project Wizard,打开新建工程引导对话框,在对话框中分别输入如图 10-4-15 所示的信息。在第一张视图中,输入工程文件的路径 F:\project10\work4\decd4-16 与工程名称 decd4-16。在第三张视图中,输入所使用的 CPLD 芯片的类别(MAX7000S)与型号(EPM7064SLC44-10)。

图 10-4-15 创建工程引导图

② 单击 File→New 创建设计文件,在 Design File 中选择 Block Design/Schematic File,即原理图设计模式(.bdf),单击 OK。

③ 原理图文件的名称与工程文件名相同,单击 File→Save As,保存文件,如图 10-4-16 所示。

图 10-4-16 原理图编辑窗口

(2) 完成原理图绘制,步骤如下。

① 按照图 10-4-17,绘制 decd4-16 完整电路图。

② 绘制完成后,先保存,再单击 Processing→Start Compilation 进行原理图编译,若编译结果有错,需要修正错误,并重新编译,直到编译结果无错为止。

图 10-4-17　decd4-16 完整电路图

2）decd4-16 电路波形功能仿真

（1）建立仿真波形文件。

单击 File→New→Vector Waveform File，创建仿真波形文件（.vwf）。

（2）添加仿真波形的输入/输出引脚。

单击 View→Utility Windows→Node Finder→Filter→All，再单击 List，屏幕 Node Found 区域会列出工程设计中所有的输入/输出引脚，选择需要的输入/输出引脚到 Selected Nodes 区域，单击 OK，添加的输入/输出引脚显示在波形编辑窗口中，如图 10-4-18 所示。

图 10-4-18　输入/输出引脚显示与波形仿真环境

（3）设置波形仿真环境。

① 选择 Edit→End Time，设定为 1μs。

② 选择 Edit→Grid Side，设定为 30ns。

③ Time Range 范围设定为 1μs。

（4）编辑输入/输出信号。

① 拖动选取预设定信号 A、B、C、D，单击左边工具栏的波形编辑按钮 0 与 1 来设定输入信号，A、B、C、D 信号设定要满足覆盖 0000～1111，如图 10-4-19 所示。保存编辑的输入信号，文件保存的路径和名称为 F:\project10\work4\decd4-16\decd4-16.vwf。

② 编辑好输入信号后，单击 Processing→Start Simulation 进行功能仿真，仿真结果

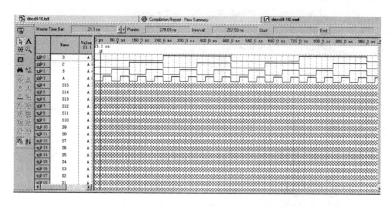

图 10-4-19 编辑并保存输入信号

如图 10-4-20 所示。若仿真结果不符合设计要求，则需要修改原理图，编译后再仿真，直到仿真结果符合设计要求。

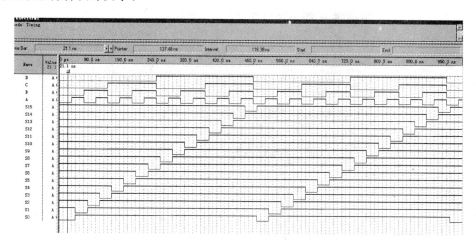

图 10-4-20 decd4-16 波形仿真结果

3）封装成 decd4-16 IC 元件

将工作视图切换至 decd4-16.bdf 环境下，单击 File→Create/Update→Create Symbol Files For Current File，在 decd4-16.bdf 环境下，双击，可查看到 decd4-16 的封装元件，如图 10-4-21 所示。

3. 交通灯控制电路的设计与功能仿真

1）绘制交通灯控制电路原理图

（1）创建工程文件。打开 Quartus Ⅱ 软件，创建工程文件，过程如下。

① 单击 File→New Project Wizard，打开新建工程引导对话框，在对话框中分别输入如图 10-4-22 所示的信息。在第一张视图中，输入工程文件的路径 F:\project10\work4 与工程名称 jtdcz。在第三张视图中，输入所使用的 CPLD 芯片的类别（MAX7000S）与型号（EPM7064SLC44-10）。

② 单击 File→New 创建设计文件，在 Design File 中选择 Block Design/Schematic

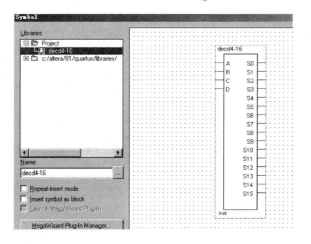

图 10-4-21 decd4-16 IC 封装元件

图 10-4-22 创建工程引导图

File,即原理图设计模式(.bdf),单击 OK。

③ 原理图文件的名称与工程文件名相同,单击 File→Save As,保存文件,如图 10-4-23 所示。

图 10-4-23 原理图编辑窗口

（2）完成原理图绘制，步骤如下。

① 按照图 10-4-24，绘制交通灯控制电路完整电路图。在调用 div5-16 与 decd4-16 元件时，需要先将 div5-16 工程文件中的 div5-16. bdf 和 div5-16. bsf 以及 decd4-16 工程文件中的 decd4-16. bdf 和 decd4-16. bsf 总共 4 个文件复制到 jtdcz 工程所在的文件夹 work4 中，然后才可以进行封装元件的调用。若不能正确复制，则不能调用这些封装元件。

图 10-4-24 交通灯控制电路完整电路图

② 绘制完成后，先保存，再单击 Processing→Start Compilation 进行原理图编译，若编译结果有错，需要修正错误，并重新编译，直到编译结果无错为止。

2）交通灯控制电路波形功能仿真

（1）建立仿真波形文件。

单击 File→New→Vector Waveform File，创建仿真波形文件（.vwf）。

（2）添加仿真波形的输入/输出引脚。

单击 View→Utility Windows→Node Finder→Filter→All，再单击 List，屏幕 Node Found 区域会列出工程设计中所有的输入/输出引脚，选择需要的输入/输出引脚到 Selected Nodes 区域，单击 OK，添加的输入/输出引脚显示在波形编辑窗口中，如图 10-4-25 所示。

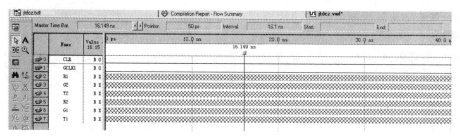

图 10-4-25 输入/输出引脚显示与波形仿真环境

（3）设置波形仿真环境。

① 选择 Edit→End Time，设定为 20ms。

② 选择 Edit→Grid Side，设定为 100μs。

③ Time Range 范围设置为 20ms。

（4）编辑输入/输出信号。

① 拖动选取预设定信号 CLR、GCLK1，单击左边工具栏的波形编辑按钮 0 与 1 以及 Clock 来设定输入信号，GCLK1 信号周期设置为 100μs，保存编辑的输入信号，文件保存的路径和名称为 F:\project10\work4\jtdcz. vwf。

② 编辑号输入信号后，单击 Processing→Start Simulation 进行功能仿真，对于波形仿真结果，见图 10-4-26 所示。

(a) 时序仿真

(b) 功能仿真

图 10-4-26　jtdcz 波形仿真结果

③ 对照交通灯控制电路的功能要求，验证仿真波形图。观察图 10-4-26 验证发现两组交通灯，绿灯的最后一次闪烁亮的时间太短，有毛刺，产生的原因是作为闪烁信号的 TWK 信号不是方波，针对这种现象，需要修改电路设计中的 5 分频电路，使之产生的信号是占空比为 50% 的方波，可参考采用如图 10-4-27 所示电路。仿真波形如图 10-4-28 所示。

按照上述 5 分频电路对交通灯控制电路进行修改、编译、再仿真，之后得到波形仿真结果如图 10-4-29 所示，绿灯的 4 次闪烁效果比较理想，基本符合时序要求。

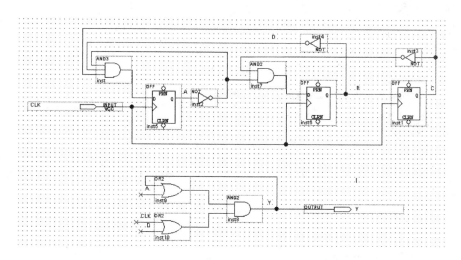

图 10-4-27 输出波形占空比为 50% 的 5 分频电路

图 10-4-28 输出波形占空比为 50% 的 5 分频电路仿真波形图

图 10-4-29 修改后的交通灯控制电路波形仿真图（时序仿真）

10.4.3 交通灯控制电路 CPLD 电路的引脚分配、编译与程序下载

1. CPLD 元件的引脚配置

建立一个交通灯控制逻辑电路（如图 10-4-1 所示），硬件电路的引脚配置规则如下。

输入：GCLK1→P43、CLR→P18（PB-SW3 编号为 S5 的开关按键，用于清零）。

输出：R1 → P31、Y1 → P29、G1 → P28、D6 → P27、D5 → P26、R2 → P25、Y2 → P24、G2→P21。

引脚配置的方法如下。

(1) 单击 Assignments→Pins,检查 CPLD 元件型号是否为 MAS7000S、EPM7064SLC44-10,再将鼠标移到 All pins 视窗,选择每一端点,再在其后的 Location 栏,选择每个端点所对应的 CPLD 芯片上的引脚,如图 10-4-30 所示。

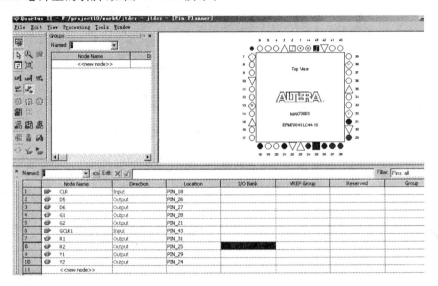

图 10-4-30　CPLD 元件引脚配置窗口

(2) 引脚配置完成后,需要再次编译电路以存储这些引脚的锁定信息。

2. 程序下载

在程序下载前,首先对硬件开发板上相关的信号进行设置。指拨开关 S2 上的 CPLD-EN、CPLD-OE、LEDs-EN 都要处在 ON 状态,这样才能进行下载,且数码管处于可用状态。然后单击 Tools→Programmer,打开编程配置下载窗口,先单击 Hardware Setup 配置下载电缆,选择 USB-Blaster,下载线配置完成后,在 Mode 下拉列表中选择 JTAG,选中下载文件 jtdcz. pof 右侧第一个小方框(Program/Configure),打开目标板电源,再单击 Start 按钮,进行程序下载,当完成下载后,如图 10-4-31 所示。

图 10-4-31　程序下载完成窗口

10.4.4　交通灯控制电路 CPLD 电路的硬件测试

程序下载完成后,先关掉开发板上的电源,把编号 JP2 排针上的短路夹置于 10Hz

处,这样输入时钟信号就接到了 P43 引脚上(GCLK1)。

打开电源,在 TEMI 数字逻辑设计能力认证开发板进行测试。查看交通灯控制电路的硬件测试结果,测试结果是否符合交通灯时序控制功能要求。若不符合要求,找出问题所在,修改电路设计,重新测试,直到测试符合设计要求。

10.4.5 任务思考与总结

交通灯控制电路设计的关键在于 5 分频电路和控制器时序功能解码电路的实现。本任务中的 5 分频电路使用基本的触发器和逻辑门电路构建,使用过程中会有毛刺产生,这种电路在低频时能够正常工作,但随着电路工作频率的增加,毛刺现象会变得越来越严重,从而导致电路工作失常。考虑采用其他的方法实现奇数分频电路的设计。

有限状态机设计技术

知识点

◇ 有限状态机的基本概念和设计技术；

◇ 有限状态机的图形编辑设计；

◇ Moore 型状态机设计；

◇ Mealy 型状态机设计。

技能点

◇ 使用 Quartus Ⅱ 的图形编辑器设计状态机；

◇ Moore 型状态机设计技术；

◇ Mealy 型状态机设计技术。

任务 11.1　有限状态机的基本概念和传统设计技术

任务说明

有限状态机及其设计技术是数字电子系统中的重要组成部分，是实现高效率、高可靠性和高速控制逻辑电路的重要途径。本任务主要了解有限状态机的基本概念，并学习有限状态机的传统手工设计方法。

相关知识

1. 状态机的基本概念

有限状态机(Finite State Machine，FSM)实际上是一种依照不同的条件按照一定的步骤解决问题的方法。在日常生活中解决复杂问题的时候，我们经常将问题分成若干"步骤"来处理，根据收到的不同"条件"转向不同的处理步骤，同时在每个步骤下完成一定的"处理"，这样可以有条不紊地解决很复杂的事情。实际上，按步骤处理问题的这个过程就是利用状态机解决问题的过程。

有限状态机常常简称为"状态机"，不但是日常生活中常用的解决问题的方法，也是广泛应用于硬件控制电路和软件编程的设计方法。状态机把复杂的控制逻辑分解成有限个稳定状态(相当于解决问题时的"步骤"),在某一个状态下根据不同的"条件"转移到下一个状态中去,同时产生不同的"输出信号",执行不同的动作。

例如,日常生活中常见的全自动洗衣机的控制,实际上就是一种状态机的控制过程。简单来说,洗衣机具有不同的工作状态:关机状态、开机状态、注水状态、洗涤状态、甩干状态和结束洗涤状态。在某个状态下,如果检测到某个"事件"发生(这个事件作为一种输入信号作用于洗衣机的控制电路),则洗衣机转入另一个状态,同时在每一个状态下执行特定的动作。具体控制及状态转换过程如图 11-1-1 所示,我们分析其中的几个状态转换来说明洗衣机控制电路的工作过程。

图 11-1-1 全自动洗衣机的控制流程图

(1) 在"关机状态"下,控制电路的动作就是"关闭一切其他信号,切断电源"。如果控制电路收到"用户开机信号",就转入"开机状态"。如果控制电路没有收到任何输入信号,则保持在"关机状态"。这里"用户开机信号"是输入信号,引起状态转换,进入"开机状态"。

(2) 在"开机状态"下,控制电路的动作就是"关闭一切其他信号,打开显示屏,并显示提示信息"。如果控制电路收到"开始洗涤信号",就转入"注水状态",同时打开注水阀门;如果控制电路收到"关机信号",就返回"关机状态",同时切断电源;如果控制电路没有收到任何输入信号,则保持在"开机状态"。这里"开始洗涤信号"和"关机信号"是输入信号,引起状态转换。

(3) 在"注水状态"下,控制电路的动作就是"打开注水阀门"。如果控制电路收到传感器发来的"水量够信号",就转入"洗涤状态";如果控制电路收到"关机信号",就返回"关机状态";如果控制电路没有收到任何输入信号,则保持在"注水状态"。这里"水量够信号"和"关机信号"是输入信号,引起状态转换。

(4) 在"洗涤状态"下,控制电路的动作就是"关闭注水阀门",同时"启动洗涤程序"。

如果控制电路收到定时器发来的"洗涤时间到信号",就转入"甩干状态";如果控制电路收到"关机信号",就返回"关机状态";如果控制电路没有收到任何输入信号,则保持在"洗涤状态"。这里"洗涤时间到信号"和"关机信号"是输入信号,引起状态转换。

　　(5) 在"甩干状态"下,控制电路的动作就是"关闭洗涤程序",同时"启动甩干程序"。如果控制电路收到定时器发来的"甩干时间到信号",就转入"结束状态";如果控制电路收到"关机信号",就返回"关机状态";如果控制电路没有收到任何输入信号,则保持在"甩干状态"。这里"甩干时间到信号"和"关机信号"是输入信号,引起状态转换。

　　(6) 在"结束状态"下,控制电路的动作就是"关闭甩干程序",同时"启动蜂鸣器"。如果控制电路收到用户发来的"关闭洗涤信号",就转入"开机状态";如果控制电路收到"关机信号",就返回"关机状态";如果控制电路没有收到任何输入信号,则保持在"结束状态"。这里"关闭洗涤信号"和"关机信号"是输入信号,引起状态转换。

　　总而言之,状态机是一种控制电路的设计方法,它具有如下工作特点。

　　(1) 任何状态机都有 3 个要素:状态、输入、输出。

　　① 状态也叫"状态变量"。在逻辑设计中,使用"状态"划分逻辑顺序和时序规律。例如,要设计一个洗衣机控制电路,可以用关机、开机、注水、洗涤、甩干和结束洗涤作为状态。

　　② 输入指状态机中进入每个状态的条件。有的状态机没有输入条件,其中的状态转移较简单;有的状态机有输入条件,当某个输入条件存在时才能转移到相应的状态。例如,随机数字信号发生器作为一种最简单的状态机就没有输入条件,状态随着时钟信号自动跳转;洗衣机控制电路是存在输入的,不同状态下期待的输入信号不同,关机状态下,开机信号就是输入信号;注水状态下,传感器的水量够信号就是输入信号。

　　③ 输出指在某一个状态时产生的输出信号或者发生的特定事件。例如,洗衣机控制电路在开机状态下会输出控制菜单信号,在注水状态下,会输出打开注水阀门的信号等。

　　(2) 在每个状态下,根据当前输入和当前状态产生不同的输出信号,并决定下一个状态。状态机的下一个状态及输出不仅与输入信号有关,还与寄存器当前状态有关。不同状态一般用不同编码表示,为了保存不同状态,电路一定需要触发器或者寄存器来存储不同状态。输出信号和下一个状态通过输入信号和当前状态的译码决定。由此可以知道,状态机是组合逻辑和寄存器逻辑的组合,寄存器用于存储状态,组合电路用于状态译码和产生输出信号。状态机的结构图如图 11-1-2 所示。可以看到状态机的结构跟普通时序电路一样,或者说状态机是对时序电路设计思想的高度概括。一般把当前状态(Current State)简称为"现态",下一个状态(Next State)简称为"次态"。

图 11-1-2　状态机的结构示意图

（3）在满足特定输入信号的条件下，当时钟信号的上升沿（也可以是下降沿）到来时，状态会转移到下一个状态。即特定输入信号是状态转移的条件。如果输入信号不满足特定的条件，状态不会自己转移。同时如果没有时钟信号的上升沿，状态机也不会转移。

2. 状态机的分类

根据输出是否与输入信号有关，状态机可以划分为 Moore 型和 Mealy 型状态机；根据状态是否与时钟信号同步变化，状态机可以划分为异步状态机和同步状态机。在异步状态机中，各个触发器采用不同的信号作为时钟触发状态不能与电路的输入时钟信号同步变化，容易导致时序问题。同步状态机中，各个触发器都采用同一个信号作为时钟触发，这个信号就是电路的输入时钟信号，所以状态跟时钟信号是同步变化的。由于目前电路设计以同步为主，因此本书主要介绍同步的 Moore 型状态机和 Mealy 型状态机。

1）Moore 型状态机

Moore 型状态机的输出仅仅依赖于当前状态，其逻辑结构如图 11-1-3 所示。组合逻辑电路将输入和当前状态译码为适当的次态，作为寄存器的输入，并在下一个时钟周期的上升沿覆盖当前状态，使状态机状态发生变化。输出仅仅取决于当前状态，是通过对当前状态组合译码得到的，本质上是当前状态的函数。另外，Moore 型状态机的输出变化和状态变化都与时钟信号变化沿保持同步，属于同步时序电路。在实际应用中，大多数 Moore 状态机的输出逻辑都非常简单。

图 11-1-3　Moore 型状态机结构示意图

2）Mealy 型状态机

Mealy 状态机的输出同时依赖于当前状态和输入信号，其结构如图 11-1-4 所示。次态取决于输入信号和当前状态的组合电路译码，在下一个时钟周期的上升沿覆盖当前状态，使状态机状态发生变化。输出也取决于输入信号和当前状态的组合电路译码，由于输出端没有寄存器，一旦输入发生改变，输出也立即改变，因而和时钟信号的上升沿不一定同步变化。因此 Mealy 型状态机是异步时序电路。

图 11-1-4　Mealy 型状态机结构示意图

由于 Mealy 型状态机的输出与输入和状态转换有关,因此,和 Moore 型状态机相比,只需要更少的状态就可以产生同样的输出序列。但是,由于 Mealy 型状态机的输出和时钟是异步的,而 Moore 型状态机输出却保持同步,所以在高速数字电路中,Mealy 型状态机有可能产生问题,解决的办法可以将输入信号寄存后再输入,或者将输出信号寄存后再输出,但是会产生一个时钟周期的延时。

Moore 型状态机和 Mealy 型状态机没有什么本质上的区别,它们都是时序电路的一种设计方法。Moore 型状态机实际上是 Mealy 型状态机的一种特例。

3. 状态机描述方式

状态机有三种表示方法:状态转移图、状态转移表和 HDL 语言描述,这三种表示方法是等价的,相互之间可以转换。

1) 状态转移图

状态转移图是状态机描述的最自然的方式,状态转移图是一个有向图,由一组结点和有向线段组成,结点代表状态,有向线段代表转移条件。状态转移图经常在设计规划阶段中定义逻辑功能时使用,通过图形化的方式帮助理解设计意图。类似图 11-1-1,我们可以用状态转换图很好地说明全自动洗衣机的控制过程。

下面考虑这样的有限状态机,它具有单个输出,并且任何时候只要输入序列中含有连续的两个 1 时,则输出为 1,否则输出为 0。则其最简单的 Moore 型和 Mealy 型状态机分别如图 11-1-5 所示。其中,圆圈表示状态;状态之间带箭头的有向线段表示转移条件,也称作分支;对于 Moore 型状态机,分支上的数字表示输入,状态内"()"中的数值表示输出;对于 Mealy 型状态机,分支上的数字表示由一个状态转移到另外一个状态的输入信号,而"()"中的数字表示相应的输出信号。

对于 Moore 型转态机,以当前接收到的"1"的个数作为状态,共有 3 个状态,s0 表示没有收到"1",s1 表示收到一个"1",s2 表示收到两个或两个以上的"1",在不同状态输出不同的数值。

而对于 Mealy 型状态机,由于可以直接利用输入信号产生输出信号,则直接以上一次接收到的比特为状态,以当前接收到的比特为输入,则只需要两个状态。s0 表示上一次接收到"0",s1 表示上一次接收到"1"。

值得一提的是,Altera 公司的 Quartus Ⅱ软件内嵌的状态机开发工具——状态机编辑器(State Machine Editor)就支持以状态转移图作为逻辑设计输入。设计者只要在其中画出状态转移图,状态机编辑器就能自动将状态转移图翻译成 HDL 语言代码,经过综合后生成相关状态机的控制电路。关于状态机编辑器的详细用法将在本项目任务 11.2 中进行说明。

2) 状态转移表

状态转移表用列表的方式描述状态机,是数字逻辑电路常用的设计方法之一,经常用于状态化简。从表面上看来,状态转移表类似于真值表,下面给出一个简单的状态转移表表述实例。表 11-1-1 给出了和图 11-1-5 中 Moore 型状态机对应的状态转移表,读者可以自己完成 Mealy 型状态机的状态转移表。

传统设计状态机时,在得到状态转移表以后,要对状态指定编码,然后需要根据状态转移表进行逻辑化简,最终得到次态和输出信号的逻辑表达式,最后使用相应器件实现电路。

(a) Moore 型状态机　　　　　(b) Mealy 型状态机

图 11-1-5　Moore 型和 Mealy 型状态机状态转移图

表 11-1-1　Moore 状态机的状态转移表

输入	现态	输出	次态
0	s0	0	s0
1	s0	0	s1
0	s1	0	s0
1	s1	0	s2
0	s2	1	s0
1	s2	1	s2

基于类似 QuartusⅡ这样的 EDA 软件的状态机设计,主要采用原理图、状态机转换图或 HDL 语言描述状态机电路功能,然后利用 EDA 软件完成状态机电路的逻辑化简,并在 PLD(可编程逻辑器件,包括 FPGA 或者 CPLD)电路中进行布局、布线和仿真,最终完成电路的设计。设计过程不需要通过状态转移表手工简化、优化状态,大大减轻了设计人员的负担,提高了设计效率。

3) 使用 HDL 语言描述状态机

HDL 语言(Hardware Description Language,硬件描述语言)是进行高级数字电路设计的一种设计语言,可以用来描述数字电路的功能,借助类似 QuartusⅡ这样的 EDA 软件完成电路的设计和仿真,功能强大,可以大大提高电路的设计和仿真的效率,在集成电路设计中广泛应用。目前常用的 HDL 语言主要有 VHDL 语言、Verilog 语言、System Verilog 语言和 System C 语言。

常见的 HDL 语言都可以设计大型复杂的状态机,通过 if 语句描述寄存器,通过 case 语句描述状态转移和输出电路的组合译码电路,最后通过类似 QuartusⅡ这样的 EDA 软件,可以将 HDL 语言描述的电路转变成可编程逻辑器件中的状态机电路。不过在本书中,对 HDL 语言暂且不做深入介绍,大家会在后继的专业课中学习相关内容。

本章主要介绍如何利用状态转移图和状态转移表在 Quartus Ⅱ 软件中设计状态机。

4．状态机设计原则

1）状态机设计流程

状态机的设计实际上就是同步时序电路的设计，所以状态机的设计流程与同步时序电路的设计流程几乎相同，主要步骤如下。

（1）分析设计要求，建立状态转换图和状态转换表。按以下步骤完成分析设计要求，建立原始状态图。

① 理解问题背景，确定电路模型。分析电路的输入条件和输出要求，确定输入变量、输出变量和电路应有的状态数。

② 得到状态机的抽象表达。定义输入、输出状态和每个状态的含义，并对各状态按一定的规律编号。

③ 按设计要求画出电路的状态转换图和状态转换表。

（2）状态化简。为了使所设计的电路使用尽量少的元件，必须对原始状态进行化简，消除多余的状态，保留有效状态。检查电路中是否存在等价状态，如果存在等价状态，则将其合并。

所谓等价状态，是指如果存在两个或两个以上电路状态，在相同的输入条件下不仅有相同的输出，而且转向同一个次态，则称这些电路状态为等价状态；或者有些情况下，在相同的输入条件下虽然有相同的输出，但是次态却不相同，只要这两个状态互为次态或者这两个状态的次态和各自的现态相同，这两个状态也是等价状态。

（3）状态编码。状态编码就是为每一个电路状态确定一个代码。为了便于记忆，状态编码一般选用按一定规律变化的二进制编码（在现代数字技术中，触发器的个数与状态数间的关系与传统方法也有很大不同，注意区别），常用的状态编码主要有二进制编码、格雷码、独热码等（具体编码特点在下文介绍），不同编码主要会影响状态译码电路和输出译码电路的复杂度，同时影响电路运行速度和占用资源的数量。

不同的状态编码使用的触发器的个数也不同。如果选用二进制编码，若电路的状态数为 M，则触发器的个数 n 应满足 $n \geqslant \log_2 M$。在中小规模集成电路的设计中，触发器的类型通常可选 D 触发器、T 触发器或者 JK 触发器。但是在可编程逻辑器件（FPGA 或者 CPLD）中，虽然可以通过逻辑变换得到其他触发器，但因为器件内部真正集成的只有 D 触发器，所以只需要使用 D 触发器就可以了，使用其他型号的触发器一样需要耗费更多的资源。

（4）求出相关触发器的状态方程、驱动方程和电路的输出方程。

由状态图或状态转换表列出输出信号及次态的真值表。在此真值表中，将电路的输入信号和触发器的现态作为输入；电路的输出和触发器的次态作为输出；然后根据真值表（或状态转换表）画出相应的卡诺图；最后求出电路的输出方程和状态方程，并根据所选触发器的类型和对应的特性方程，求出各触发器的驱动方程。

（5）画出逻辑电路图并检查电路的自启动能力。

根据状态方程、驱动方程和输出方程画出逻辑电路图。检查电路是否具有自启动能力，就是将无效状态代入状态方程依次计算次态，检验电路是否能够进入有效循环。如果不能自动进入有效循环,则应对设计进行修改。有两种解决方法,一种是通过预置的方法,在开始工作时将电路预置成某一个有效状态;另一种是修改设计,使电路能够自启动。

以上设计流程主要是传统手工设计状态机或时序电路的流程,步骤复杂,工作量大。利用现代 EDA 软件(类似 Quartus Ⅱ),状态机的设计步骤大大简化,设计者只需要画出状态转换图或者状态转换表,EDA 软件可以完成状态化简、状态编码、逻辑化简、布线、仿真等处理,直到生成最终电路,大大提高了设计效率。

2)状态编码原则

状态编码又称状态分配。通常有多种编码方法,编码方案选择得当,设计的电路可以简单;反之,电路会占用过多的逻辑或速度降低。设计时,须综合考虑电路复杂度和电路性能两个因素。

常用的编码有 one-hot(独热码)、gray(格雷码)、sequential(循序码,即二进制码)、Johnson、minimal bits。下面主要介绍二进制码、格雷码和独热码。

(1)二进制码。

二进制码就是按照自然二进制顺序排列的编码,所以也称为二进制顺序编码,例如,3 位长的二进制编码:000,001,010,011,100,101,110,111。二进制编码的优点是编码位数最少,但从一个状态转换到相邻状态时,可能有多个比特位发生变化,瞬变次数多,易产生毛刺。二进制编码的表示形式比较通用,这里就不再给出。

(2)格雷码。

格雷码在相邻状态的转换中,每次只有 1 个比特位发生变化,这样可以消除竞争冒险现象,减少输出信号产生毛刺和一些暂态的可能。但如果状态图中有很多分支跳转的情况,那么格雷码也会出现竞争冒险现象,从而不能消除输出信号中的毛刺。表 11-1-2 给出了十进制数字 0~9 的格雷码表示形式。

表 11-1-2 格雷码表

十进制数字码	格雷码	十进制数字码	格雷码
0	0010	5	1100
1	0110	6	1101
2	0111	7	1111
3	0101	8	1110
4	0100	9	1010

由于在有限状态机中,输出信号经常是通过状态的组合逻辑电路驱动,因此有可能由于状态编码中的各位不同时翻转而产生竞争冒险现象,导致输出信号产生毛刺。如果状态机的所有状态是顺序跳转,则可通过格雷码编码来消除毛刺,但对于时序逻辑状态机中的多分支复杂跳转,格雷编码也不能达到消除毛刺的目的。

(3)独热码。

独热码是指对任意给定的状态,状态向量中只有 1 位为 1,其余位都为 0,故而有此称谓。n 状态的状态机需要 n 个触发器。这种状态机的译码逻辑简单,速度快。当状态机的状态增加时,如果使用二进制编码,由于译码逻辑比较复杂,所以状态机速度会明显下降。而采用独热码,虽然多用了触发器,但由于状态译码简单,节省和简化了组合逻辑电路。独热编码还具有设计简单、修改灵活、易于综合和调试等优点。表 11-1-3 给出了十进制数字 0~9 的独热码表示形式。

表 11-1-3　独热码表

十进制数字码	独热码	十进制数字码	独热码
0	000000000	5	000010000
1	000000001	6	000100000
2	000000010	7	001000000
3	000000100	8	010000000
4	000001000	9	100000000

对于寄存器数量多而门逻辑相对缺乏的 FPGA 器件,采用独热编码可以有效提高电路的速度和可靠性,也有利于提高器件资源的利用率。而对于寄存器数量少而门逻辑相对多的 CPLD 器件,适合采用二进制码和格雷码。独热码有很多无效状态,应该确保状态机一旦进入无效状态时,可以立即跳转到确定的已知状态。

3) 状态机的容错处理

在状态机设计中,不可避免地会出现大量剩余状态,所谓的容错处理就是对剩余状态进行处理。若不对剩余状态进行合理的处理,状态机可能进入不可预测的状态(毛刺以及外界环境的不确定性所致),出现短暂失控或者始终无法摆脱剩余状态以至于失去正常功能。因此,状态机中的容错技术是设计人员应该考虑的问题。

当然,对剩余状态的处理要不同程度地耗用逻辑资源,因此设计人员需要在状态机结构、状态编码方式、容错技术及系统的工作速度与资源利用率等诸多方面进行权衡,以得到最佳的状态机。常用的剩余状态处理方法如下。

(1) 转入空闲状态,等待下一个工作任务的到来。

(2) 转入指定的状态,执行特定任务。

(3) 转入预定义的专门处理错误的状态,如预警状态。

(4) 如果使用 EDA 软件设计状态机,可以通过设置 Safe State Machine 选项让 EDA 软件自动处理状态机的容错问题。

 任务实施

1. 任务要求

在 TEMI 数字逻辑设计能力认证开发板上设计实现序列信号发生器,要求能够产生周期编码 10011011,并且驱动 8 个 LED 将信号移位显示出来,1s 右移一下。时钟选择 10Hz。

硬件电路引脚配置规则如下。

输入：clk10Hz→GCLK1(P43)。

输出：LED[0]→D2(P21)、LED[1]→D3(P24)、LED[2]→D4(P25)、LED[3]→D5(P26)、LED[4]→D6(P27)、LED[5]→D7(P28)、LED[6]→D8(P29)、LED[7]→D9(P31)。

2. CPLD 序列信号发生器的软硬件实操

1）设计任务分析

序列信号发生器需要产生 8 位数字信号，需要一个信号发生器状态机电路；并且信号要在 LED 上移位显示出来，需要一个移位寄存器；由于时钟选择 10Hz，信号发生器需要 1s 右移一下，所以还需要一个 10 分频电路。整个电路的结构如图 11-1-6 所示。其中，信号发生器的设计是重点，我们将使用传统手工化简的方法实现。

图 11-1-6 序列信号发生器原理图

2）信号发生器状态机的设计

（1）分析设计要求，绘制状态转换图。

信号发生器可以用 Moore 型状态机设计，需要产生 8 位数字信号 10011011，因此可以设置 8 个状态（s0～s7）分别对应需要产生的 8 个比特，每个状态产生一个比特。状态之间顺序转换，只要出现时钟的上升沿，前一个状态就转换到下一个状态，并且转换不需要任何条件。其状态转换图如图 11-1-7 所示。从状态转换图可知，所有状态的次态都不一样，所以这已经是最简状态图，不需要状态化简。

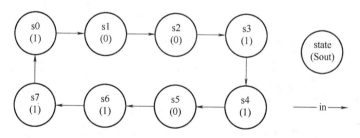

图 11-1-7 信号发生器的状态转换图

（2）状态编码。此状态图中的状态是顺序跳转，没有分支跳转，所以状态码可以使用二进制码或者格雷码。我们使用二进制码，格雷码电路的设计留给大家去完成。

$s_n = Q_2Q_1Q_0, \{s0,s1,s2,s3,s4,s5,s6,s7\} = \{000,001,010,011,100,101,110,111\}$

可以看到，这时状态机相当于一个二进制计数器，8 个计数值相当于 8 个状态，在每一个状态下对每一个计数值译码就可以得到所需信号 Sout。

（3）由状态转换表化简，求解状态方程、驱动方程和电路的输出方程。

首先根据状态转换图写出状态转换表兼真值表，如表 11-1-4 所示。

表 11-1-4　信号发生器的状态转换表兼真值表

现态 $Q_2^n Q_1^n Q_0^n$	次态 $Q_2^{n+1} Q_1^{n+1} Q_0^{n+1}$			输出 Sout
	Q_2^{n+1}	Q_1^{n+1}	Q_0^{n+1}	
000	0	0	1	1
001	0	1	0	0
010	0	1	1	0
011	1	0	0	1
100	1	0	1	1
101	1	1	0	0
110	1	1	1	1
111	0	0	0	1

根据采用器件的不同,电路的实现有两种不同的方法。

① 方法一:用门电路和 D 触发器实现电路。

a. 根据状态转换表画出次态卡诺图和输出信号卡诺图,如图 11-1-8 所示。

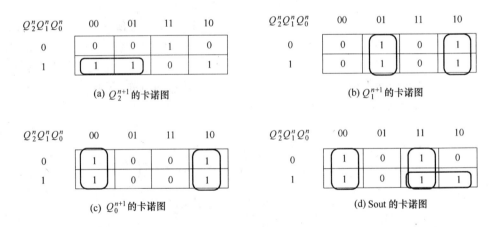

图 11-1-8　信号发生器的次态和输出卡诺图

b. 根据卡诺图求得各触发器的状态方程。

$$Q_2^{n+1} = \overline{Q_2^n} Q_1^n Q_0^n + Q_2^n Q_1^n \overline{Q_0^n} + Q_2^n \overline{Q_1^n}; \quad Q_1^{n+1} = \overline{Q_1^n} Q_0^n + Q_1^n \overline{Q_0^n}; \quad Q_0^{n+1} = \overline{Q_0^n}$$

c. D 触发器的特性方程是 $Q^{n+1} = D$,因此可直接得到各触发器的驱动方程。

$$D_2 = \overline{Q_2^n} Q_1^n Q_0^n + Q_2^n Q_1^n \overline{Q_0^n} + Q_2^n \overline{Q_1^n}; \quad D_1 = \overline{Q_1^n} Q_0^n + Q_1^n \overline{Q_0^n}; \quad D_0 = \overline{Q_0^n}$$

d. 根据卡诺图可求得输出方程。

$$\text{Sout} = Q_1^n Q_0^n + \overline{Q_1^n} Q_0^n + Q_2^n Q_1^n$$

根据驱动方程和输出方程可以画出状态机的逻辑图如图 11-1-9 所示。图中 74379 就是一个双边输出公共使能四 D 触发器。

图 11-1-9　信号发生器状态机的原理图 1

② 方法二:用计数器和译码器实现电路。

在状态编码时,我们发现状态机的状态转换过程实际上就是一个计数器计数的过程,所以可以设计一个 0~7 计数的二进制计数器模拟状态转换并保存状态值,同时通过一个 3-8 线译码器实现对输出信号 Sout 的译码,这样可以省去大量卡诺图绘制和逻辑化简的工作,提高效率,同时大大简化电路结构。根据表 11-1-4 选择 3-8 线译码器相关最小项对应的输出,形成输出信号 Sout。具体电路图如图 11-1-10 所示。

图 11-1-10　信号发生器状态机的原理图 2

计数器选用 74161,是可预置四位二进制异步清零计数器,只使用它的第 3 位;译码器选用 74138(3-8 线译码器)。

保存原理图为文件名 stateMachine.bdf,并创建项目。选择菜单 File→Create/Update→Create Symbol Files for Current File,将状态机的原理图转变成符号文件

stateMachine. bsf,以方便在主项目中调用。

（4）波形仿真。

① 根据信号发生器状态机的真值表 11-1-4 设计输入波形,采用功能仿真实施仿真,从图 11-1-11 所示的仿真结果可以看到,电路实现了预期功能。

图 11-1-11　信号发生器的波形仿真图

② 以 .jpg 或 .bmp 格式保存仿真波形文件。

3）序列信号发生器的顶层电路设计

（1）10 分频电路设计。

10 分频电路使用一个带进位的十进制计数器就可以完成任务了,我们选用 74160,它是可预置 BCD 异步清除计数器,其原理图和真值表跟 74161 几乎一样,唯一不同是 74160 是十进制计数器,从 0 计数到 9 再返回 0,每当计数到 9,进位信号 RC 输出高电平。

（2）移位寄存器。

移位寄存器使用 74164,它是一种八位串行输入/并行输出移位寄存器,适合需要。

（3）组装顶层电路图。

新建一个项目文件夹,并新建一个项目,将前边保存的文件 stateMachine. bdf 和 stateMachine. bsf 复制到新的项目文件夹,新建原理图文件 signalGenerator. bdf,在原理图中调用状态机的模块,并连接 10 分频电路和移位寄存器,组装电路。电路如图 11-1-12 所示。

图 11-1-12　序列信号发生器的顶层原理图

选择菜单 File→Create/Update→Create Symbol Files for Current File,将序列信号发生器的原理图转变成符号文件 signalGenerator. bsf,以方便在其他项目中调用。

（4）波形仿真。

根据序列信号发生器的功能要求设计输入波形,采用功能仿真实施仿真,从图 11-1-13 所示的信号 S 的仿真结果可以看到,电路实现了预期功能。

图 11-1-13　序列信号发生器顶层电路的波形仿真图

4）引脚分配与再编译

（1）根据序列信号发生器硬件电路引脚配置规则,查询 TEMI 数字逻辑设计能力认证开发板硬件引脚与 CPLD 引脚之间的关系,给序列信号发生器分配目标 CPLD 引脚。

（2）序列信号发生器的引脚分配完成后,重新编译。

5）配置下载电缆

6）下载编程文件(. pof)

7）硬件测试

按表 11-1-5,在 TEMI 数字逻辑设计能力认证开发板进行测试。

表 11-1-5　序列信号发生器测试表

输入:clk10Hz→GCLK1(P43)	输出:LED0 灯 D2(P21)(低电平驱动)
↑	
↑	
↑	
↑	
↑	
↑	
↑	
↑	
↑	

8）总结测试结果

归纳硬件测试结果,判断测试结果是否符合设计要求。若不符合要求,找出问题所在,修改电路设计,重新测试,直至测试符合设计要求。

9）撰写实操小结

总结实操中的收获与不足,归纳实操中遇到的问题以及解决方法,总结实操中的不良现象与纠正措施。

 任务总结

（1）状态机经常用来设计控制器,需要产生各种不同的控制信号,实际上这种用状态机实现的控制器就是一个能产生多个信号的序列信号发生器,其设计方法与本任务中的状态机类似。

（2）根据图 11-1-2 状态机的结构示意图可知,状态机主要是由寄存器＋状态译码组合电路＋输出译码组合电路组成,状态机的设计主要就是设计两个组合译码电路。任何时序电路实际上都可以看成是状态机,设计的关键就在于两个组合译码电路。

（3）对于状态顺序变化并且没有其他状态跳转的状态机,可以使用计数器代替"寄存器＋状态译码组合电路",输出译码组合电路可以使用译码器设计,电路设计简单,工作量小。

（4）状态机的传统手工设计方法需要手工指定状态编码、进行状态化简和真值表化简,设计复杂,效率低下,没有很好地利用 EDA 软件的强大功能。

（5）利用 EDA 软件的现代状态机设计方法,设计者只需根据需要解决的问题设计出状态图或状态表,剩余的工作可以完全交给 EDA 软件完成,效率高,工作量小,电路可靠。

在本项目任务 11.2 中,将向大家介绍利用 EDA 软件的现代状态机设计方法。

 任务拓展

在 TEMI 数字逻辑设计能力认证开发板上实现序列信号发生器电路功能,其他要求不变,只是状态机编码使用格雷码。

任务 11.2　用状态机编辑器设计状态机

 任务说明

本任务主要学习 Quartus Ⅱ 内嵌的状态机编辑器（State Machine Editor）的使用方法,并学习调用状态机向导设计具有复杂转移条件的 Moore 型状态机的方法。

 相关知识

Quartus Ⅱ 内嵌的状态机开发工具——状态机编辑器支持以状态转移图作为逻辑设计输入。设计者只要在其中画出状态转移图,设定好状态转移条件和输出信号,状态机编辑器就能自动将状态转移图翻译成 HDL 语言代码,经过综合后生成相关状态机的控制电路。

下面将通过一个设计任务介绍使用状态机编辑器设计状态机的方法。

 任务实施

1. 任务要求

在 TEMI 数字逻辑设计能力认证开发板上设计实现序列信号检测器,要求能够检测信号 10011011,当检测到这个信号时,就点亮一盏 LED 灯,如果没有检测到信号,则 LED 灯熄灭。时钟选择 10Hz。

可以使用任务 1 中的序列信号发生器来周期产生信号 10011011,并且驱动 8 个 LED 将信号移位显示出来,1s 右移一下。将序列信号发生器的输出信号连接到序列信号检测器的输入端检测。时钟也是 10Hz。

硬件电路引脚配置规则如下。

输入:clk10Hz→GCLK1(P43)、reset→S3(P16)。

输出:LED[0]→D2(P21)、LED[1]→D3(P24)、LED[2]→D4(P25)、LED[3]→D5(P26)、LED[4]→D6(P27)、LED[5]→D7(P28)、LED[6]→D8(P29)、LED[7]→D9(P31)、detect→D14(P39)。

2. 序列信号检测器的软硬件实操

1)设计任务分析

序列检测器需要正确检测信号 10011011,由于信号是一位一位进入检测器的,所以每检测一位都需要记住当前的检测状态——已经检测到第几位了,并且根据检测到的数据决定状态如何跳转,所以需要使用状态机来实现信号检测器。

由于时钟选择 10Hz,信号发生器的信号每一秒产生一位,所以还需要一个 10 分频电路。整个电路的结构如图 11-2-1 所示。

图 11-2-1　序列检测器原理图

2)信号检测器状态机的设计

因为开发板上的 LED 灯是低电平点亮,高电平熄灭,所以 detect＝0 代表点亮,detect＝1 代表熄灭。

根据信号检测器的检测要求,可以设置 9 个状态,{s0,s1,s2,s3,s4,s5,s6,s7,s8},对应含义如下:

（1）刚开始没检测到信号的时候状态设为 s0，检测灯熄灭，detect＝1。

（2）已检测到"1"对应状态 s1，检测灯熄灭，detect＝1。

（3）已检测到"10"对应状态 s2，检测灯熄灭，detect＝1。

（4）已检测到"100"对应状态 s3，检测灯熄灭，detect＝1。

（5）已检测到"1001"对应状态 s4，检测灯熄灭，detect＝1。

（6）已检测到"10011"对应状态 s5，检测灯熄灭，detect＝1。

（7）已检测到"100110"对应状态 s6，检测灯熄灭，detect＝1。

（8）已检测到"1001101"对应状态 s7，检测灯熄灭，detect＝1。

（9）已检测到"10011011"对应状态 s8，检测灯点亮，detect＝0。

根据信号检测器要求画出状态转换图如图 11-2-2 所示。从状态转换图可知，所有状态的次态都不一样，所以这已经是最简状态图，不需要状态化简。

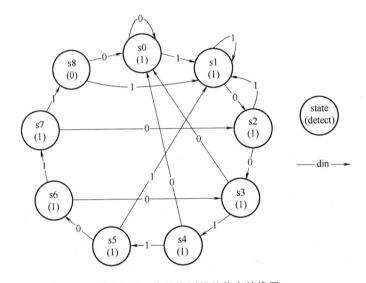

图 11-2-2　信号检测器的状态转换图

在画状态转换图时需要注意当检测到的信号不是预定的信号时，次态应该如何跳转。例如，输入信号 100110011011…，假设前边已经正确检测到了 100110，状态机已经进入 s6 状态，在检测第 7 位（100110"0"）的时候，本来如果输入的是 1，则状态可以正常跳转到 s7 状态，但是现在输入信号是 0，这时状态不应该跳转到 s0，而应该跳转到 s3，因为在这位之前，已经检测到了 10，所以再检测到 0 就应该进入 s3 状态，而不是 s0，只有这样处理，状态机才能正确将后面出现的 10011011（1001"10011011"）检测出来，而不会受到前边的 1001（"1001"10011011）的影响。类似的，在 s1、s2、s5、s6、s7、s8 时都应该这样处理状态跳转的问题。

3）利用 Quartus Ⅱ 创建状态图

（1）新建项目文件。

在 Quartus Ⅱ 菜单栏中选择 File→New Project Wizard 创建一个新的项目，在弹出的对话框中输入新建工程所在的文件夹名称、项目名称（signalDetector）和顶层实体名称

（signalDetector），然后单击 Next，选择目标器件 EPM7064SLC44-10，其他取系统默认设置，完成项目文件的建立。

（2）新建状态机文件。

在 Quartus Ⅱ 菜单栏中选择 File→New，或单击工具栏中的 按钮，在弹出的新建文件对话框中，选择 State Machine File，单击 OK，进入如图 11-2-3 所示的状态机编辑器窗口。

图 11-2-3 Quartus Ⅱ 的状态机编辑窗口

在图 11-2-4 中可以看到，状态机编辑器窗口左侧的工具条和小窗口提供了常用的小工具，作用如下。

① 1 号按钮是状态绘制工具，用来画状态图中的小圆圈。

② 2 号按钮是状态表工具，用来设置是否显示下方的状态表管理窗口。

③ 3 号按钮是状态转移线工具，用来画状态转移的有向线段。

④ 4 号按钮是状态机向导按钮，此按钮作用跟 Quartus Ⅱ 状态机编辑窗口的菜单 Tools→State Machine Wizard 的作用一致，都可以打开向导对话框设置状态机。

⑤ 5 号按钮是输入端口工具，用来给状态机增加一个输入端口。

⑥ 6 号按钮是输出端口工具，用来给状态机增加一个输出端口。

⑦ 7 号按钮是转化工具，用来将状态机转化为相应 HDL 语言描述的代码。

⑧ 8 号按钮是转移方程工具，用来在状态机的转移线上标注转移条件。

⑨ 9 号按钮是橡皮筋工具，用来实现转移线的自动布线。

⑩ 10 号是输入端口窗口，用来管理所有的输入端口，可以添加、删除输入端口。

⑪ 11 号是输出端口窗口，用来管理所有的输出端口，可以添加、删除输出端口。

⑫ 12 号是状态表管理窗口，用来管理状态机的所有特性。

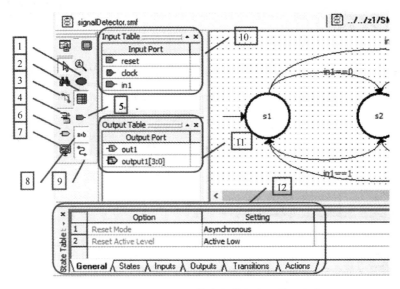

图 11-2-4 Quartus Ⅱ 的状态机编辑窗口的工具条

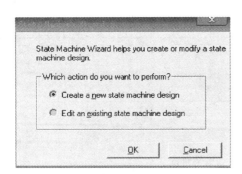

图 11-2-5 状态机创建向导选择对话框

可以通过工具栏提供的状态绘制工具和状态转移线工具手工绘制状态机,然后通过在状态表管理窗口填写相关信息来创建一个完整的状态机,也可以通过单击工具栏上的"状态机向导"来启动状态机向导一步一步地创建状态机。

(3) 创建状态转换图。

在 Quartus Ⅱ 状态机编辑窗口的菜单栏中选择 Tools→State Machine Wizard,弹出如图 11-2-5 所示的状态机创建向导选择对话框。

在该对话框中选择 Create a new state machine design,单击 OK,进入如图 11-2-6 所示的状态机向导 4 步中的步骤 1 对话框。

① 状态机向导步骤 1:常规设置。

在图 11-2-6 对话框中,选择复位 Reset 信号模式:同步(Synchronous)复位或者异步(Asynchronous)复位。

同步复位是指当复位端口出现有效电平后,必须等到下一个时钟上升沿(有时状态机也可以是下降沿工作)出现时,才执行复位动作,复位动作是跟时钟上升沿同时出现的,所以称作同步复位。同步复位稳定可靠,不容易受到干扰影响,但是同步复位必须有时钟边沿出现才能复位,有时当电路设计有问题导致陷入死循环时,希望通过复位将电路恢复初始态,但是如果时钟电路也出现问题,没有时钟上升沿出现,这时同步复位就无法工作,所以从复位信号的"救急"性质来看,同步复位有时并不可靠。

异步复位是指当复位端口出现有效电平后,不管有没有时钟上升沿出现,也不管电路是什么状态,会立即执行复位动作,复位动作跟时钟上升沿不相关,所以称作异步复位。异步

图 11-2-6 状态机向导步骤 1（常规设置）

复位容易受到干扰影响，一个小小的毛刺就会让异步复位电路意外复位，但是当电路掉入"陷阱"不能工作时，异步复位可以将电路立即恢复初始态，所以，从复位的功能来说，异步复位更保险。异步复位易受干扰的问题可以通过改进电路设计来解决，并且因为刚加电时，电路各处信号往往多是 0，所以异步复位信号多设置为低电平复位。

该序列检测器设计选择异步复位；"复位信号 Reset 高电平有效（Reset is active-high）"的复选框和"寄存输出端口（Register the output ports）"保持不选中状态。

Register the output ports 如果打勾，会在输出端口前加一级 D 触发器，输出信号会被寄存一下后再输出，好处是可以消除竞争冒险现象带来的毛刺，并可以提高电路的最高工作频率，坏处是信号输出时间会延迟一个时钟周期。此项保持不选中状态。

最后，单击 Next 按钮，进入状态机向导步骤 2 对话框，如图 11-2-7 所示。

② 状态机向导步骤 2：状态转换。

在图 11-2-7 状态转换对话框中，在 States 栏中输入 10011011 序列检测器的状态名称 s0、s1、…、s8，在 Input ports 栏中输入该检测器状态机的输入时钟信号 clock、复位信号 reset 以及串行数据输入信号 din。在 State transitions（状态转换）栏中依据该序列检测器设计的状态图 11-2-2 依次输入各种状态转换条件。

对话框最下边有一个复选框 Transition to source state if not all transition conditions are specified，作用是如果没有将一个状态的所有转移条件指定出来，那么默认的次态将转向本状态。一般应该勾选，可以防止生成锁存器。

输入条件时要注意一点，因为序列信号检测器是根据输入信号 din 的取值决定每一个状态的转移的，din 取值只有 0 或者 1，所以每个状态的次态（Destination State）都有两个，需要输入两行。例如，假设当前状态是 s2，如果只输入 din==0 的转移条件并指定了次态是 s3，而没有输入 din==1 的转移条件和次态，就会导致 din==1 时的次态不明确。这时如果复选框 Transition to source state if not all transition conditions are specified 没有被勾选，在 din==1 时，状态机将会通过生成一个锁存器来保持该状态。如果勾选了上述复选框，din==1 时的默认次态将回到本状态，相当于指定din==1 时 s2→s2，电路仍然是组合电路，没有锁存器。

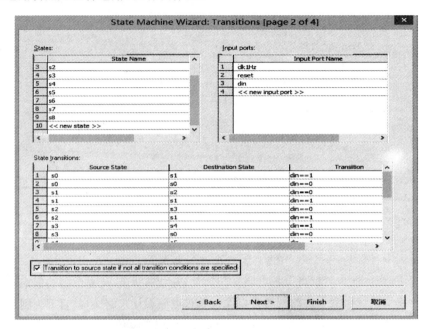

图 11-2-7　状态机向导步骤 2（状态转换）

设置完后单击 Next，进入状态机向导步骤 3 的对话框，如图 11-2-8 所示。

③ 状态机向导步骤 3：动作设置。

动作设置实际上就是设置在每一个状态下输出信号的取值。在图 11-2-8 所示对话框中，在 Output ports 栏下的 Output Port Name 中输入该序列检测器设计的输出信号 detect，detect=1 代表不亮灯，detect=0 代表亮灯。在 Output State 栏中选择 Next clock cycle；在 Action condition 栏中输入在各个状态下输出信号 detect 的取值以及附加条件。有 9 个状态，所以需要输入 9 行。由于状态机是 Moore 型状态机，所以在附加条件（Addition Conditions）中不需要设置任何条件。

设置完后单击 Next，进入如图 11-2-9 所示的状态机向导步骤 4。

④ 状态机向导步骤 4：总结。

在图 11-2-9 所示对话框中显示出状态机设置的总体情况。单击 Finish，关闭状态机向导，生成所需的状态机，默认情况 Quartus Ⅱ 会将所有状态排成一排，为了美观可将该状态机的各状态位置做适当调整（当然也可以不调整），得到所需的状态图，如图 11-2-10 所示。

（4）保存文件。

单击菜单栏中的 ⊟ 按钮，在弹出的"另存为"对话框中，默认该设计文件为 signalDetector. smf，选中 Add file to current project，单击保存按钮，完成文件保存。

图 11-2-8　状态机向导步骤 3（动作设置）

图 11-2-9　状态机向导步骤 4（总结）

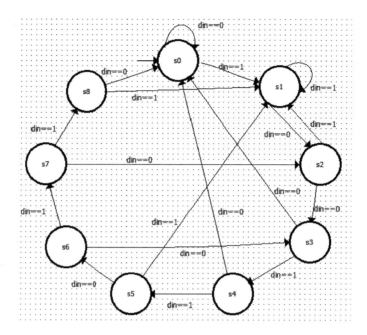

图 11-2-10　利用状态机向导完成的状态图

（5）生成对应的 HDL 文件。

选择 Tool→Generate HDL File，如图 11-2-11 所示，在弹出的对话框中选择产生程序代码 HDL 语言的种类，选择 Verilog HDL，单击 OK，则自动生成对应的与状态机文件名相同的 Verilog 文本文件 signalDetector. v，并在文本编辑窗口打开该状态机的 Verilog代码。

图 11-2-11　生成 HDL 文件对话框

Verilog 语言语法类似 C 语言，代码含义不难理解，实际上生成的代码忠实地描述了整个状态机的转移条件和输出条件。

代码在有下划线的地方需要修改一下，将 detect＜＝1′b0 改为 detect＜＝1′b1，这样可以保证在状态机刚加电时表示检测到信号的 LED 灯 detect 不会亮。

保存文件 signalDetector. v，选择菜单 File→Create/Update→Create Symbol Files for Current File，将序列信号检测器的原理图转变成符号文件 signalDetector. bsf，以方便在主项目中调用。

```verilog
module signalDetector (clk1Hz,reset,din,detect);
    input clk1Hz;
    input reset;
    input din;
    tri0 reset;
    tri0 din;
    output detect;
    reg detect;
    reg [8:0] fstate;
    reg [8:0] reg_fstate;
    parameter s0=0,s1=1,s2=2,s3=3,s4=4,s5=5,s6=6,s7=7,s8=8;

    always @(posedge clk1Hz or negedge reset)
    begin
        if (~reset) begin
            fstate <= s0;
        end
        else begin
            fstate <= reg_fstate;
        end
    end

    always @(fstate or din)
    begin
detect <= 1'b0;                              //改为:detect <= 1'b1
        case (fstate)
            s0: begin
                if ((din == 1'b1))
                    reg_fstate <= s1;
                else if ((din == 1'b0))
                    reg_fstate <= s0;
                //Inserting 'else' block to prevent latch inference
                else
                    reg_fstate <= s0;
                detect <= 1'b1;
            end
            s1: begin
                if ((din == 1'b0))
                    reg_fstate <= s2;
                else if ((din == 1'b1))
                    reg_fstate <= s1;
                //Inserting 'else' block to prevent latch inference
```

```
            else
                reg_fstate <= s1;
            detect <= 1'b1;
    end
s2: begin
        if ((din == 1'b0))
            reg_fstate <= s3;
        else if ((din == 1'b1))
            reg_fstate <= s1;
        //Inserting 'else' block to prevent latch inference
        else
            reg_fstate <= s2;
        detect <= 1'b1;
    end
s3: begin
        if ((din == 1'b1))
            reg_fstate <= s4;
        else if ((din == 1'b0))
            reg_fstate <= s0;
        //Inserting 'else' block to prevent latch inference
        else
            reg_fstate <= s3;
        detect <= 1'b1;
    end
s4: begin
        if ((din == 1'b1))
            reg_fstate <= s5;
        else if ((din == 1'b0))
            reg_fstate <= s0;
        //Inserting 'else' block to prevent latch inference
        else
            reg_fstate <= s4;
        detect <= 1'b1;
    end
s5: begin
        if ((din == 1'b0))
            reg_fstate <= s6;
        else if ((din == 1'b1))
            reg_fstate <= s1;
        //Inserting 'else' block to prevent latch inference
        else
            reg_fstate <= s5;
```

```
                detect <= 1'b1;
            end
        s6: begin
            if ((din == 1'b1))
                reg_fstate <= s7;
            else if ((din == 1'b0))
                reg_fstate <= s3;
            //Inserting 'else' block to prevent latch inference
            else
                reg_fstate <= s6;
            detect <= 1'b1;
        end
        s7: begin
            if ((din == 1'b1))
                reg_fstate <= s8;
            else if ((din == 1'b0))
                reg_fstate <= s2;
            //Inserting 'else' block to prevent latch inference
            else
                reg_fstate <= s7;
            detect <= 1'b1;
        end
        s8: begin
            if ((din == 1'b0))
                reg_fstate <= s0;
            else if ((din == 1'b1))
                reg_fstate <= s1;
            //Inserting 'else' block to prevent latch inference
            else
                reg_fstate <= s8;
            detect <= 1'b0;
        end
        default: begin
detect <= 1'b1;//将 detect<=1'bx;改为 detect<=1'b1;
            $display ("Reach undefined state");
        end
    endcase
end
endmodule          //signalDetector
```

（6）将 Verilog 程序加入项目。

Quartus Ⅱ不能直接将状态图转化成对应的电路，必须借助 HDL 编写的程序才能最终转化成电路，所以需要将刚才生成的 Verilog 程序 signalDetector. v 加入项目中，并且设置成项目顶层文件。选择菜单 Assignments→Settings，打开如图 11-2-12 所示的设置对话框，选择 Files 类，单击按钮 Add All 将文件 signalDetector. v 加入项目中。

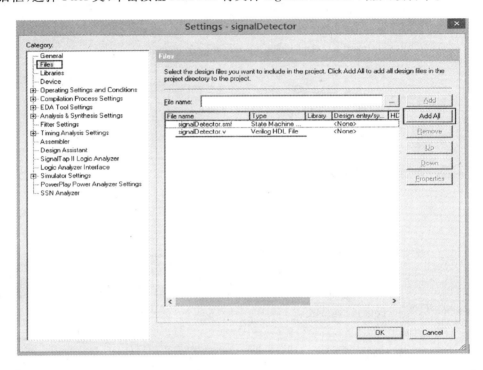

图 11-2-12　Settings 对话框 Files 类

（7）编译综合出电路。

编译综合出电路，选择菜单 Tools→Netlist Viewer→RTL Viewer，可以查看生成的电路图 11-2-13。

图 11-2-13　生成的电路图（RTL Viewer）

双击状态机模块（fstate 模块），可以打开状态机查看，上边是状态图，下边是状态转换条件和状态编码，如图 11-2-14 所示。可以看到，系统自动为状态机指定了编码。

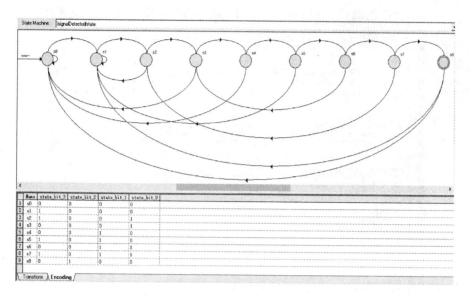

图 11-2-14　生成的状态图和状态编码

（8）状态机优化设置。

如果想要改变状态编码，可以选择菜单 Assignments→Settings，打开设置对话框，如图 11-2-15 所示。选择 Analysis & Synthesis Settings，单击按钮 More Settings…，打开 More Analysis & Synthesis Settings 对话框，如图 11-2-16 所示。

图 11-2-15　Settings 对话框

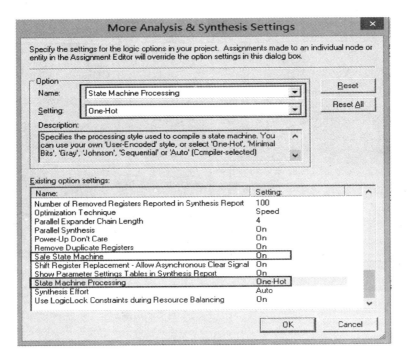

图 11-2-16　More Analysis & Synthesis Settings 对话框

在 Exiting Option Settings 设置框中找到 State Machine Processing 选项并选中它，在上边的 Option→Setting 下拉框中可以重新设置状态机的状态编码，例如选择 One-Hot 编码（独热码），单击 OK 关闭对话框，完成状态编码的设置。

回到 Quartus Ⅱ 主界面，重新编译状态机，选择菜单 Tools→Netlist Viewer→State Machine Viewer，可以直接查看生成的状态机编码，如图 11-2-17 所示。可以看到，通过设定，系统为状态机指定了独热码，不过这是一种改进的独热码。

采用独热码的状态机运行速度较快，但是独热码占用编码位数也较多，因为状态机共有 9 个状态，所以独热码长度也为 9 位，每一位需要一个触发器保存，一共使用了 9 个触发器，消耗资源较多。如果要比较使用系统默认编码和使用独热码的资源占用差别，可以查看系统自动生成的资源占用报告，发现资源的占用从原来 5 个宏单元变成了 9 个宏单元。

采用独热码还有一个突出问题，就是冗余状态问题。9 位编码最多可以表示 $2^9=512$ 种状态，状态机只使用了其中的 9 个编码，这意味着有大量的编码未使用，成为"冗余状态"，一旦由于某种原因使状态机进入冗余状态，有可能造成状态机无法正常工作。可以在图 11-2-16 中将 Safe State Machine 选项设置为 OX，来打开 Quartus Ⅱ 软件的安全状态机功能，这样软件会自动处理冗余状态的问题，当然处理冗余状态必然要耗费硬件资源，查看系统自动生成的资源占用报告可知，资源的占用从原来的 9 个宏单元变成了 11 个宏单元。

（9）波形仿真。

① 根据序列检测器状态机的功能设计输入波形，采用功能仿真，仿真结果如图 11-2-18

图 11-2-17　状态机采用改进的独热码

所示。从图中可以看到,当输入信号 din=0001101010010011001101100 11011100…时,电路可以识别信号中的信号"10011011"(000110101001001"10011011"0011011100),在"10011011"最后一个比特出现后,detect＝0,并且电路不会被前边的"1001"和后边的"0011011"干扰,信号只被识别了一次,完美实现了预期功能。

图 11-2-18　序列检测器的波形仿真图

②　以 .jpg 或 .bmp 格式保存仿真波形文件。

③　下载硬件验证,观察实验结果并记录实验数据。

④　实验数据记录:波形图、波形仿真参数设置、波形说明。

4)　序列信号检测器的顶层测试电路设计

新建一个项目文件夹,并新建一个项目,将任务 11.1 中保存的文件 stateMachine. bdf、stateMachine. bsf、signalGenerator. bdf 和 signalGenerator. bsf 复制到新的项目文件夹,将本任务前面保存的文件 signalDetector. v 和 signalDetector. bs 也复制到新的项目文件夹,新建原理图文件 signalDetectorTest. bdf,在原理图中调用信号发生器的模块,并连接 10 分频电路,10 分频电路使用跟任务 11.1 一样的 74160 分频电路,组装电路。电路如图 11-2-19 所示。

图 11-2-19　序列检测器的测试电路图

5）引脚分配与再编译

（1）根据序列信号发生器硬件电路引脚配置规则，查询 TEMI 数字逻辑设计能力认证开发板硬件引脚与 CPLD 引脚之间的关系，给序列信号发生器分配目标 CPLD 引脚。

（2）序列信号发生器的引脚分配完成后，重新编译。

6）配置下载电缆

7）下载编程文件（.pof）

8）硬件测试

按表 11-2-1，在 TEMI 数字逻辑设计能力认证开发板进行测试。

表 11-2-1　序列信号检测器测试表

输入：clk10Hz→GCLK1(P43)、 reset→s3(P16)	输出：detect 灯 D14(P39)（低电平驱动）
clk10Hz＝↑，reset＝0	
clk10Hz＝↑，reset＝1	
clk10Hz＝↑，reset＝1	
clk10Hz＝↑，reset＝1	
clk10Hz＝↑，reset＝1	
clk10Hz＝↑，reset＝1	

续表

输入:clk10Hz→GCLK1(P43)、 reset→s3(P16)	输出:detect 灯 D14(P39)(低电平驱动)
clk10Hz＝↑,reset＝1	
clk10Hz＝↑,reset＝1	
clk10Hz＝↑,reset＝1	

9) 总结测试结果

归纳硬件测试结果,判断测试结果是否符合设计要求。若不符合要求,找出问题所在,修改电路设计,重新测试,直至测试符合设计要求。

10) 撰写实操小结

总结实操中的收获与不足,归纳实操中遇到的问题以及解决方法,总结实操中的不良现象与纠正措施。

任务总结

(1) 设计状态机最重要的是正确设计状态转换图,正确设计状态转换图的关键是必须理解状态机的转移条件,即在什么条件下,状态的次态是什么。同时必须确定好不同状态下,输出信号取值和相应的条件。

(2) QuartusⅡ内嵌的状态机开发工具——状态机编辑器(State Machine Editor)支持以状态图作为逻辑设计输入。设计者只要在其中画出状态转移图,设定好状态转移条件和输出信号,状态机编辑器就能自动将状态转移图翻译成 HDL 语言代码,经过综合后生成相关状态机的控制电路。

(3) 通过状态机编辑器设计状态机时,不需要指定状态编码,不需要化简,设计过程简单,效率高,充分利用了 EDA 软件的强大功能。

(4) 如果想要改变状态编码,可以在 Assignments→Settings→More Settings 中修改状态机编码,常用的编码有 one-hot(独热码)、gray(格雷码)、sequential(循序码,即二进制码)、Johnson、minimal bits。

(5) 使用独热码时,状态冗余问题很严重,解决的方法是在 Assignments→Settings→More Settings 中将 Safe State Machine 选项设置为 On。

任务拓展

在 TEMI 数字逻辑设计能力认证开发板上实现序列信号检测器电路功能,其他要求不变,状态机编码使用独热码;并且请思考不同的编码对电路有什么不同影响。

任务 11.3　Moore 型状态机实例——步进电机控制器设计

任务说明

本任务主要学习利用 QuartusⅡ内嵌的状态机编辑器(State Machine Editor)手工设

计 Moore 型状态机的方法。

相关知识

步进电机的工作原理如下。

步进电机作为一种电脉冲-角位移的转换元件,由于具有价格低廉、易于控制、无积累误差和计算机接口方便等优点,在机械、仪表、工业控制等领域中获得了广泛应用。采用 PLD 控制步进电机十分常用,也十分方便。利用 FPGA 或 CPLD 能同步产生多路控制脉冲,对多相步进电机进行灵活控制。步进电机的控制驱动是靠给步进电机的各相励磁绕组轮流通以电流,实现步进电机内部磁场合成方向的变化来使步进电机转动的。设步进电机有 A、B、C、D 四相励磁绕组,如图 11-3-1 所示,当同时有 4 个如图 11-3-2 所示的控制脉冲进入步进电机时,使之产生旋转磁场,为步进电机提供旋转动力。当步进电机的 A、B、C、D 四相轮流通电时,其内部磁场的驱动方向就是 A→B→C→D→A,即磁场产生了旋转。当步进电机的内部磁场变化一周(360°)时,电机的转子转过一个齿距。反之,如果驱动次序变为 D→C→B→A→D,则步进电机可以反向旋转。

图 11-3-1　步进电机控制原理图

现在的问题就是设置一个时序电路,能够同步生成如图 11-3-2 所示的阶梯状脉冲信号,当此脉冲信号以 A 相最先出现,其他各相依次出现,就能使电机下一个方向连续旋转;反之,则反向旋转。

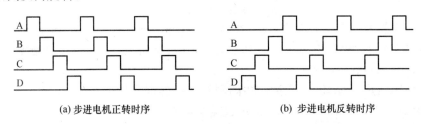

(a) 步进电机正转时序　　　　　　(b) 步进电机反转时序

图 11-3-2　步进电机控制时序图

任务实施

1. 任务要求

在 TEMI 数字逻辑设计能力认证开发板上设计实现双向四相步进电机控制电路,要求能够通过一个方向选择信号 dirSel 控制步进电机正转或反转,“0”表示正转,“1”表示反转,同时使用一盏 LED 灯显示正转或反转的状态。4 个相位的输出信号 dout[3:0] 分别驱动 4 个 LED 灯,将信号变化显示出来,1s 变化一次,时钟选择 10Hz。

硬件电路引脚配置规则如下。

输入:clk10Hz→GCLK1(P43)、reset→S3(P16)、dirSel→S7.1(P4)。

输出:DOUT[0]→D2(P21)、DOUT[1]→D3(P24)、DOUT[2]→D4(P25)、DOUT[3]→D5(P26)、dirSelOut→D14(P39)。

2.双向四相步进电机控制电路的软硬件实操

1)设计任务分析

根据任务要求分析可知,整个电路需要两个模块,一个是10分频电路,用来产生1Hz的时钟信号,另一个是双向四相步进电机的控制电路。整个电路结构如图11-3-3所示。

图11-3-3　步进电机控制电路的结构图

2)四相步进电机控制状态机的设计

根据双向四相步进电机控制电路的工作特点,决定采用Moore型状态机设计电路。根据任务要求,步进电机正转时是4个状态循环,反转也是4个状态循环,所以可以设置4个状态,通过方向选择控制状态的转换方向,同时改变输出信号。此外,多设置一个初始状态s0,当清零信号reset＝0时,状态机进入初始状态。所以一共有5个状态{s0,s1,s2,s3,s4},对应含义如下。

(1)刚加电或清零信号reset＝0时,状态设为s0,输出dout[3:0]＝0000。

(2)在状态s1下,输出dout[3:0]＝0001。

(3)在状态s2下,输出dout[3:0]＝0010。

(4)在状态s3下,输出dout[3:0]＝0100。

(5)在状态s4下,输出dout[3:0]＝1000。

根据信号检测器要求画出状态转换图,如图11-3-4所示。从状态转换图可知,所有状态的次态都不一样,所以这已经是最简状态图,不需要状态化简。

3)利用Quartus Ⅱ创建状态图

(1)新建项目文件和状态机文件。

在Quartus Ⅱ菜单栏中选择File→New Project Wizard创建一个新的项目,在弹出的对话框中输入新建工程所在的文件夹名称、项目名称(stepMotor)和顶层实体名称(stepMotor),然后单击Next,选择目标器件EPM7064SLC44-10,其他取系统默认设置,完成项目文件的建立。

在Quartus Ⅱ菜单栏中选择File→New或单击工具栏中的 □ 按钮,在弹出的新建文件对话框中,选择State Machine File,单击OK,进入状态机编辑器窗口。

(2)创建状态转换图。

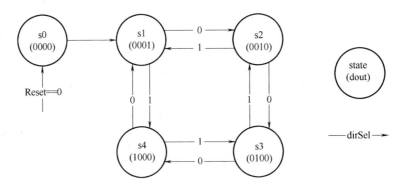

图 11-3-4 步进电机控制电路的状态转换图

利用状态机编辑窗口右侧的小工具 ● 和 ◥ 手工绘制状态图，分别将常规窗口（General）、状态窗口（States）、输入窗口（Inputs）、输出窗口（Outputs）、状态转移窗口（Transitions）和动作窗口（Actions）设置好，如图 11-3-5 所示为最终画好的状态机。

	Option	Setting
1	Reset Mode	Asynchronous
2	Reset Active Level	Active Low

⟍ **General** ⟍ States ⟍ Inputs ⟍ Outputs ⟍ Transitions ⟍ Actions ⟍

(a) 常规窗口 (General) 设置

	State	Reset
1	s0	Yes
2	s1	No
3	s2	No
4	s3	No
5	s4	No

⟍ General ⟍ **States** ⟍ Inputs ⟍ Outputs ⟍ Transitions ⟍ Actions ⟍

(b) 状态窗口 (States) 设置

	Input Port	Controlled Signal
1	reset	Reset
2	clk1Hz	Clock
3	dirSel	No

⟍ General ⟍ States ⟍ **Inputs** ⟍ Outputs ⟍ Transitions ⟍ Actions ⟍

(c) 输入窗口(Inputs)设置

	Output Port	Registered	Output State
1	dout	No	Current clock cycle
2	dirSelOut	No	Current clock cycle

⟍ General ⟍ States ⟍ Inputs ⟍ **Outputs** ⟍ Transitions ⟍ Actions ⟍

(d) 输出窗口(Outputs)设置

图 11-3-5 步进电机状态图和状态机参数设置

	Source State	Destination State	Transition
1	s0	s1	
2	s1	s4	dirSel==1
3	s1	s2	dirSel==0
4	s2	s3	dirSel==0
5	s2	s1	dirSel==1
6	s3	s4	dirSel==0
7	s3	s2	dirSel==1
8	s4	s1	dirSel==0
9	s4	s3	dirSel==1

General ∧ States ∧ Inputs ∧ Outputs ∧ **Transitions** ∧ Actions

(e) 状态转移窗口(Transitions)设置

	Output Port	Output Value	In State	Additional Conditions	Output State
1	dout[3:0]	0	s0		Current clock cyde
2	dirSelOut	0	s0		Current clock cyde
3	dout[3:0]	1	s1		Current clock cyde
4	dirSelOut	dirSel	s1		Current clock cyde
5	dout[3:0]	2	s2		Current clock cyde
6	dirSelOut	dirSel	s2		Current clock cyde
7	dout[3:0]	4	s3		Current clock cyde
8	dirSelOut	dirSel	s3		Current clock cyde
9	dout[3:0]	8	s4		Current clock cyde
10	dirSelOut	dirSel	s4		Current clock cyde

General ∧ States ∧ Inputs ∧ Outputs ∧ Transitions ∧ **Actions**

(f) 动作窗口(Actions)设置

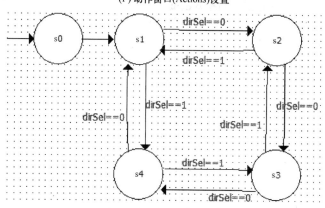

(g) 步进电机状态图

图 11-3-5（续）

需要说明的有以下三点。

① 常规窗口(General)、状态窗口(States)、输入窗口(Inputs)、输出窗口(Outputs)可以直接通过双击设置信号属性，如果需要添加信号，可以在对应窗口中右击选择 Insert New 命令添加信号。

② 状态转移窗口(Transitions)必须先在状态图中使用工具 ![tool] 绘制状态转移线段，然后在状态转移窗口中才能出现对应状态的转移条件，这时按照之前状态转换图的条件填入即可。

③ 动作窗口中是不可以直接添加输出信号的，必须在每个状态上右击，选择 Properties，在打开的对话框中选择 Actions 标签，在此窗口中才可以添加输出信号的取值。而且 Output Value 取值是以十进制的数字形式输入的，例如二进制的 1000 必须输入十进制数字 8。

（3）保存文件。

单击菜单栏中的 ▦ 按钮，在弹出的"另存为"对话框中，默认该设计文件为 stepMotor. smf，选中 Add file to current project，单击保存按钮，完成文件保存。

（4）生成对应的 HDL 文件。

选择 Tool→Generate HDL File，在弹出的对话框中选择产生程序代码 HDL 语言的种类，选择 Verilog HDL，单击 OK，则自动生成对应的与状态机文件名相同的 Verilog 文本文件 stepMotor. v，并在文本编辑窗口打开该状态机的 Verilog 代码。

保存文件 stepMotor. v，选择菜单 File→Create/Update→Create Symbol Files for Current File，将步进电机控制器的原理图转变成符号文件 stepMotor. bsf，以方便在主项目中调用。

程序中有下划线的部分需要修改一下，以便将其他冗余状态的次态都设置为初始状态 s0，并且冗余状态下的输出信号按照后面的注释修改。

```verilog
module stepMotor (
    reset,clk1Hz,dirSel,
dout,dirSelOut);        //将 dout[3:0]改为 dout

    input reset;
    input clk1Hz;
    input dirSel;
    tri0 reset;
    tri0 dirSel;
    output [3:0] dout;
    output dirSelOut;
    reg [3:0] dout;
    reg dirSelOut;
    reg [4:0] fstate;
    reg [4:0] reg_fstate;
    parameter s0=0,s1=1,s2=2,s3=3,s4=4;

    always @(posedge clk1Hz or negedge reset)
    begin
        if (~reset) begin
            fstate <= s0;
        end
        else begin
            fstate <= reg_fstate;
```

```
        end
end

always @(fstate or dirSel)
begin
    dout <= 4'b0000;
    dirSelOut <= 1'b0;
    case (fstate)
        s0: begin
            reg_fstate <= s1;

            dirSelOut <= 1'b0;

            dout <= 4'b0000;
        end
        s1: begin
            if ((dirSel == 1'b0))
                reg_fstate <= s2;
            else if ((dirSel == 1'b1))
                reg_fstate <= s4;
            //Inserting 'else' block to prevent latch inference
            else
                reg_fstate <= s1;

            dirSelOut <= dirSel;

            dout <= 4'b0001;
        end
        s2: begin
            if ((dirSel == 1'b1))
                reg_fstate <= s1;
            else if ((dirSel == 1'b0))
                reg_fstate <= s3;
            //Inserting 'else' block to prevent latch inference
            else
                reg_fstate <= s2;
            dirSelOut <= dirSel;

            dout <= 4'b0010;
        end
        s3: begin
            if ((dirSel == 1'b1))
```

```
                                reg_fstate <= s2;
                        else if ((dirSel == 1'b0))
                                reg_fstate <= s4;
                        //Inserting 'else' block to prevent latch inference
                        else
                                reg_fstate <= s3;

                                dirSelOut <= dirSel;

                                dout <= 4'b0100;
                        end
                        s4: begin
                            if ((dirSel == 1'b0))
                                    reg_fstate <= s1;
                            else if ((dirSel == 1'b1))
                                    reg_fstate <= s3;
                            //Inserting 'else' block to prevent latch inference
                            else
                                    reg_fstate <= s4;

                                dirSelOut <= dirSel;

                                dout <= 4'b1000;
                        end
                        default: begin
                            dirSelOut <= 4'bxxxx;          //改为 dirSelOut <= 4'b0000;
                            dirSelOut <= 1'bx;             //改为 dirSelOut <= 1'b0;
                            $ display ("Reach undefined state");   //改为 reg_fstate <= s0;
                        end
                    endcase
            end
        endmodule        //stepMotor
```

（5）将 Verilog 程序加入项目。

QuartusⅡ不能直接将状态图转化成对应的电路，必须借助 HDL 编写的程序才能最终转化成电路，所以需要将刚才生成的 Verilog 程序 stepMotor.v 加入项目中，并且设置成项目顶层文件。选择菜单 Assignments→Settings，打开设置对话框，选择 Files 类，单击按钮 Add All 将文件 stepMotor.v 加入项目。

（6）编译综合出电路。

编译综合出电路，选择菜单 Tools→Netlist Viewer→RTL Viewer，可以查看生成的电路，如图 11-3-6 所示。

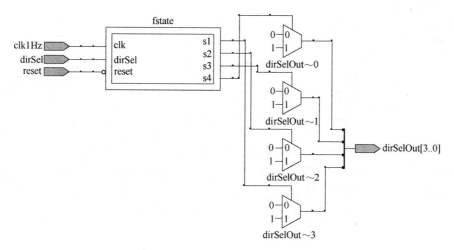

图 11-3-6 生成的电路图（RTL Viewer）

双击状态机模块（fstate 模块），可以打开状态机查看，上边是状态图，下边是状态转换条件和状态编码，如图 11-3-7 所示。可以看到，系统自动为状态机指定了编码。

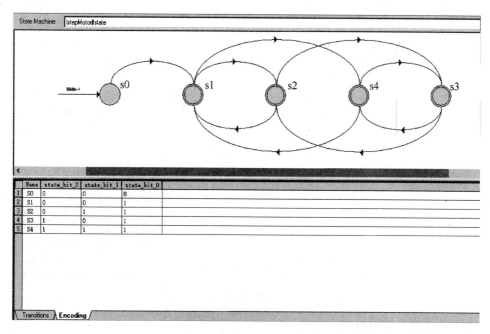

图 11-3-7 生成的状态图和状态编码

（7）波形仿真。

① 根据步进电机控制器状态机的功能设计输入波形，采用功能仿真，仿真结果如图 11-3-8 所示。从图中可以看到状态机实现了预期功能。

② 以 .jpg 或 .bmp 格式保存仿真波形文件。

③ 下载硬件验证，观察实验结果并记录实验数据。

④ 实验数据记录：波形图、波形仿真参数设置、波形说明。

图 11-3-8　步进电机控制器状态机的波形仿真图

4）步进电机控制器的顶层电路设计

新建一个项目文件夹，并新建一个项目，将本任务前面保存的文件 stepMotor.v 和 stepMotor.bsf 也复制到新的项目文件夹，新建原理图文件 stepMotorTop.bdf，在原理图中调用信号发生器的模块，并连接 10 分频电路，10 分频电路使用跟任务 1 一样的 74160 分频电路，组装电路。电路如图 11-3-9 所示。

图 11-3-9　序列检测器的测试电路图

5）引脚分配与再编译

（1）根据序列信号发生器硬件电路引脚配置规则，查询 TEMI 数字逻辑设计能力认证开发板硬件引脚与 CPLD 引脚之间的关系，给序列信号发生器分配目标 CPLD 引脚。

（2）序列信号发生器的引脚分配完成后，重新编译。

6）配置下载电缆

7）下载编程文件（.pof）

8）硬件测试

按表 11-3-1，在 TEMI 数字逻辑设计能力认证开发板进行测试。

表 11-3-1 序列信号检测器测试表

输入:clk10Hz→GCLK1(P43)、reset→S3(P16)、dirSel→S7.1(P4)	输出:DOUT[0]→D2(P21)、DOUT[1]→D3(P24)、DOUT[2]→D4(P25)、DOUT[3]→D5(P26)、dirSelOut→D14(P39)(低电平驱动)
clk10Hz=↑,reset=0,dirSel=0 或 1	
clk10Hz=↑,reset=1,dirSel=0	
clk10Hz=↑,reset=1,dirSel=0	
clk10Hz=↑,reset=1,dirSel=0	
clk10Hz=↑,reset=1,dirSel=0	
clk10Hz=↑,reset=1,dirSel=1	
clk10Hz=↑,reset=1,dirSel=1	
clk10Hz=↑,reset=1,dirSel=1	
clk10Hz=↑,reset=1,dirSel=1	

9) 总结测试结果

归纳硬件测试结果,判断测试结果是否符合设计要求。若不符合要求,找出问题所在,修改电路设计,重新测试,直至测试符合设计要求。

10) 撰写实操小结

总结实操中的收获与不足,归纳实操中遇到的问题以及解决方法,总结实操中的不良现象与纠正措施。

 任务总结

(1) 因为步进电机控制时序是按序变化 0001→0010→0100→1000→0001 或者 1000→0100→0010→0001→1000,所以控制电路适合使用 Moore 型状态机,不适合使用 Mealy 型状态机,Mealy 型状态机容易造成输出信号不能按顺序变化,导致步进电机无法正常运行。

(2) 本任务中设计的步进电机状态机控制电路是采用单 4 拍方式,即 0001→0010→0100→1000→0001。这种方式是通过步进电机转子的惯性过渡到下一角度,在转换的间隙存在无磁场的情况,这对于有一定负载的情况将产生不稳定现象。为了排除这种不利情况,可以采用 4 相 8 拍方式驱动步进电机。方法是加入过渡控制电平,即 0001→0011→0010→0110→0100→1100→1000→1001→0001。读者可以以此驱动方式,重新设计以上任务。

 任务拓展

在 TEMI 数字逻辑设计能力认证开发板上实现步进电机控制器电路功能。

习题

1. 填空题

(1) 任何状态机都有 3 个要素,分别是_____、_____和_____。

(2) 根据输出是否与输入信号有关,状态机可以划分为_____和_____。

(3) Moore 型状态机的特点是_____。

(4) Mealy 型状态机的特点是_____。

(5) 状态机有三种表示方法:_____、_____和_____,这三种表示方法是等价的,相互之间可以转换。

(6) 传统状态机设计流程主要步骤:_____、_____、_____、_____和_____。

(7) 常见的状态编码主要有_____、_____、_____和_____。_____和_____编码位数最少,_____可以消除竞争冒险现象,_____组合逻辑译码简单、速度快。

(8) 状态机主要由_____、_____和_____组成。

(9) 状态机复位信号 Reset 的工作模式主要有_____和_____。

(10) 同步复位是指_____,异步复位是指_____。

(11) 如果将状态机输出信号寄存一下再输出,好处是_____,坏处是_____。

2. 设计题

(1) 设计一个序列信号发生器,要求产生 11010011。

(2) 设计一个序列信号检测器,要求能够检测到 11010011,且不能出现漏检和多检。

(3) 设计一个 4 相 8 拍方式工作的步进电机控制电路,即 0001→0011→0010→0110→0100→1100→1000→1001→0001。

(4) 设计一个跑马灯电路,要求 8 盏灯,工作模式不少于 4 种,向左堆积、向右推挤、右移、中间向两边移动。要求每种模式显示 5s。

(5) 设计一个交通灯控制器。设计要求如下。

① 用状态机的方法设计交通灯控制电路,要求带复位功能。

② 东西红灯亮 16s,南北绿灯亮 16s。

③ 东西红灯闪烁 3s(闪烁频率为 0.5s),南北黄灯亮 3s。

④ 东西绿灯亮 16s,南北红灯亮 16s。

⑤ 东西黄灯亮 3s,南北红灯闪烁 3s(闪烁频率为 0.5s),进入下一个循环。

⑥ 分别用 6 个发光二极管代表红、绿、黄灯;在两个数码管上显示倒计时(16~1 或 3~1)。电路结构可以参考下页习题 2 图。

习题 2 图

TTL 系列集成电路一览表

名称	功 能	名称	功 能
7400	2 输入端四与非门	74145	BCD-十进制译码/驱动器
7401	集电极开路 2 输入端四与非门	7415	开路输出 3 输入端三与门
7402	2 输入端四或非门	74150	16 选 1 数据选择/多路开关
7403	集电极开路 2 输入端四与非门	74151	8 选 1 数据选择器
7404	六反相器	74153	双 4 选 1 数据选择器
7405	集电极开路六反相器	74154	4-16 线译码器
7406	集电极开路六反相高压驱动器	74155	图腾柱输出译码器/分配器
7407	集电极开路六正相高压驱动器	74156	开路输出译码器/分配器
7408	2 输入端四与门	74157	同相输出四 2 选 1 数据选择器
7409	集电极开路 2 输入端四与门	74158	反相输出四 2 选 1 数据选择器
7410	3 输入端 3 与非门	7416	开路输出六反相缓冲/驱动器
74107	带清除主从双 JK 触发器	74160	可预置 BCD 异步清除计数器
74109	带预置清除正触发双 JK 触发器	74161	可预置四位二进制异步清除计数器
7411	3 输入端 3 与门	74162	可预置 BCD 同步清除计数器
74112	带预置清除负触发双 JK 触发器	74163	可预置四位二进制同步清除计数器
7412	开路输出 3 输入端三与非门	74164	八位串行入/并行输出移位寄存器
74121	单稳态多谐振荡器	74165	八位并行入/串行输出移位寄存器
74122	可再触发单稳态多谐振荡器	74166	八位并入/串出移位寄存器
74123	双可再触发单稳态多谐振荡器	74169	二进制四位加/减同步计数器
74125	三态输出高有效四总线缓冲门	7417	开路输出六同相缓冲/驱动器
74126	三态输出低有效四总线缓冲门	74170	开路输出 4×4 寄存器堆
7413	4 输入端双与非施密特触发器	74173	三态输出四位 D 型寄存器
74132	2 输入端四与非施密特触发器	74174	带公共时钟和复位六 D 触发器
74133	13 输入端与非门	74175	带公共时钟和复位四 D 触发器
74136	四异或门	74180	9 位奇数/偶数发生器/校验器
74138	3-8 线译码器/复工器	74181	算术逻辑单元/函数发生器
74139	双 2-4 线译码器/复工器	74185	二进制-BCD 代码转换器
7414	六反相施密特触发器	74190	BCD 同步加/减计数器

名称	功　能	名称	功　能
74191	二进制同步可逆计数器	74279	四图腾柱输出 S-R 锁存器
74192	可预置 BCD 双时钟可逆计数器	7428	2 输入端四或非门缓冲器
74193	可预置四位二进制双时钟可逆计数器	74283	4 位二进制全加器
		74290	二/五分频十进制计数器
74194	四位双向通用移位寄存器	74293	二/八分频四位二进制计数器
74195	四位并行通道移位寄存器	74295	四位双向通用移位寄存器
74196	十进制/二-十进制可预置计数锁存器	74298	四 2 输入多路带存储开关
74197	二进制可预置锁存器/计数器	74299	三态输出八位通用移位寄存器
7420	4 输入端双与非门	7430	8 输入端与非门
7421	4 输入端双与门	7432	2 输入端四或门
7422	开路输出 4 输入端双与非门	74322	带符号扩展端八位移位寄存器
74221	双/单稳态多谐振荡器	74323	三态输出八位双向移位/存储寄存器
74240	八反相三态缓冲器/线驱动器	7433	开路输出 2 输入端四或非缓冲器
74241	八同相三态缓冲器/线驱动器	74347	BCD-7 段译码器/驱动器
74243	四同相三态总线收发器	74352	双 4 选 1 数据选择器
74244	八同相三态缓冲器/线驱动器	74353	三态输出双 4 选 1 数据选择器
74245	八同相三态总线收发器	74365	门使能输入三态输出六同相线驱动器
74247	BCD-7 段 15V 输出译码/驱动器	74366	门使能输入三态输出六反相线驱动器
74248	BCD-7 段译码/升压输出驱动器	74367	4-2 线使能输入三态六同相线驱动器
74249	BCD-7 段译码/开路输出驱动器	74368	4-2 线使能输入三态六反相线驱动器
74251	三态输出 8 选 1 数据选择器	7437	开路输出 2 输入端四与非缓冲器
74253	三态输出双 4 选 1 数据选择器	74373	三态同相八 D 锁存器
74256	双四位可寻址锁存器	74374	三态反相八 D 锁存器
74257	三态原码四 2 选 1 数据选择器	74375	4 位双稳态锁存器
74258	三态反码四 2 选 1 数据选择器	74377	单边输出公共使能八 D 锁存器
74259	八位可寻址锁存器/3-8 线译码器	74378	单边输出公共使能六 D 锁存器
7426	2 输入端高压接口四与非门	74379	双边输出公共使能四 D 锁存器
74260	5 输入端双或非门	7438	开路输出 2 输入端四与非缓冲器
74266	2 输入端四异或非门	74380	多功能八进制寄存器
7427	3 输入端三或非门	7439	开路输出 2 输入端四与非缓冲器
74273	带公共时钟复位八 D 触发器	74390	双十进制计数器

名称	功　能	名称	功　能
74393	双四位二进制计数器	74460	十位比较器
7440	4 输入端双与非缓冲器	74461	八进制计数器
7442	BCD-十进制代码转换器	74465	三态同相 2 与使能端八总线缓冲器
74352	双 4 选 1 数据选择器	74466	三态反相 2 与使能八总线缓冲器
74353	三态输出双 4 选 1 数据选择器	74467	三态同相 2 使能端八总线缓冲器
74365	门使能输入三态输出六同相线驱动器	74468	三态反相 2 使能端八总线缓冲器
74366	门使能输入三态输出六反相线驱动器	74469	八位双向计数器
		7447	BCD-7 段高有效译码/驱动器
74367	4-2 线使能输入三态六同相线驱动器	7448	BCD-7 段译码器/内部上拉输出驱动
74368	4-2 线使能输入三态六反相线驱动器	74490	双十进制计数器
7437	开路输出 2 输入端四与非缓冲器	74491	十位计数器
74373	三态同相八 D 锁存器	74498	八进制移位寄存器
74374	三态反相八 D 锁存器	7450	2-3/2-2 输入端双与或非门
74375	4 位双稳态锁存器	74502	八位逐次逼近寄存器
74377	单边输出公共使能八 D 锁存器	74503	八位逐次逼近寄存器
74378	单边输出公共使能六 D 锁存器	7451	2-3/2-2 输入端双与或非门
74379	双边输出公共使能四 D 锁存器	74533	三态反相八 D 锁存器
7438	开路输出 2 输入端四与非缓冲器	74534	三态反相八 D 锁存器
74380	多功能八进制寄存器	7454	四路输入与或非门
7439	开路输出 2 输入端四与非缓冲器	74540	八位三态反相输出总线缓冲器
74390	双十进制计数器	7455	4 输入端二路输入与或非门
74393	双四位二进制计数器	74563	八位三态反相输出触发器
7440	4 输入端双与非缓冲器	74564	八位三态反相输出 D 触发器
7442	BCD-十进制代码转换器	74573	八位三态输出触发器
74447	BCD-7 段译码器/驱动器	74574	八位三态输出 D 触发器
7445	BCD-十进制代码转换/驱动器	74645	三态输出八同相总线传送接收器
74450	16：1 多路转接复用器多工器	74670	三态输出 4×4 寄存器堆
74451	双 8：1 多路转接复用器多工器	7473	带清除负触发双 JK 触发器
74453	四 4：1 多路转接复用器多工器	7474	带置位复位正触发双 D 触发器
7446	BCD-7 段低有效译码/驱动器	7476	带预置清除双 JK 触发器
		7483	四位二进制快速进位全加器

名称	功　能	名称	功　能
7485	四位数字比较器	7493	可二/八分频二进制计数器
7486	2输入端四异或门	7495	四位并行输入/输出移位寄存器
7490	可二/五分频十进制计数器	7497	6位同步二进制乘法器

CMOS 系列集成电路一览表

名 称	功 能	名 称	功 能
4000	双 3 输入端或非门＋单非门	4031	64 位串入/串出移位存储器
4001	四 2 输入端或非门	4032	三串行加法器
4002	双 4 输入端或非门	4033	十进制计数/7 段译码器
4006	18 位串入/串出移位寄存器	4034	8 位通用总线寄存器
4007	双互补对加反相器	4035	4 位并入/串入-并出/串出移位寄存
4008	4 位超前进位全加器	4038	三串行加法器
4009	六反相缓冲/变换器	4040	12 级二进制串行计数/分频器
4010	六同相缓冲/变换器	4041	四同相/反相缓冲器
4011	四 2 输入端与非门	4042	四锁存 D 型触发器
4012	双 4 输入端与非门	4043	四三态 RS 锁存触发器（"1"触发）
4013	双主-从 D 型触发器	4044	四三态 RS 锁存触发器（"0"触发）
4014	8 位串入/并入-串出移位寄存器	4046	锁相环
4015	双 4 位串入/并出移位寄存器	4047	无稳态/单稳态多谐振荡器
4016	四传输门	4048	4 输入端可扩展多功能门
4017	十进制计数/分配器	4049	六反相缓冲/变换器
4018	可预置 1/N 计数器	4050	六同相缓冲/变换器
4019	四与或选择器	4051	八选一模拟开关
4020	14 级串行二进制计数/分频器	4052	双 4 选 1 模拟开关
4021	8 位串入/并入-串出移位寄存器	4053	三组二路模拟开关
4022	八进制计数/分配器	4054	液晶显示驱动器
4023	三 3 输入端与非门	4055	B-7 段译码/液晶驱动器
4024	7 级二进制串行计数/分频器	4056	液晶显示驱动器
4025	三 3 输入端或非门	4059	"N"分频计数器
4026	十进制计数/7 段译码器	4060	14 级二进制串行计数/分频器
4027	双 JK 触发器	4063	四位数字比较器
4028	B 码十进制译码器	4066	四传输门
4029	可预置可逆计数器	4067	16 选 1 模拟开关
4030	四异或门	4068	八输入端与非门/与门

名称	功　能	名称	功　能
4069	六反相器	40110	十进制加/减、计数、锁存、译码驱动器
4070	四异或门	40147	10-4 线编码器
4071	四 2 输入端或门	40160	可预置 B 加计数器
4072	双 4 输入端或门	40161	可预置 4 位二进制加计数器
4073	三 3 输入端与门	40162	B 加法计数器
4075	三 3 输入端或门	40163	4 位二进制同步计数器
4076	四 D 寄存器	40174	六锁存 D 型触发器
4077	四 2 输入端异或非门	40175	四 D 型触发器
4078	8 输入端或非门/或门	40181	4 位算术逻辑单元/函数发生器
4081	四 2 输入端与门	40182	超前位发生器
4082	双 4 输入端与门	40192	可预置 B 加/减计数器（双时钟）
4085	双 2 路 2 输入端与或非门	40193	可预置 4 位二进制加/减计数器
4086	四 2 输入端可扩展与或非门	40194	4 位并入/串入-并出/串出移位寄存器
4089	二进制比例乘法器		
4093	四 2 输入端施密特触发器	40195	4 位并入/串入-并出/串出移位寄存器
4094	8 位移位存储总线寄存器		
4095	3 输入端 JK 触发器	40208	4×4 多端口寄存器
4096	3 输入端 JK 触发器	4501	4 输入端双与门及 2 输入端或非门
4097	双路八选一模拟开关	4502	可选通三态输出六反相/缓冲器
4098	双单稳态触发器	4503	六同相三态缓冲器
4099	8 位可寻址锁存器	4504	六电压转换器
40100	32 位左/右移位寄存器	4506	双二组 2 输入可扩展或非门
40101	9 位奇偶校验器	4508	双 4 位锁存 D 型触发器
40102	8 位可预置同步 B 减法计数器	4510	可预置 B 码加/减计数器
40103	8 位可预置同步二进制减法计数器	4511	B 锁存/7 段译码/驱动器
40104	4 位双向移位寄存器	4512	八路数据选择器
40105	先入先出 FI-FD 寄存器	4513	B 锁存/7 段译码/驱动器（消隐）
40106	六施密特触发器	4514	4 位锁存/4-16 线译码器
40107	双 2 输入端与非缓冲/驱动器	4515	4 位锁存/4-16 线译码器
40108	4 字×4 位多通道寄存器	4516	可预置 4 位二进制加/减计数器
40109	四低-高电平位移器	4517	双 64 位静态移位寄存器

续表

名称	功　能	名称	功　能
4518	双 B 同步加计数器	4544	B 七段锁存译码/驱动器
4519	四位与或选择器	4547	B 七段译码/大电流驱动器
4520	双 4 位二进制同步加计数器	4549	函数近似寄存器
4521	24 级分频器	4551	四 2 通道模拟开关
4522	可预置 B 同步 1/N 计数器	4553	三位 B 计数器
4526	可预置 4 位二进制同步 1/N 计数器	4555	双 2-4 线译码器（高电平有效）
4527	B 比例乘法器	4556	双 2-4 线译码器（低电平有效）
4528	双单稳态触发器	4558	B 八段译码器
4529	双四路/单八路模拟开关	4560	BCD 加法器
4530	双 5 输入端优势逻辑门	4561	BCD 求反器
4531	12 位奇偶校验器	4573	四可编程运算放大器
4532	8 位优先编码器	4574	四可编程电压比较器
4536	可编程定时器	4575	双可编程运放/比较器
4538	双精密单稳态触发器	4583	双施密特触发器
4539	双四路数据选择器	4584	六施密特触发器
4541	可编程序振荡/计时器	4585	4 位数值比较器
4543	B 七段锁存译码/驱动器	4599	8 位可寻址锁存器

Quartus Ⅱ 软件元件库常用元件调用索引

元 件 类 别	元件库中元件名称	元件图形符号
pin	input	pin_name　INPUT VCC
	output	OUTPUT　pin_name
	bidir	BIDIR VCC　pin_name
Storage	D 触发器 dff	DFF PRN D Q CLRN inst
	D 锁存器 dlatch	DLATCH PRN D Q ENA CLRN inst
	JK 触发器 jkff	JKFF PRN J Q K CLRN inst
	锁存器 latch	LATCH D Q ENA inst
	RS 触发器 srff	SRFF PRN S Q R CLRN inst
	T 触发器 tff	TFF PRN T Q CLRN inst

元 件 类 别		元件库中元件名称	元件图形符号
other		VCC	
		gnd	
		constant	
logic	二输入 与门	and2	
		band2	
		nand2	
		bnand2	
		or2	
		bor2	
		nor2	
		bnor2	

续表

元件类别		元件库中元件名称	元件图形符号
logic	多输入的逻辑门在库中的名称:只改变名称后面的数字	如 and3、nand4、or5、nor6、band4、bnor4	
		not	
		xor	
		xnor	
74 系列芯片		直接以芯片名称在库中查询	如 7400、7402、7404、7408、7410、74107、74112、74190、74393

元 件 类 别	元件库中元件名称	元件图形符号
74 系列 芯片	直接以芯 片名称在 库中查询	如 7400、7402、 7404、7408、 7410、74107、 74112、74190、 74393

中国台湾 TEMI 数字逻辑
设计能力认证简介

第一部分　实用级认证资料

一、实施方式

1. 本认证的主要宗旨是为了推动业界认同、产业需要的数字逻辑设计能力认证,秉持专业、务实、前瞻、公正为原则,以培养符合产业需求的数字逻辑设计基础技术人才。

2. 数字逻辑能力认证在等级的规划方面共计有实用级、专业级、专家级以及大师级等四个级别;本资料实操的内容包括了实用级与专业级两个等级的测试资料;使用者可以依照实际需求,对阅读内容和练习范围进行选择。

3. 欲参加数字逻辑设计专业级能力认证者,必须先通过数字逻辑设计实用级认证(合格);因此,专业级认证方式有两种模式:第一种模式是与实用级认证合并进行,第二种模式是单独进行专业级认证。

4. 本试题系采用"认证前公布试题"原则,主办单位应将实操试题参考资料于实操测试日一个月前函送认证办理单位;而认证办理单位应于认证日三星期前将测试所需参考资料公布在认证专属网站上。

5. 各等级认证的考场用地、设备规格及注意事项应于认证日三星期前分别公布在主办单位网站(www. temi. org. tw)和认证办理单位的网站。

6. 考生准考证与认证相关参考资料应于认证日 15 天前(日期以邮戳为准)由认证主办单位以挂号信邮寄给应试人员。

7. 本试题的测试内容主要有两大部分:第一部分包括组合逻辑电路的设计与制作、时序逻辑电路的设计与制作以及功能仿真波形记录三个项目;第二部分包括数字逻辑电路设计与制作、CPLD 专题设计与实操以及模拟记录的操作。

8. 本实操考场中提供由 ALTERA 公司所设计的 CPLD IC(EPM7064SLC44-10),考生可采用 MAX＋Plus Ⅱ 或 Quartus Ⅱ 软件进行电路设计与波形模拟,程序的烧录采用考场提供的 CPLD 认证板(Byte Blaster 或 USB Blaster 烧录接口)来实现;若采用 USB Blaster 接口进行芯片的烧录,则 Quartus Ⅱ 软件必须使用 9. x(含)以上的版本。

9. 不论实用级,还是专业级认证的实操测试皆由 3 位监评人员担任监试工作,其中一位担任主监评人员。

10. 每一场次的实操测试当日必须由监评人员主持,场地工作人员协助办理公开抽签(上午场 8:45～8:55,下午场 13:15～13:25),每一位应试人员必须亲自抽签决定自己的工作岗位座位号。

11. 本级实操测试时间原则上为 2 小时(10:00～12:00),因理论笔试可在应试 20 分分钟后交卷,因此实操测试时间最长为 2 小时 40 分钟(9:20～12:00)。

12. 实操评分时,主要以应试者完成的成品和记录的图表为评分依据,其功能、结果及答案必须符合试题说明与动作要求。

13. 认证办理单位应依题目说明与动作要求,事先完成测试用机器的组装,以便认证时提供给应试者使用。

14. 认证办理单位应依题目说明与动作要求,提供符合本级试题要求的认证成品 3 套,以作为本级实操测试评分的参考依据。

15. 主办单位应将完成的全套试题于认证当日监评协调会前,函送认证办理单位。

二、应试须知

1. 认证当日必须由监评人员主持办理公开抽签(上午场 8:45～8:55,下午场 13:15～13:25),每一位应试人员必须亲自抽签决定自己的工岗位,若应试者放弃权益,则由监评人员代为抽签。

2. 实操认证任务。

(1) 实用级:组合逻辑电路的设计与制作(CPLD 实现)、时序逻辑电路的设计与制作(CPLD 实现)以及仿真功能图保存 3 个部分。

(2) 专业级:数位逻辑电路设计与制作(含电路的布局、电路焊接与电路测试)、CPLD 专题设计与制作(CPLD 实现)以及仿真功能图保存 3 个部分。

3. 不论是参与实用级还是专业级的实操认证测试,都必须经过评定,总成绩达 60 分以上者(含 60 分),该次实操认证方为合格通过。其中若要参与专业级的认证,则应试者必须先行通过实用级的认证测试,否则不予计分认可。

4. 应试时所使用的试题、模组、电路板、机构、纸张以及存储设备等,须经认证承办单位盖有戳记或贴有协会专属贴纸者方为有效,否则不得使用。

5. 参加认证考试人员必须使用认证单位所提供的试题、材料、机构以及测试机器。

6. 应试者必须依照题目说明进行工作,在规定时间内完成符合动作要求与评分标准的认证成品。实操认证时间为 2 小时,因理论笔试在应试 20 分钟后完成交卷,实操测试时间最长为 2 小时 40 分钟。

7. 完成认证作业时必须进行岗位环境整理并同时上交认证成品、仿真波形图记录表、评分表。

8. 注意事项。

(1) 认证当天应试者务必携带准考证、身份证(文件上有照片者)以及认证测试通知单在上午 8:00～8:30 办理报到入场手续;凡无准考证或身份证明文件者最迟可在当天中午 10:30 前备妥补验,否则取消该次应试资格,且不可要求退费。

(2) 经监评人员正式宣布认证开始后 15 分钟(上午 9:15)未入场应试者视为缺考,并且取消应试资格;未参加理论笔试者,经监评审核许可于上午 9:25 参加理论测试,但若未能于上午 10:15 前入场者视同自动放弃,而未能参加实操测试者如欲领取该次实操认证材料,请于本场认证结束前(上午 12:00),当日携带有关证件向承办单位填单领取材料,逾期视同放弃不予再受理。

(3)应试人员必须在规定的器材检查时间内(应试当天上午 11:00 前),自行检查所需使用的器材,如有任何问题应在规定的时间内提出更换或补充。

(4)凡经二位监评人员判断或有直接具体证据显示应试者故意损坏公物、仪器或设备者,除应负责赔偿责任之外,一律取消该次应试资格。

(5)应试人员在完成实操测试后,应对所使用的环境和桌面进行适当整理清洁工作,否则视情节轻重由监评人员决定扣分多少,最高扣减分数可达 20 分。

(6)应试人员认证时,作品和成绩一经监评人员评定后不得要求更改;若有疑问或异议者,请依申诉办法或复查规定办理。

(7)应试人员不得携带或夹带任何非认证办理单位提供的存储设备(工具)、图片、材料、元件和其他档案资料入场,一经发现即视为作弊,并以零分论处。

(8)应试人员不得将试场内的任何器材及资料等携出场外,否则以零分论处。

(9)应试人员不得接受他人协助或协助他人认证,一经发现则视为作弊,双方皆以零分论处。

(10)应试人员在测试进行中,应遵守测试场内外秩序,禁止吸烟、窥视、嬉戏、喧哗或交谈。

(11)应试人员在测试过程中,若因急迫需要上洗手间,须事先取得监评人员同意,并由监评人员指派专人陪往;应试人员不得要求增加或延长测试时间。

(12)应试人员在测验期间未经监评人员允许私自离开试场,或虽经允许但特殊理由离场超过 15 分钟不归者,以不及格论处。

(13)应试人员在认证时,不得要求监评人员公布或告知实操测试成绩。

(14)通电检验测试时,若发生电路短路现象而造成损坏,例如电池组、电子零件、IC 或印制电路板线路烧毁损坏等,应立即停止工作不得重修,并以不及格论处。

(15)测验过程中如需要求更换零件,必须以损坏的元件交换,每次更换均需列入扣分。

(16)如有其他规定事项或相关说明,另于考场补充。

(17)如有突发事项或未尽事宜,则可由三位监评人员讨论决议,报请认证主办单位同意后公布执行。

三、实用级认证时间

1. 数字逻辑设计能力认证实用级的实施方式依序为上午 8:00～8:30 办理报到,上午 8:45～8:55 进行抽签、上午 9:00～10:00 理论考试(9:20 可以交卷)、上午10:00～12:00实操时间。理论笔试在应试 20 分钟后完成交卷者,可立刻进行实操测试,若为如此,实操时间最长为 2 小时 40 分钟。

2. 若同一天认证内容包括实用级与专业级,则认证过程含有理论笔试和实操测试 2 个部分,全程共计 6 个小时。上午 9:00～10:00 共 1 小时为理论笔试时间,上午10:00～中午12:00、下午 13:00～16:00 为实操测试时间,实操时间共计 5 个小时。理论笔试在应试

20 分钟后完成交卷者,可立刻进行实操测试,若为如此,实操时间最长为 5 小时 40 分钟。

3. 实操测试的器材检查时间为材料领取签名后至上午 11:00 前,应试者应自行检查领取的器材,如有任何问题应在规定时间内提出更换或补充。

4. 实用级认证必须在上午 12:00 前、专业级认证则须在下午 16:00 前,依规定完成所有实操测试的工作,并请监评人员检查确认后给予评分签名。

5. 每一次理论笔试成绩经 3 位监评人员审核签名后,于下午 15:00 前在考场外公布。

四、实用级认证大纲

1. 认证合格标准:理论笔试 60(含)分以上,实操测试 60(含)分以上。

2. 认证内容与认证要求。

(1) 理论笔试测试:共 500 道理论试题。理论笔试时抽取 50 道题,每题 2 分,60(含)分以上为合格。

(2) 实操测试:分 2 个阶段。

第一阶段:组合逻辑电路设计与制作。

测试题库:半加减法器、具有使能控制的 2-4 解码器、具有优先权的 4-2 编码器、4-1 数据选择器、1-4 数据分配器。

测试要求:从题库任选 1 道为第一阶段组合逻辑电路设计与制作的测试题,CPLD 实现占比 35%,功能仿真图记录占比 15%。

第二阶段:时序逻辑电路设计与制作。

测试题库:模八减法异步计数器、模六加法同步计数器、模五减法同步计数器、模四环形计数器、模七扭环形计数器。

测试要求:从题库任选 1 道为第二阶段时序逻辑电路设计与制作的测试题,CPLD 实现占比 35%,功能仿真图记录占比 15%。

3. 测试流程。

测试流程见附表 D-1 所示。

附表 D-1　数字逻辑设计实用级能力认证测试流程表

测 试 时 间	测 试 内 容
理论笔试 9:00～10:00 (最早可在 9:20 交卷)	理论笔试试题在公布的题库中,以随机抽取的方式产生,选择 50 道题,答对每题 2 分,答错不扣分,60(含)分以上者为合格。9:20 后可以交卷并进行实操测试的工作
实操第一阶段测试 10:00～12:00 (最早可以在 9:20 开始)	1. 组合逻辑电路设计与制作(35%):应试者于理论测试结束后,由考生代表以抽签的方式决定测试题目(5 选 1),利用 MAX＋Plus II 或 Quartus II(9.x 版)软件的图形编辑器(Graphic Editor),以基本逻辑门完成题目要求的功能,并将结果用考场提供的 CPLD 认证板呈现。 2. 功能仿真波形记录(15%):应试者在完成抽签决定的组合逻辑电路题目的设计,并通过 CPLD 认证板完成制作与验证后,依照题目的真值表,利用 MAX＋Plus II 或 Quartus II(9.x 版)软件中的波形编辑器(Waveform Editor)进行功能仿真,并将功能仿真的输入、输出波形画面粘贴到画板中存档

续表

测 试 时 间	测 试 内 容
实操第二阶段测试 10:00～12:00 （最早可以在 9:20 开始）	1. 时序逻辑电路设计与制作(35%)：应试者依照考生代表抽签决定的试题，根据各题目真值表的内容与 I/O 引脚的配置，利用 MAX＋Plus Ⅱ 或 Quartus Ⅱ(9. x 版)软件的图形编辑器(Graphic Editor)，使用 JK 触发器搭配基本逻辑门完成题目要求的功能，并将结果用考场提供的 CPLD 认证板呈现。 2. 功能仿真波形记录(15%)：应试者在完成抽签决定的时序逻辑电路题目的设计，并通过 CPLD 认证板完成制作与验证后，依照题目的真值表，利用 MAX＋Plus Ⅱ 或 Quartus Ⅱ(9. x 版)软件中的波形编辑器(Waveform Editor)进行功能仿真，并将功能仿真的输入、输出波形画面粘贴到画板中存档

五、实操试题说明

1. 题目简介

不论组合逻辑电路的设计与制作，还是时序逻辑的设计与制作，都是采用由 CPLD 以及外围元器件构成的电路板实现。各阶段的电路设计与制作，CPLD 认证板功能实现占比 35%，功能仿真波形记录占比 15%。CPLD 的开发工具软件采用 MAX＋Plus Ⅱ 或 Quartus Ⅱ(9. x 版)，功能仿真波形的视窗界面采用画图板工具，以工作岗位号为文件名保存在名为 WORK2 的文件夹中。

2. CPLD 认证板的结构图、电路图与接口说明

略，参考本教材项目 3 任务 3.2。

3. 场地设备表

场地设备见附表 D-2 所示。

附表 D-2 数字逻辑设计实用级能力认证场地(30 人)设备表

序号	名称	规 格	单位	数量
1	电源供应器	可调式 0～30V/2A	台	32
		附鳄鱼夹输出线 2 组	支	32
2	计算机	Windows XP 以上系统/可开机 HD40G/CD-ROM/256MRAM/USB/Print-port/ 15 寸液晶屏幕/内部区域网(理论考试用)	组	32
3	示波器	模拟或数字 60MHz 以上	台	32
4	空调设备	中央空调、窗形或箱形	套	1
		通风良好(需有前后门)	套	
5	考试场地	100m² 以上，光线充足，窗户需有窗帘	间	1
6	休息室	报到及中午用餐休息室，含桌椅 30 张	间	1

序号	名称	规格	单位	数量
7	电力系统	需保障全部系统及仪器启动不跳电	套	1
8	工作桌椅	桌面 120cm×60cm 以上,工作桌 32 张+3 张监评桌+2 张服务桌+1 张测试桌	张	38
9	电源延长线6 组插孔	220V±10%,1φ20A 过载保护自动断电,3 孔电源插座(电源供应器/烙铁/热风式拆焊机使用)	组	38
10	控温烙铁	温度 200～400℃可调整,附焊接头两种(尖头及斜头)	台	32
11	逻辑测试笔	TTL/CMOS 型,含蜂鸣器	支	32
12	吸锡器	DP-100(或同等级)	支	32
13	夹子	SMD 专用(0402/0603/0805)	支	32
14	实用级展示成品板	实用级实操展示用成品板	套	3
15	实用级CPLD 认证板	具备实用级 CPLD 能力认证要求	套	32
16	实用级备用元件柜	考题备用材料 10 套(24 格以上)	组	1
17	实用级考场挂牌	—	组	1
18	计时器	可显示时、分、秒数字,字体高 10cm×宽 6cm 以上可自行设定时间,可上、下数计时	套	1
19	理论认证系统	OSTS 理论线上测验系统软件	套	1
20	考场座位抽签筒	25cm×25cm×25cm 含 1～30(50)编号球	组	1

4. 自备工具表

自备工具见附表 D-3 所示。

附表 D-3　数字逻辑设计实用级能力认证自备设备表

序号	名称	规格	单位	数量
1	文具	水性笔(蓝色、黑色)、橡皮擦、铅笔	只	各 1
2	尺	15cm 或 30cm	支	1
3	万用表	DC 20kΩ/V、AC 8kΩ/V	只	1
4	焊锡	—	卷	1
5	助焊剂	松香系助焊剂	瓶	1

续表

序号	名称	规 格	单位	数量
6	吸锡器	真空吸力手动式	支	1
7	斜口钳	6″电子用	支	1
8	尖嘴钳	6″电子用	支	1
9	剥线钳	1.66mm 以下	支	1
10	银丝线	AWG30、Feet100	卷	1
11	螺丝刀套件	十字、一字电子用	组	1
12	放大镜	电子光学式放大镜	支	1
13	台灯	—	台	1

六、实 施 要 求

本实操认证分 2 阶段测试评分:第一阶段为组合逻辑电路设计与制作(35%)与功能仿真波形记录(15%);第二阶段为时序逻辑电路设计与制作(35%)与功能仿真波形记录(15%)。考生依照岗位工作号码划分为奇数组与偶数组,在监评人员的引导下,由 2 组各自的考生代表由抽签的方式决定 2 个阶段的试题,全部的任务必须在 12:00 前完成。各阶段的实施要求如下。

1. 第一阶段

应试者在上午 9:00～10:00 期间完成理论笔试并交卷之后,即可开始实操的测试工作。本阶段完成的工作任务为组合逻辑电路设计与制作以及功能仿真波形记录,当考生依照实施要求完成本阶段所有设计、制作与记录之后,即可举手要求监评进行第一阶段的评分工作。

1) 组合逻辑电路的设计与制作(35%)

(1) 功能指定

本测试内容主要以 5 种常见的组合逻辑电路为主(见附表 D-4、附表 D-5、附表 D-6、附表 D-7、附表 D-8),考生依照抽签决定试题,根据各题目真值表的内容与 I/O 引脚的配置,利用 MAX+Plus Ⅱ或 QuartusⅡ(9.x 版)软件的图形编辑器(Graphic Editor),使用其中的 NOT、OR、AND、XOR 四种基本逻辑门完成题目要求的功能,而且选用的单一基本逻辑门的输入端最多为 3 个,并将结果通过由考场提供的 CPLD 认证板呈现、验证。若输出数据为 0,CPLD 认证板相应的 LED 会点亮。各试题的真值表与 I/O 引脚配置情况如下。

(2) 功能测试

① 依据各分组题目真值表的内容,应试者可以使用 MAX+Plus Ⅱ或 Quartus Ⅱ(9.x 版)软件图形编辑器(Graphic Editor)中的 NOT、OR、AND、XOR 四种基本逻辑门完成题目要求的功能,而且选用的单一基本逻辑门的输入端最多为 3 个。

② 编辑设计过程中,所有相关文件必须以字母 A 加上工作岗位号码再加上试题号码作为文件名。例如,18 号工作岗位抽到试题二,则存储的主文件名为 A18-2,存储在名为

WORK1 的资料夹里。

附表 D-4　试题一　半加、减法器的真值表与 I/O 配置

输　　入			输　　出	
F （控制位）	B （被加/减数）	A （加/减数）	R （和/差）	C （进/借位）
0	0	0	0	0
0	0	1	1	0
0	1	0	1	0
0	1	1	0	1
1	0	0	0	0
1	0	1	1	1
1	1	0	1	0
1	1	1	0	0

CPLD 引脚配置：

输入：F(P04：S7-DIP1)，B(P17：S4)，A(P16：S3)

输出：R(P21：D2)，C(P25：D4)

附表 D-5　试题二　具有使能控制的 2-4 解码器的真值表与 I/O 配置

输　　入			输　　出			
En	B	A	Y3	Y2	Y1	Y0
0	×	×	1	1	1	1
1	0	0	1	1	1	0
1	0	1	1	1	0	1
1	1	0	1	0	1	1
1	1	1	0	1	1	1

CPLD 引脚配置：

输入：En(P04：S7-DIP1)，B(P17：S4)，A(P16：S3)

输出：Y3(P26：D5)，Y2(P25：D4)，Y1(P24：D3)，Y0(P21：D2)

③ 此外，应试者通过由考场提供的 CPLD 认证板进行功能测试时，请特别注意指拨开关 DIP-SW、按钮开关 PB-SW、发光二极管 LED 以及共阴极七段显示器的电路特性。当指拨开关 SW DIP-8（编号 S7）拨至 ON 时会送出低电平信号；当按钮开关 PB-SW1（编号 S3）和 PB-SW2（编号 S4）按下时输出低电平信号，按钮开关 PB-SW3（编号 S5）和 PB-SW4（编号 S6）按下时则会输出高电平信号；若要使用发光二极管时，必须先将编号 S2 指拨开关中 LEDs-EN 的开关拨到 ON 状态；若要使用七段显示器时，必须先将编号 S2 指拨开关中 7SEG-EN 的开关拨到 ON 状态；这些 LED 都是采用低电平驱动，则输出低电

平信号时,相应的发光二极管点亮。

附表 D-6 试题三 具有优先权的 4-2 编码器的真值表与 I/O 配置

输 入				输 出		
I3	I2	I1	I0	Z	Y1	Y0
X	X	X	1	1	0	0
X	X	1	0	1	0	1
X	1	0	0	1	1	0
1	0	0	0	1	1	1
0	0	0	0	0	1	1

CPLD 引脚配置:

输入:I3(P08:S7-DIP4),I2(P06:S7-DIP3),I1(P05:S7-DIP2),I0(P04:S7-DIP1)

输出:Z(P25:D4),Y1(P24:D3),Y0(P21:D2)

附表 D-7 试题四 4 选 1 数据选择器的真值表与 I/O 配置

输入	选 择		输出
	S1	S0	Y
I0、I1、 I2、I3	0	0	I0
	0	1	I1
	1	0	I2
	1	1	I3

CPLD 引脚配置:

输入:I3(P08:S7-DIP4),I2(P06:S7-DIP3),I1(P05:S7-DIP2),I0(P04:S7-DIP1)

选择:S1(P17:S4),S0(P16:S3)

输出:Y(P21:D2)

附表 D-8 试题五 1-4 数据分配器的真值表与 I/O 配置

输入	选 择		输 出			
	S1	S0	Y3	Y2	Y1	Y0
I	0	0	1	1	1	I
I	0	1	1	1	I	1
I	1	0	1	I	1	1
I	1	1	I	1	1	1

CPLD 引脚配置:

输入:I(P04:S7-DIP1)

选择:S1(P17:S4),S0(P16:S3)

输出:Y3(P26:D5),Y2(P25:D4),Y1(P24:D3),Y0(P21:D2)

2) 功能仿真波形记录(15%)

(1) 功能指定

应试者在完成抽签决定的组合逻辑电路题目的设计,并通过 CPLD 认证板完成制作与验证后,依照题目的真值表,利用 MAX＋Plus Ⅱ 或 Quartus Ⅱ(9.x 版)软件中的波形编辑器(Waveform Editor)进行功能仿真,并将功能仿真的输入、输出波形画面粘贴到画板中存档。各分组题目进行功能仿真时,应依照所抽题目的真值表来设定波形编辑时的输入状态。

(2) 仿真要求

End Time 设定为 $1.0\mu s$,Grid Size 设定为 100ns,Time Range 设定为 $1.0\mu s$,View 设定为 Fit in Window。其中,输入输出节点(Nodes)必须从 SNF(Simulator Netlist File)中载入使用,否则本项测试以零分计。

(3) 功能测试

应试者根据所抽的试题,按照各分组题目的真值表与仿真要求完成操作之后,必须将仿真所得的输入与输出波形的视窗界面,复制粘贴到画板的环境中,并以工作岗位号码为文件名储存在名为 WORK1 的文件夹中(文件的格式:＊.jpg,或＊.bmp)。

当本阶段测试项目的工作全部完成时,应试者可随时举手要求监评人员进行第一阶段的评分工作。

2. 第二阶段

本阶段的工作包括时序逻辑电路设计与制作以及功能仿真波形记录,当考生依照实施要求完成本阶段所有设计、制作与记录之后,即可举手要求监评进行第二阶段的评分工作。

1) 时序逻辑电路的设计与制作(35%)

(1) 功能指定

① 本测试内容主要以 5 种常见的时序逻辑电路为主(见附表 D-9、附表 D-10、附表 D-11、附表 D-12、附表 D-13),考生依照抽签决定试题,根据各题目的真值表的内容与 I/O 引脚的配置,利用 MAX＋Plus Ⅱ 或 Quartus Ⅱ(9.x 版)软件的图形编辑器(Graphic Editor),使用 JK 触发器(JKFF)搭配基本逻辑门完成题目要求的功能,而且所选用的单一基本逻辑门的输入端最多为 3 个,并将结果通过由考场提供的 CPLD 认证板呈现、验证。若输出数据为 0,CPLD 认证板相应的 LED 会点亮。

② 为使各分组题目在 CPLD 认证板上进行功能测试时容易观察和评分,除了将 CPLD 认证板上编号 JP2 的 GCLK1 设定在 10Hz 处之外,各分组题目在设计电路时,请把 10Hz(100ms)的信号再经过一个除 10(十分频)的电路元件,而这个 ÷10 的电路元件已经预先存储在考场的随身光盘中,有一个名为"div10"的文件夹,在文件夹中已经提供现成的 ÷10 的电路与元件符号,考生可直接将这个文件夹的路径新增到 MAX＋Plus Ⅱ 或 Quartus Ⅱ(9.x 版)软件的零件库里面,如此考生即可直接取用具有除 10 功能的 div10 元件符号。

③ 此外,在输出电路的设计部分,为了验证时的方便并且避免产生干扰,考生应将其他没有用的发光二极管 LED 的输入端连接到 V_{CC},让它们熄灭。

附表 D-9 试题一 模 8 减法异步计数器的真值表与 I/O 配置

Clock	Q2	Q1	Q0
0	1	1	1
1	1	1	0
2	1	0	1
3	1	0	0
4	0	1	1
5	0	1	0
6	0	0	1
7	0	0	0
8	1	1	1

CPLD 引脚配置：

输入：Clock(P43；GCLK1⇒10Hz)

输出：Q2(P21；D2)，Q1(P24；D3)，Q0(P25；D4)

空余 LED：D5(P26)、D6(P27)、D7(P28)、D8(P29)、D9(P31)⇒VCC

附表 D-10 试题二 模 6 加法同步计数器的真值表与 I/O 配置

Clock	Q2	Q1	Q0
0	0	0	0
1	0	0	1
2	0	1	0
3	0	1	1
4	1	0	0
5	1	0	1
6	0	0	0

CPLD 引脚配置：

输入：Clock(P43；GCLK1⇒10Hz)

输出：Q2(P21；D2)，Q1(P24；D3)，Q0(P25；D4)

空余 LED：D5(P26)、D6(P27)、D7(P28)、D8(P29)、D9(P31)⇒VCC

附表 D-11 试题三 模 5 减法同步计数器的真值表与 I/O 配置

Clock	Q2	Q1	Q0
0	1	0	0
1	0	1	1
2	0	1	0

Clock	Q2	Q1	Q0
3	0	0	1
4	0	0	0
5	1	0	0

CPLD 引脚配置：

输入：Clock(P43；GCLK1⇒10Hz)

输出：Q2(P21；D2),Q1(P24；D3),Q0(P25；D4)

空余 LED：D5(P26)、D6(P27)、D7(P28)、D8(P29)、D9(P31)⇒VCC

附表 D-12　试题四　模 4 环形计数器的真值表与 I/O 配置

Clock	Start	Q3	Q2	Q1	Q0
0	0	0	0	0	1
1	1	0	0	1	0
2	1	0	1	0	0
3	1	1	0	0	0
4	1	0	0	0	1

CPLD 引脚配置：

输入：Clock(P43；GCLK1⇒10Hz),Start(P16；S3@PB-SW1)

输出：Q3(P21；D2),Q2(P24；D3),Q1(P25；D4),Q0(P26；D5)

空余 LED：D6(P27)、D7(P28)、D8(P29)、D9(P31)⇒VCC

附表 D-13　试题五　模 7 扭环形计数器的真值表与 I/O 配置

Clock	Q3	Q2	Q1	Q0
0	0	0	0	0
1	0	0	0	1
2	0	0	1	1
3	0	1	1	1
4	1	1	1	0
5	1	1	0	0
6	1	0	0	0
7	0	0	0	0

CPLD 引脚配置：

输入：Clock(P43；GCLK1⇒10Hz)

输出：Q3(P21；D2),Q2(P24；D3),Q1(P25；D4),Q0(P26；D5)

空余 LED：D6(P27)、D7(P28)、D8(P29)、D9(P31)⇒VCC

（2）功能测试

① 依据各分组题目真值表的内容，应试者可使用 MAX＋Plus Ⅱ 或 QuartusⅡ（9.x 版）软件图形编辑器（Graphic Editor）中 JK 触发器（JKFF），搭配基本逻辑门完成题目要求的功能，而且所选用的单一基本逻辑门的输入端最多为 3 个。

② 编辑设计过程中，所有相关文件必须以字母 S 加上工作岗位号码再加上试题号码作为文件名。例如，25 号工作岗位抽到试题五，则存储的主文件名为 S25-5，存储在名为 WORK2 的资料夹里。

③ 应试者通过由考场提供的 CPLD 认证板进行功能测试时，请特别注意指拨开关 DIP-SW、按钮开关 PB-SW、发光二极管 LED 以及共阴极七段显示器的电路特性。当指拨开关 SW DIP-8（编号 S7）拨至 ON 时会送出低电平信号；当按钮开关 PB-SW1（编号 S3）和 PB-SW2（编号 S4）按下时输出低电平信号，按钮开关 PB-SW3（编号 S5）和 PB-SW4（编号 S6）按下时则会输出高电平信号；若要使用发光二极管，必须先将编号 S2 指拨开关中 LEDs-EN 的开关拨到 ON 状态；若要使用七段显示器，必须先将编号 S2 指拨开关中 7SEG-EN 的开关拨到 ON 状态；这些 LED 都是采用低电平驱动，则输出低电平信号时，相应的发光二极管点亮。

2）功能仿真波形记录（15％）

（1）功能指定

① 应试者在完成抽签决定的时序逻辑电路题目的设计，并通过 CPLD 认证板完成制作与验证后，依照题目的真值表，利用 MAX＋Plus Ⅱ 或 QuartusⅡ（9.x 版）软件中的波形编辑器（Waveform Editor）进行功能仿真，并将功能仿真的输入、输出波形画面粘贴到画板中存档。各分组题目进行功能仿真时，应依照所抽题目的真值表来设定波形编辑时的输入状态。

② 考生在进行各分组题目的波形仿真编辑之前，必须将时序逻辑电路设计时所加入的 div10 元件移除，此外也要把真值表和电路中没有使用的 LED 一并删除，以免波形仿真时产生错误或多余的结果。

③ 为了正确进行波形仿真所修改过的电路设计，考生必须以字母 W 加上工作岗位号再加上试题号作为文件名，将所有相关的文件存储在名为 WORK2 的文件夹中。

（2）仿真要求

End Time 设定为 $1.0\mu s$，Grid Size 设定为 20ns，Time Range 设定为 $1.0\mu s$，View 设定为 Fit in Window。其中，输入输出节点（Nodes）必须从 SNF（Simulator Netlist File）中载入使用，否则本项测试以零分计。

（3）功能测试

应试者根据所抽试题，按照各分组题目的真值表与仿真要求完成操作之后，必须将仿真所得的输入与输出波形的视窗界面复制粘贴到画板的环境中，并以工作岗位号码为文件名储存在名为 WORK2 的文件夹中（文件的格式：＊.jpg 或 ＊.bmp）。

当本阶段测试项目的工作全部完成时，应试者可随时举手要求监评人员进行第二阶段的评分工作。

3.注意事项

（1）应试者在进行实操测试前,必须在考场提供的随身碟的根目录下,以自己的准考证号码建立一个文件夹,再在此文件夹中建立2个子文件夹,文件夹名分别为 WORK1和 WORK2,其中 WORK1文件夹用来存储第一阶段测试中与组合逻辑电路设计有关的文件,WORK2文件夹用来存储第二阶段测试中与时序逻辑电路设计有关的文件。文件夹的建立工作一并列入实操测试的评分项目中。

（2）不论第一阶段或第二阶段的测试项目,必须在中午12:00前完成评分工作。应试者可以在完成任一个阶段的任务,在确认无误后举手要求监评人员进行评分,但一旦进行评分后就不得再次修改或评分。

（3）未能在认证结束前完工而想放弃评分者,必须在评分表上签字确认。此外,所有应试者除了完成评分并交回所有相关资料外,必须经过监评人员确认工作岗位的工具、设备、仪器、环境等皆无误妥善后,由考场服务人员引导方可离开考场。

七、实操评分表

实操评分表见附表D-14。

附表 D-14 数位逻辑设计[实用级]能力认证实操测验评分表一（评分总表）

姓名		准考证号码		评审结果	□及　格
认证日期	年　月　日	岗位号码			□不及格
不予评分项目				* 有左列事项之一者不予评分,并请考生在本栏位签名	
一	提前弃权离场者				
二	未能于规定时间内完成者				
三	依据应试须知七注意事项之第__条规定以不及格论			离场时间:__时__分	
四	其他突发或特殊事项者(请注明原因_____)				

项目	评分标准	扣分标准		实扣分数	监评签章备注
		每处扣分	最高扣分	本项扣分	
组合逻辑电路设计与制作	1. 未在考场随身光盘上建立指定的资料夹或存档路径错误者	5	10	（最多扣35分）	
	2. 未正确使用图形/文字编辑器来完成设计工作者	30	30		
	3. 未依真值表和动作要求完成电路的功能设计者	10	35		
	4. 结果呈现时在输入输出之接脚配置错误者(每处)	10	35		
	5. 未依规定使用正确的逻辑门进行设计者(每处)	10	35		
	1. 档案未依规定正确命名并储存于指定的路径者	5	10	（最多扣15分）	
	2. 未正确使用波形编辑器来完成功能模拟工作者	10	10		
	3. 未正确设定时间之长度(End Time)或间距(Grid Size)者	5	15		
	4. 未正确设定视窗画面大小或截取画面存档者	5	10		
	5. 未正确依照真值表设定、未正确配置输入与输出端子者	5	15		

续表

姓名		准考证号码		评审结果	□及　格
认证日期	年　月　日	岗位号码			□不及格
循序逻辑电路设计与制作	1. 未在考场随身碟上建立指定的资料夹或存档路径错误者	5	10		（最多扣35分）
	2. 未正确使用图形/文字编辑器来完成设计工作者	30	30		
	3. 未依真值表和动作要求完成电路的功能设计者(加 div10)	10	35		
	4. 结果呈现时在输入输出之接脚配置错误者(每处)	10	35		
	5. 未依规定使用正确的逻辑门元件进行设计者(每处)	10	35		
	1. 档案未依规定正确命名并储存于指定的路径者	5	10		（最多扣15分）
	2. 未正确使用波形编辑器来完成功能模拟工作者(删 div10)	10	10		
	3. 未正确设定时间的长度(End Time)或间距(Grid Size)者	5	15		
	4. 未正确设定视窗画面大小或截取画面存档者	5	10		
	5. 未正确依照真值表设定、未正确配置输入与输出端子者	5	15		
工作安全与习惯	1. 不符合工作安全要求者(毁损设备或公用器材)	10	20		（最多扣20分）
	2. 工作桌面凌乱或离场前未清理工作岗位者	10	20		
	3. 自备工具未携带而须向考场借用者	5	20		
	4. 未归还设备模组、工作岗位工具短缺或毁损者	10	20		
累计总扣分					
实操测验总成绩					
监评一签　章		监评二签　章		主监评签　章	

第二部分　专业级认证资料

一、专业级认证时间

1. 欲参加数字逻辑设计专业级能力认证者,必须先通过数字逻辑设计实用级能力认证。因此,专业级认证的实施方式有两种:第一种模式是与实用级认证合并进行,第二种模式是单独进行专业级认证。

（1）第一种模式:与实用级认证合并进行。

假如采用第一种模式进行专业级认证,整个过程包括上午时段的实用级认证,以及下午时段专业级认证两个部分,全程共6个小时。其中,上午9:00～10:00为理论考试(9:20可以交卷)、上午10:00～12:00以及下午13:00～16:00为实操考试。期间12:00～13:00为午餐休息时间。

认证结束若考生的评分结果未达到实用级的合格标准(理论成绩 60 分以上,实操成绩 60 分以上),则该次专业级实操成绩也一并作废不得保留;如果考生因理论成绩未达及格标准(80 分以上),而实操考试已通过合格标准(60 分以上),则该次的实操成绩予以保留,必须针对理论部分再次进行测试。

(2) 第二种模式:单独进行。

如果采用第二种模式进行专业级认证,则应试者必须取得实用级认证的证书方可报名。若考生在实用级认证时的理论成绩已达 80 分以上者,则仅需要进行专业级的实操测试,全程共需 3 个小时,上午 9:00~12:00 或下午 13:30~16:30。若考生在实用级认证时的理论成绩未达 80 分者,必须加考理论测试,全程共需 3 个半小时,上午 8:30~12:00 或下午 13:00~16:30。

2. 实操测试的器材检查时间为材料领取签名起 2 个小时之内,应试者应自行检查所领取的器材,如有任何问题应在规定的时间内提出更换或补充;超过 2 个小时期限之后,每次要求更换或补充元器件时均需列入扣分。

3. 每一场次中,若有理论测试,则理论成绩经 3 位监评人员审核签名后于实操认证结束之前在考场外公布。

二、专业级认证大纲

1. 认证合格标准:理论笔试 80(含)分以上,实操测试 60(含)分以上。

2. 认证内容与认证要求。

(1) 理论笔试测试:共 500 道理论试题。理论笔试时抽取 50 道题,每题 2 分,80(含)分以上为合格。可直接取自实用级理论测试的成绩。

(2) 实操测试:分 2 个阶段。

第一阶段:数字逻辑电路设计与制作(45%)

这部分测试主要利用 CMOS IC 来设计一个二位数的 BCD 码计数器,并且在印制电路板上完成数字显示电路、BCD 码计数电路和触发器电路的制作。设计题目有:①BCD 码模 12 加法计数器(00~11);②BCD 码模 15 加法计数器(00~14);③BCD 码模 18 加法计数器(00~17);④BCD 码模 24 加法计数器(00~23)。

第二阶段:时序逻辑电路设计与制作

测试题库:跑马灯控制(模 8 可逆加减计数器)、电子骰子控制(骰子点数解码器)、二位数计数器(开关的去抖动电路)、红绿灯控制。

测试要求:从题库任选 1 道为第二阶段组合逻辑电路设计与制作的测试题,CPLD 实现占比 35%,功能仿真图记录占比 15%。

3. 说明。

(1) 参加数字逻辑设计专业级能力认证者,必须先行通过实用级认证的合格标准;或者选择实用级与专业级合并进行的认证模式。

(2) 数字逻辑设计专业级能力认证的合格标准:理论成绩为 80(含)分以上,实操成绩为 60(含)以上。

三、专业级实施步骤与要求

本实操认证分两个阶段测试评分:第一阶段为数字逻辑电路设计与制作(45%),第二阶段为CPLD专题设计与制作(40%)及功能仿真波形记录(15%)。考生依照岗位工作号码划分为奇数组与偶数组,在监评人员的引导下,由两组各自的考生代表按抽签的方式决定两个阶段的试题,全部的任务必须在3个小时内完成。各阶段的实施要求如下。

1. 第一阶段:数字逻辑电路设计与制作(45%)

本阶段必须完成的任务为数字逻辑设计与制作,当考生依照实施要求完成本阶段所有的设计与制作之后,即可举手要求监评进行第一阶段的评分工作。

1)功能指定

(1)本测试主要是完成一个二位数的BCD码计数器,可用来作为电子钟的小时计数电路,依照可以计数的最大时间的不同区分为模12计数器(00~11)、模15计数器(00~14)、模18计数器(00~17)、模24计数器(00~23)四种题型,应试者依照抽签方式决定试题。

(2)考场所提供的印制电路板上规划了已布线区与圆孔板区两个部分,其中二位数的小时显示电路已经完成电路的布线工作,应试者只要在电路板的已布线区完成焊接工作即可。对于个位数(0~9)计数电路,应试者可以根据资料提供的参考电路,并利用套件中电子元器件,在圆孔板区进行"按图施工"的工作,至于十位数(0~2)的计数电路以及计数溢位时的重置电路,则必须依照所抽题目的要求,由考生自行完成电路的设计工作。

(3)在整个电路设计过程中共需要用到6颗数字逻辑IC,其中两颗为TTL IC,型号为7447,另外4颗为CMOS IC,型号包括4027、4029、4069与4081,这6颗数字逻辑IC在应试时必须由考生自行决定,有关这些IC的特性和规格的资料,应试者可以从考场随身光盘中直接查询查考使用。应试者必须根据题目的要求,在圆孔板区利用这4颗CMOS的数字逻辑IC来达到题目的功能,再通过银丝线(OK线)完成引脚的连线。

2)已布线区

在已布线区中所有的元件都是选用通孔元件,应试者依据电路板的布线将有关零件的焊接工作完成,在已布线区编号JP1的PWE-CLK排针用来与考场里的CPLD认证板连接用,以便取用电源电压和外部时钟信号,编号JP2的Hour U-IN排孔则是用来与圆孔板区计数电路的个位数(0~9)输出引脚连接用(利用银丝线焊接)。

3)圆孔板区

在圆孔板区设计时所需要的电源电压与脉冲信号,应试者必须利用银丝线从已布线区的JP1排针加以引入使用;应试者必须在圆孔板区完成二位数BCD码计数电路和溢位重置电路的设计与制作,其中对于个位数(0~9)的计数电路,考生可以根据资料所提供的参考电路,直接进行"按图施工"的工作,至于十位数(0~2)的计数电路以及计数溢位的重置电路,则必须由考生自行设计完成,此外,个位数计数电路的资料输出引脚必须利用银丝线连接到编号JP3的排孔,十位数计数电路的资料输出引脚必须利用银丝线连接到

JP2 的排孔,有关个位数(0～9)的计数参考电路如附图 D-1 所示。

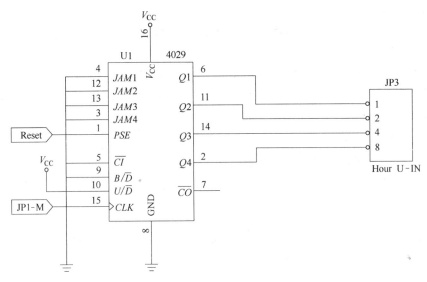

附图 D-1　二位数 BCD 码的个位数（0~9）计数参考电路

4）功能测试

（1）当应试者完成二位数 BCD 码计数电路的设计与制作,必须利用考场提供的 3 针彩虹排线,一端连接在已布线区的 JP1 排针上面,另一端则分别连接到 CPLD 认证板的 J3 与 JP2 二组排针上面,其中在已布线区编号 JP1 的＋5V 端连接到 CPLD 认证板 J3 的＋5V 端,在已布线区编号 JP1 的 G 端连接到 CPLD 认证板 J3 的 GND 端,而在已布线区编号 JP1 的 M 端连接到 CPLD 认证板 JP2 的 PB-SW3 上（使用时请将 JP2 排针上的短路夹先行拔除,避免产生信号的干扰）。

（2）完成上述连线之后,打开 CPLD 认证板上的电源开关（编号为 S1）,可以看到用来显示个位数与十位数的两个七段显示器自动显示出 00 的数值,当操作者按下编号 S5 的 PB-SW3 并且放开之后,用来显示个位数的七段显示器（编号 DS2）会自动加 1,当个位数的七段显示器的数值已为 9 时,若再按下 PB-SW3 按钮,则个位数七段显示器的数值会回到 0,而用来显示十位数计数值的七段显示器也会自动加 1,如此,反复操作,一直计数到题目所规定的最大计数时间,系统一旦产生计数溢位时电路就会自动归 0 重新计数。

5）电路图

已布线区电路如附图 D-2 所示。

6）元件布局图

元件布局图如附图 D-3 所示。

7）电路布线图

数字逻辑设计与制作电路板正面布线图如附图 D-4 所示,数字逻辑设计与制作电路板反面布线图如附图 D-5 所示。

8）电路板材料清单

电路板材料清单如附表 D-15 所示。

附图 D-2　数字逻辑设计与制作已布线区电路

附表 D-15　数字逻辑设计与制作电路板材料清单

序号	元　件　名	规　　格		数量(个)	元　件　位　置
1	IC　74LS47	DIP	DIP16	2	U1-U2(考生自备)
2	IC　4027	DIP	DIP16	1	圆孔板区(考生自备)
3	IC　4029	DIP	DIP16	1	圆孔板区(考生自备)
4	IC　4069	DIP	DIP14	1	圆孔板区(考生自备)
5	IC　4081	DIP	DIP14	1	圆孔板区(考生自备)
6	七段显示器	单8/共阴　DIP	0.56″	2	DS1～DS2
7	排阻	1kΩ　DIP	Btype 8P4R	4	RP1～RP4
8	电路板	时序逻辑电路板	TEMI SLBV3	1	
9	排针公座	1×3 针　DIP	180 度	1	JP1
10	IC 座	2×8 针　DIP	方孔/300mil	2	U1～U2
11	IC 座	2×7 针　DIP	方孔/300mil	2	圆孔板区
12	IC 座	2×8 针　DIP	方孔/300mil	2	圆孔板区

附图 D-3 元件布局图

2. 第二阶段：测试

本阶段必须完成的任务包括 CPLD 专题设计与制作以及功能仿真波形记录,应试者根据考生代表抽签来决定试题(4 选 1),并依照各试题的实施要求完成本阶段所有设计、制作与记录之后,即可举手要求监评进行第二阶段的评分工作。

1) CPLD 专题设计与制作(40％)

(1) 功能指定

① 本测试主要是以考场所提供的 CPLD 认证板,利用 MAX＋Plus Ⅱ 或 Quartus Ⅱ(9.x 版)软件的图形编辑器(Graphic Editor)来完成本阶段所选题目的规划和设计工作。

② 考生在本阶段各分组题目的电路设计工作时,除了可以按照已经公布的参考电路图来完成部分电路外,在每个试题当中应试者必须根据试题要求与电路功能进行仿真,自行完成两个元件符号电路的设计工作,如此才能设计出一个完整 CPLD 专题制作。

③ 本阶段的题目共计有 4 题,如下所述。

附图 D-4　数字逻辑设计与制作电路板正面布线图

试题一　手控跑马灯控制器

依照下列模块电路在 CPLD 认证板上,设计一个可以通过指拨开关 DIP8(编号 S7 的最右边开关)来控制 8 只 LED 移动方向的跑马灯控制器。当指拨开关 DIP8 置于 ON 时,LED 从 D2 往 D9 移动的跑马灯动作;当指拨开关 DIP8 置于 OFF 时,LED 从 D9 往 D2 移动的跑马灯动作;同一时间只能点亮 1 只 LED 灯,跑马灯移动时间间隔为 800ms。有关时钟产生电路、指拨开关电路、LED 显示电路,参考 CPLD 认证板的电路图。

(1)跑马灯方框图。跑马灯方框图如附图 D-6 所示。

应试者在根据上述功能要求进行设计时,可以在对照方框图,直接使用提供参考电路图,自行将命名为 uddv8 与 div8 两个元件符号的电路画出,其中,uddv8 是一个可以设定为加法或减法的模 8 计数器,而 div8 则为除 8 电路(或者说八分频电路),如此即可完成本任务。考生也可依照功能要求采用其他方式或电路完成。

附图 D-5　数字逻辑设计与制作电路板反面布线图

附图 D-6　跑马灯模块结构图

（2）LED 显示电路。LED 显示电路在 CPLD 认证板上，如附图 D-7 所示。

（3）指拨开关电路。指拨开关电路在 CPLD 认证板上，如附图 D-8 所示。

（4）CPLD 参考电路图。CPLD 设计的参考电路图如附图 D-9 所示。

附图 D-7 LED显示电路

附图 D-8 指拨开关电路

附图 D-9 跑马灯CPLD的参考电路

（5）uddv8 与除 div8 元件符号的功能仿真波形。

uddv8 元件符号的功能仿真波形如附图 D-10 所示，div8 元件符号的功能仿真波形如附图 D-11 所示。

附图 D-10 uddv8 元件符号的功能仿真波形

附图 D-11　div8 元件符号的功能仿真波形

试题二　电子骰子控制器

依照下列方框图在 CPLD 认证板上，设计一个可以通过按钮开关 CLK-PB1（编号 S8）来控制的数字电子骰子。当把编号 JP2 排针上的短路夹置于最右边的 CLK-PB1 处，然后按下编号 S8 的 CLK-PB1 开关时，由 7 颗 LED 所组成的电子骰子以 100ms 的时间间隔依次显示 1～6 的点数（1 点：D14 亮；2 点：D10、D11 亮；3 点：D10、D11、D14 亮；4 点：D10、D11、D12、D13 亮；5 点：D10、D11、D12、D13、D14 亮；6 点：D10、D11、D12、D13、D15、D16 亮），同时在蜂鸣器上产生 500Hz 的声音，一旦松开 CLK-PB1 按钮开关，电子骰子会停留 1～6 的某个点数，而蜂鸣器停止发声。有关时钟产生电路、按钮开关电路、电子骰子电路、蜂鸣器发声电路，参考 CPLD 认证板的电路图。

（1）电子骰子方框图。电子骰子方框图如附图 D12 所示。

附图 D-12　电子骰子方框图

应试者在根据上述功能要求进行设计时，可以在对照方框图，直接使用提供参考电路图，自行将命名为 dice 与 div100 两个元件符号的电路画出，其中 dice 用来负责电子骰子点数的解码工作，而 div100 则为除 100 电路（或者说 100 分频电路），如此即可完成本任务。考生也可依照功能要求采用其他方式或电路完成。

（2）蜂鸣器发声电路。蜂鸣器发声电路在 CPLD 认证板上，如附图 D-13 所示。

（3）电子骰子电路。电子骰子电路在 CPLD 认证板上，如附图 D-14 所示。

（4）CPLD 参考电路图。CPLD 设计的参

附图 D-13　蜂鸣器发声电路

考电路图如附图 D-15 所示。

附图 D-14 电子骰子电路

附图 D-15 电子骰子 CPLD 的参考电路

（5）dice 与 div100 元件符号的功能仿真波形。

dice 元件符号的功能仿真波形如附图 D-16 所示，div100 元件符号的功能仿真波形如附图 D-17 所示。

附图 D-16 dice 元件符号的功能仿真波形

附图 D-17　div100 元件符号的功能仿真波形

试题三　二位数 BCD 码计数器

依照下列方框图在 CPLD 认证板上，设计一个可以通过按钮开关 PB-SW4（编号 S6）来控制的两位数 BCD 码加法计数器。电路的初始状况是两个七段显示器显示 00 数字，每按一下 PB-SW4 按钮开关，两个七位显示器的数字就会自动加 1，最大可计数到的脉冲数为 99，一旦计数到 99 时在下一个脉冲进入时数字回到 00。正常工作时 CLR Jumper（编号 JP4）必须置于 VCC 处，若 CLR Jumper（编号 JP4）置于 GND 处，个位数七段显示器的数字就会立刻回到 0，而十位数七段显示会熄灭。两个七段显示器的控制采取轮流点亮方式，间隔时间为 20ms。有关时钟产生电路、按钮开关电路、七段显示器电路，参考 CPLD 认证板的电路图。

（1）二位 BCD 码计数器方框图。二位 BCD 码计数器如附图 D-18 所示。

附图 D-18　二位 BCD 码计数器方框图

应试者在根据上述功能要求进行设计时，可以在对照方框图，直接使用提供参考电路图，自行将命名为 dbn 与 cnt99 两个元件符号的电路画出，其中 dbn 用来负责消除按钮开关的抖动问题，而 cnt99 则为一个二位数 BCD 码模 100 加法计数器电路，如此即可完成本任务。考生也可依照功能要求采用其他方式或电路完成。

（2）按钮开关电路。按钮开关电路在 CPLD 认证板上，如附图 D-19 所示。

（3）七段显示器电路图。七段显示器电路在 CPLD 认证板上，如附图 D-20 所示。

（4）CPLD 参考电路图。CPLD 设计的参考电路图如附图 D-21 所示。

（5）dbn 与模 cnt99 元件符号的功能仿真波形。

dbn 元件符号的功能仿真波形如附图 D-22 所示，cnt99 元件符号的功能仿真波形如附图 D-23 所示。

附图 D-19　按钮开关电路

附图 D-20　七段显示器电路

试题四　红绿灯控制器

　　依照下列方框图在 CPLD 认证板上,设计一个自动控制红绿灯信号灯电路。电路上共有两组交通信号灯,分别为直向的红灯 R1(编号 D9)、黄灯 Y1(编号 D8)、绿灯 G1(编号 D7)和横向的红灯 R2(编号 D4)、黄灯 Y2(编号 D3)、绿灯 G2(编号 D2)。本交通信号灯控制的时序如下。

附图 D-21　二位数 BCD 码模 100 计数器电路 CPLD 的参考电路

附图 D-22　dbn 元件符号的功能仿真波形

　　时序 1:00～05 秒期间,直向红灯 R1(编号 D9)和横向绿灯 G2(编号 D2)点亮,其他信号灯熄灭。

　　时序 2:05～07 秒期间,直向红灯 R1(编号 D9)点亮,横向绿灯 G2(编号 D2)闪烁四次(一亮一灭算一次),其他信号灯熄灭。

　　时序 3:07～08 秒期间,直向红灯 R1(编号 D9)点亮,横向黄灯 Y2(编号 D3)点亮,其他信号灯熄灭。

　　时序 4:08～13 秒期间,横向红灯 R2(编号 D4)点亮,直向绿灯 G1(编号 D7)点亮,其他信号灯熄灭。

　　时序 5:13～15 秒期间,横向红灯 R2(编号 D4)点亮,直向绿灯 G1(编号 D7)闪烁四次(一亮一灭算一次),其他信号灯熄灭。

附图 D-23　cnt99 元件符号的功能仿真波形

时序 6：15～16 秒期间，横向红灯 R2（编号 D4）点亮，直向黄灯 Y1（编号 D8）点亮，其他信号灯熄灭。

上述 6 种时序反复循环动作，当按下 PB-SW3（编号 S5）开关时，红绿灯交通信号灯状态回到时序 1 状态。此外，为避免干扰产生误动作，将编号 D5、D6 两个发光二极管的控制引脚接到电源 V_{CC} 上。有关时钟产生电路、重置开关电路、红绿灯显示器电路，参考 CPLD 认证板的电路图。

（1）红绿灯控制器方框图。红绿灯控制器如附图 D-24 所示。

附图 D-24　红绿灯控制器方框图

应试者在根据上述功能要求进行设计时，可以在对照方框图，直接使用提供参考电路图，自行将命名为 div5-16 与 decd4-16 两个元件符号的电路画出，其中 div5-16 包括一个÷5 电路和一个模 16 加法计数器，而 decd4-16 则为 4-16 二进制解码器电路，如此即可完成本任务。考生也可依照功能要求采用其他方式或电路完成。

（2）重置开关电路图。重置开关电路图在 CPLD 认证板上，如附图 D-19 所示。

（3）红绿灯显示电路图。红绿灯显示电路在 CPLD 认证板上，如附图 D7 所示。

（4）CPLD 参考电路图。CPLD 设计的参考电路图如附图 D-25 所示。

（5）div5-16 与 decd4-16 元件符号的功能仿真波形。

div5-16 元件符号的功能仿真波形如附图 D-26 所示，decd4-16 元件符号的功能仿真波形如附图 D-27 所示。

附图 D-25　红绿交通灯控制电路 CPLD 的参考电路

附图 D-26　div5-16 元件符号的功能仿真波形

附图 D-27　decd4-16 元件符号的功能仿真波形

（2）功能测试

① 应试者根据考生代表所抽选的试题,根据各分组题目的动作要求可使用 MAX+Plus Ⅱ 或 Quartus Ⅱ（9. x 版）软件,使用任何一种编辑方式完成功能设计以后,将结果在 CPLD 认证板上加以呈现。

② 题目的设计文件必须以字母 C 加上工作岗位号码再加上试题号码作为文件名。例如 12 号工作岗位抽到试题三,则存储的主文件名为 C12-3,所有产生的设计文件存储在名为 WORK3 的文件夹里。

③ 应试者通过由考场提供的 CPLD 认证板进行功能测试时,请特别注意指拨开关 DIP-SW、按钮开关 PB-SW、发光二极管 LED 以及共阴极七段显示器的电路特性。当指拨开关 SW DIP-8（编号 S7）拨至 ON 时会送出低电平信号;当按钮开关 PB-SW1（编号 S3）和 PB-SW2（编号 S4）按下时输出低电平信号,按钮开关 PB-SW3（编号 S5）和 PB-SW4（编号 S6）按下时则会输出高电平信号;若要使用发光二极管时,必须先将编号 S2 指拨开关中 LEDs-EN 的开关拨到 ON 状态;若要使用七段显示器时,必须先将编号 S2 指拨开关中 7SEG-EN 的开关拨到 ON 状态;这些 LED 都是采用低电平驱动,则输出低电平信号时,相应的发光二极管点亮。

2）功能仿真波形记录（15%）

（1）功能指定

① 应试者在完成抽签决定的 CPLD 专题设计与制作,并通过 CPLD 认证板完成制作与验证后,考生延续各分组题目,将自行设计的元件符号电路,根据元件符号功能仿真图的画面,依照下列功能仿真的要求和说明,利用 MAX+Plus Ⅱ或 Quartus Ⅱ（9. x 版）软件中的波形编辑器（Waveform Editor）进行功能仿真,并将功能仿真的输入输出波形画面粘贴到画板中存档。各分组题目进行功能仿真时,应依照下列要求来设定波形编辑时的输入状态。

试题一 uddv8 元件符号电路的仿真

请将可以设定为加法或减法的模 8 计数器的元件符号电路进行功能仿真,仿真时请把 End Time 设定为 1.0μs,Grid Size 设定为 30ns,Time Range 设定为 1.0μs,View 设定为 Fit in Window。其中,输入、输出节点（Nodes）必须从 SNF（Simulator Netlist File）中载入使用,否则本项测试以零分计。

试题二 dice 元件符号电路的仿真

请将负责电子骰子点数解码的元件符号电路进行功能仿真,仿真时请把 End Time 设定为 1.0μs,Grid Size 设定为 100ns,Time Range 设定为 1.0μs,View 设定为 Fit in Window。其中,输入、输出节点（Nodes）必须从 SNF（Simulator Netlist File）中载入使用,否则本项测试以零分计。

试题三 dbn 元件符号电路的仿真

请将负责消除按键抖动的元件符号电路进行功能仿真,仿真时请把 End Time

设定为 $3.5\mu s$，Grid Size 设定为 10ns，Time Range 设定为 $3.5\mu s$，View 设定为 Fit in Window。其中，输入、输出节点(Nodes)必须从 SNF(Simulator Netlist File)中载入使用，否则本项测试以零分计。

试题四　div5-6 元件符号电路的仿真

请将具有 ÷5 电路与模 16 加法计数器的元件符号电路进行功能仿真，仿真时请把 End Time 设定为 500ms，Grid Size 设定为 10ms，Time Range 设定为 500ms，View 设定为 Fit in Window。其中，输入、输出节点(Nodes)必须从 SNF(Simulator Netlist File)中载入使用，否则本项测试以零分计。

② 考生在进行各分组题目的波形仿真编辑之前，必须将时序逻辑电路设计时所加入的 div10 元件移除，此外也要把真值表和电路中没有使用的 LED 一并删除，以免波形仿真时产生错误或多余的结果。

③ 为了正确进行波形仿真所修改过的电路设计，考生必须以字母 W 加上工作岗位号再加上试题号作为文件名，将所有相关的文件存储在名为 WORK3 的文件夹中。

（2）操作要求

应试者根据所抽选指定的考题，按照各分组题目的仿真要求完成操作。

（3）功能测试

应试者根据所抽的试题，按照各分组题目的真值表与仿真要求完成操作之后，必须将仿真所得的输入与输出波形的视窗界面，复制粘贴到画板的环境中，并以工作岗位号码为文件名储存在名为 WORK3 的文件夹中(文件的格式：*.jpg 或 *.bmp)。

当本阶段测试项目的工作全部完成时，应试者可随时举手要求监评人员进行第二阶段的评分工作。

3. 注意事项

（1）应试者在进行实操测试前，必须在考场提供的随身碟的根目录下，以自己的准考证号码建立一个文件夹，再在此文件夹中建立 3 个子文件夹，文件夹名分别为 WORK1、WORK2 和 WORK3，其中 WORK1、WORK2 文件夹用来存储实用级认证所产生的文件，若无参加实用级测试则无须建立 WORK1 和 WORK2 这两个文件夹。WORK3 文件夹则是用来存储专业级认证测试所产生的文件。文件夹的建立工作一并列入实操测试的评分项目中。

（2）不论第一阶段或第二阶段的测试项目，在依序完成任务并确认无误后，即可举手要求监评人员进行评分，但一旦进行评分后就不得再次修改或评分。

（3）上述三项测试经监评评分后，若有任一项被监评人员判定为放弃或没有实施者，本次实操测试将视为不及格。

（4）未能在认证结束时间前完成的应试者，若功能无法完成而欲放弃评分者，必须在评分表上签字确认。其余仍可依照实际完成的进度及功能评分。此外，所有应试者除了完成评分并交回所有相关资料外，必须经过监评人员确认工作岗位的工具、设备、仪器、环境等皆无误妥善后,由考场服务人员引导方可离开考场。

四、专业级认证实操评分表（见附表D-16）

附表D-16 数位逻辑设计[专业级]能力认证实操测验评分表一（评分总表）

姓名		准考证号码		评审结果	□ 及 格
认证日期	年 月 日	岗位号码			□ 不及格

不予评分项目		* 有左列事项之一者不予评分,并请考生在本栏位签名。
一	提前弃权离场者	
二	未能于规定时间内完成者	
三	依据应试须知七注意事项之第__条规定以不及格论	离场时间:__时__分
四	其他突发或特殊事项者(请注明原因_____)	

项目	评分标准	扣分标准			实扣分数	备注
		每处扣分	最高扣分	本项扣分		
数位逻辑电路设计与制作	1. 未能在上午12:00前全部完工且完成评分者	45	45			（最多扣45分）
	2. 焊接不当造成铜箔脱落或浮翘、零件缺焊者	8	30			
	3. 零件的位置、极性或方向焊接错误及焊锡短路者	8	30			
	4. 零件摆置歪斜、倾倒、松脱、未剪脚或不整齐者	5	30			
	5. 零件遗失、补发、更换或借用IC者(每颗)者	5	30			
	6. 外部电源、时钟信号端子或IC座组装不当者	10	30			
	7. 小时的时间显示器无法正常显示者	10	20			
	8. 小时的时间计数电路动作不正常者	15	45			
	9. 计时电路计数溢位时无法正常重置者	20	20			
	10. 计时电路无法到达最大计数时间者	20	45			
CPLD专题设计与制作	请勾选抽签所指定的题目: □跑马灯控制 □电子骰子控制 □二位数计数器 □红绿灯控制					（最多扣40分）
功能模拟记录	1. 档案未依规定正确命名并储存于指定的路径者	5	10			（最多扣15分）
	2. 未正确使用波形编辑器来完成功能模拟工作者	10	10			
	3. 未正确设定时间的长度(End Time)或间距(Grid Size)者	5	12			
	4. 未正确设定视窗画面大小、截取画面存档或档案型类错误者	5	12			
	5. 未正确依照题目要求设定、未正确配置输入与输出端子者	5	15			
工作安全与习惯	1. 不符合工作安全要求者(毁损设备或公用器材)	10	20			（最多扣20分）
	2. 工作桌面凌乱或离场前未清理工作岗位者	10	20			
	3. 自备工具未携带而须向考场借用者	5	20			
	4. 未归还设备模组、工作岗位工具短缺或毁损者	10	20			
累计总扣分						
实操测验总成绩						

监评一签章		监评二签章		主监评签章	

参 考 文 献

[1] 赵芊逸.数位逻辑设计能力认证——实用级暨专业级[M].台北:碁峰资讯股份有限公司,2013.

[2] 余红娟.数字电子技术[M].北京:高等教育出版社,2013.

[3] 谢兰清,黎艺华.数字电子技术项目教程[M].北京:电子工业出版社,2010.

[4] 徐丽香.数字电子技术[M].北京:电子工业出版社,2010.

[5] 阎石.数字电子技术基础[M].第四版.北京:高等教育出版社,1988.

[6] 胥勋涛.EDA技术项目化教程[M].北京:电子工业出版社,2011.

[7] 杨志忠.数字电子技术[M].第4版.北京:高等教育出版社,2013.

[8] 李福军.数字电子技术项目教程[M].北京:清华大学出版社,2011.

[9] 刘守义,钟苏.数字电子技术基础[M].北京:清华大学出版社,2008.

[10] 张志良.数字电子技术基础[M].北京:机械工业出版社,2007.

[11] 宋烈武.EDA技术与实践教程[M].北京:电子工业出版社,2009.